신은 주사위 놀이를 하지 않는다

KB191811

로또부터 진화까지, 우연한 일들의 법칙

신은 주사위 놀이를 하지 않는다

데이비드 핸드 지음 | 전대호 옮김

더퀘스트

정말 특이한 날은 아무 일도 일어나지 않는 날이다.

― 퍼시 다이어코니스Persi Diaconis, 스탠퍼드대학교 수학과 교수1

추천의 글

어머니의 장례식과 십자가 모양의 햇살

— 김범준(성균관대학교 물리학과 교수, 《세상물정의 물리학》 저자)

《코스모스》의 맨 앞에는 "광대한 우주 그리고 무한한 시간, 이 속에서 같은 행성, 같은 시대를 앤과 함께 살아가는 것을 기뻐하면서"라는 아름다운 헌정사가 나온다. 많은 독자, 특히 과학도에게 감동을 주는 멋진 말이다. 칼 세이건이 부인 앤 드루얀을 만난 것은 정말 희박한 확률의 사건이다. 이 광활한 우주 안에는 모두 1,000억 개 정도의 은하가 있고, 그중 하나인 우리은하에는 또 1,000억 개 이상의 별들이 있다. 그 수많은 별 중 하나인 태양의 주위를 도는 지구라는 작은 행성 그리고 그 작은 지구 위에서 또 우리 각자가 사는 작은 공간을 떠올려보라. 칼 세이건이 앤 드루얀을 만나 첫눈에 반할 확률은 '엄청'이라는 단어로 수식하기에도 멋쩍을 정도로 낮다.

그뿐 아니다. 같은 공간에 있었다고 해서 반드시 만날 수 있는 것도 아니다. 같은 '시대'를 함께 살아야 한다. 우주의 나이 138억 년과 아직 오지 않은 끝없는 미래를 생각하면 칼 세이건이 앤 드루얀과 (동시에 살아 있으면서, 서로 사랑에 빠질 정도의 나이 차이로) 같은 시대를 함께 공유할 시간적인 확률 역시 '엄청' 낮다.

"옷깃만 스쳐도 인연이다"라는 말이 있다. 방금 길거리에서 스쳐 지나간 이름 모를 이의 뒷모습을 돌아보라. 이 글을 읽는 당신이 정확히 그 사람을 다시 길거리에서 만날 확률은 정말 낮다. 우주라는 광활한 4차원 시공간 안에서, 보이지도 않을 두께의 짧은 선으로 표시되는 두 사람의 궤적worldline(세계선)이 우연히 교차할 확률은 '거의 0'이다. 《신은 주사위 놀이를 하지 않는다》는 바로, '거의 0인 것'과 '정확히 0인 것'의 다름에 대한 이야기다.

우리 삶의 매 순간은 하나의 예외도 없이 모두 다 우연의 연속이다. 칼 세이건이 앤 드루얀을 만난 것과 정확히 같은 확률로 나는 내 아내를 만났다. 아내가 해준 이야기가 있다. 장인어른의 장례식이 끝난 날, 예쁜 나비 한 마리가 날아와 무덤가에 한참 머물다 날아갔다고 했다.

나도 비슷한 경험이 있다. 평생을 독실한 천주교 신자로 사신 내 어머니의 장례가 끝난 날, 가족들이 빙 둘러앉은 거실 벽에, 커튼의 틈을 뚫고 들어온 햇살이 뚜렷하게 십자가의 모양을 만들었다. 이런 희한한 일들은 어떻게 일어날까?

《신은 주사위 놀이를 하지 않는다》는 바로 이처럼 희박한 확률의 사건이 우리 주변에서 왜 자꾸 일어나는지 설명한다. 확률이 낮은 일이라도 일어날 수 있다는 것을, 아니 실제로 일어난다는 것을, 데이비드 핸드는 흥미로운 사례들을 곁들이며 설명한다. 로또의 예를 들어보자. 45개의 숫자에서 6개를 고르는 방식인 우리나라 로또에서 1등에 당첨될 확률은 약 800만 분의 1이다. 이 책을 읽는 당신이 오늘 로또를 사면 이번 주차 1등에 당첨될 확률이 바로 그만큼이다. 그러나 만약 우리나라 사람 모두가 로또를 한 장씩 산다면 어떻게 될까? 내가 아닌 '누군가'는 확실히 1등에 당첨된다. 2016년, 690회까지 진행된 우리나라 로또의 1등 당첨자는 모두 4,259명이었다고 한다. 매주 평균 약 여섯 명씩 1등이 나온 셈이다. 800만 장당 한 장이 1등 당첨이 되는 것을 생각하면, 매주 약 5,000만 장의 로또가 팔린다는 뜻이다.

《신은 주사위 놀이를 하지 않는다》는 내가 공부하는 통계물리학과도 밀접한 연관이 있다. '엔트로피'가 증가한다는 열역학 제2법칙은 일어날 '확률이 높은 일은, 당연히 일어나게 마련이다'와 거의 비슷한 뜻이다. 예를 들어보자. '산산조각 난 유리잔'이라는 거시적인 상태에 대응하는 미시적인 가능성의 수는 '부서지기 전의 유리잔'이라는 거시적인 상태에 대응하는 미시적인 가능성의 수보다 무지하게 크다(부서진 유리잔의 경우 파편을 이리저리 흩트려도 여전히 부서진 유리잔이지만, 안 부서진 유리잔은 잔을 구성하는 내부 조각들의 위치를 이리저리 바꾸면 더는 잔이 아니게 된다. 변할 수밖에 없는 것이다). 그리고 엔트로피가 바로 주어진 거시상태에 관계되는 미시상태의 수의 양이다. 열역학 제2법칙에 따르면 유리잔이 깨지는 것과 깨진 유리잔이 하나로 합해지는 두 방향의 변화 가능성에 대해서, 깨진 유리잔과 안 깨진 유리잔 각각의 엔트로피를 구해서 엔트로피가 커지는 방향으로의 변화만이 거시적인 세계에서 허락된다. 바로 이런 이유로 유리잔이 깨지는 방향으로의 변화가 그 반대 방향인 깨진 유리잔의 파편들이 모여서 유리잔을 만드는 방향으로의 변화보다 훨씬 자주 목격된다.

방 하나를 둘로 나누는 칸막이가 있고 내가 그 칸막이의 왼쪽에 있다고 해보자. 방에는 산소 분자 1개가 있다. 이 분자가 내가 있는 쪽에 있어야 나는 숨을 쉴 수 있다. 산소 분자 1개가 있는 경우에는 내가 살 확률이나 죽을 확률이나 모두 2분의 1이다. 그 1개의 분자가 내가 있는 칸막이의 왼쪽에 있을 확률도 2분의 1, 칸막이의 저편인 방의 오른쪽에 있을 확률도 2분의 1이기 때문이다. 만약 산소 분자가 2개라면 이제 내가 죽을 확률은 4분의 1이 된다. 두 분자가 내가 있는 쪽이 아닌 칸막이의 오른쪽에 있어야 내가 숨을 쉴 수 없을 텐데, 산소 분자 1개가 반대쪽에 있을 확률을 두 번 곱하면 4분의 1이 되기 때문이다. 산소 분자가 3개면 나는 8분의 1의 확률로, 4개면 16분의 1의 확률로 죽는다. 만약 산소 분자의 숫자가 엄청나게 많다면(참고로 아주 작은 방이라도 그 안에는 보통 기체 분자가 적어도 10^{26}개 이상 있다), 이 방에서 질식해 죽을 확률은 극단적으로 낮아서 이런 방법으로 가만히 앉아 질식하는 것은 극단적으로 오래 살아야만 가능하다. 우주의 나이보다 오래 살아도 만나기 어려운 일이다.

기억을 되살리려 어머니 장례 뒤 찍어두었던 사진을 다시 보았다. 자세히 보니, 거실 벽 햇살의 십자가 아래에는 사실 다른 햇살 무늬도 보인다. 내가 본 햇살의 십자가는 당연히 초자연적인 현상이 아니다. 돌아가신 어머니를 그리워하는 내 마음이, 평소 수없이 보았을 커튼을 통과한 햇살의 패턴에서 십자가와 비슷한 모양을 찾아낸 거다. 물론 초자연적인 존재가 내 눈앞에 증거를 보여줘야 어머니를 그리워하는 마음을 확인할 수 있는 건 아니다.

《신은 주사위 놀이를 하지 않는다》는 '우연의 법칙'에 대한 이야기다. 우연이라는 씨줄과 날줄로 이루어진 삶의 커튼을 짜는 '자연의 통계법칙'이라는 베틀에 대한 이야기다. 커튼 위에 자연스럽게 그려지는 잔무늬의 작은 아름

다움 그리고 커튼을 통과해 벽에 아른거리는 봄 햇살에 감사하는 것은 독자
의 몫이다. 우연의 또 다른 이름은 허망함이 아니라 소중함이기에.

들어가며

·

로또와 벼락, 우연의 법칙

이 책은 일어날 가능성이 거의 없는 사건들을 다룬다. 발생 확률이 극히 미미한 사건임에도 일어나는 이유는 무엇일까. 신기하게도 그런 사건은 한 번에 그치지 않고 계속해서 일어난다.

얼핏 생각하면 심각한 모순처럼 느껴진다. 발생 확률이 거의 0에 가까운 일이 어떻게 계속 일어날 수 있다는 말인가? 실제로 한 사람이 로또에 여러 번 당첨되는가 하면 한 사람이 벼락을 여러 번 맞기도 하며, 극단적인 주가 대폭락도 계속 일어난다. 그렇다고 해서 이런 사례들이 당연한 것은 아니다.

우주는 정교한 법칙에 따라 작동한다. 뉴턴의 운동법칙은 물체가 떨어지는 이유와 달이 지구 주변을 공전하는 이유를 명쾌하게 설명해준다. 자동차가 앞으로 가속될 때 우리의 몸은 왜 뒤로 눌리는 듯한 힘을 받는가? 술에 취해 비틀거리며 걸었을 뿐인데 왜 갑자기 땅이 솟구쳐 올라와 내 이마를 세게 때리는가? 이 모든 것은 뉴턴의 법칙으로 이해할 수 있다. 그 밖에 다른 자연

법칙들은 별이 탄생하고 소멸하는 과정과 인간의 기원 그리고 인류의 미래까지 말해준다.

발생 확률이 지극히 작은, 즉 극도로 개연성이 낮은 사건들도 법칙의 지배를 받는다. 의외의 사건이 발생하는 이유를 설명해주는 일련의 법칙들을 나는 '우연의 법칙improbability principle'이라고 부른다. 이는 우리가 예상 밖의 일을 예상해야 함을 알려준다.

우연의 법칙은 몇 단계로 이루어져 있다. 이 중 일부는 우주의 형성과 관련된 근본적인 법칙으로 '2 더하기 2는 4'와 같은 추상적인 진리를 담고 있다. 그런가 하면 확률에 근거한 법칙과 심리학 법칙도 있다. 우리의 뇌는 단순한 기억 장치가 아니다. 이러한 개개의 법칙들은 적절한 조건 아래에서 이례적인 사건이 일어나는 이유를 충분히 보여주지만, 우연의 법칙이 가진 놀라운 위력이 제대로 드러나는 것은 여러 법칙이 함께 작용할 때다. 아무리 상상해도 일어날 것 같지 않던 일은 그럴 때 실제로 일어난다.

이런 책을 쓰려면 여러 해에 걸쳐 수많은 사람과 대화 및 토론을 나누고, 함께 연구해야 한다. 감사의 뜻을 전하기 위해 그 모두를 거명하기란 도저히 불가능하지만 책을 완성하는 데 특히 많은 도움을 준 몇몇을 언급할까 한다. 내 친구이자 동료인 마이크 크로우Mike Crowe, 케이트 랜드Kate Land, 니얼 애덤스Nial Adams, 닉 허드Nick Heard, 크리스토포러스 아나그노스토풀로스Christoforos Anagnostopoulos는 원고에 대해 친절히 논평해주었다. 나의 출판대리인 피터 탤럭Peter Tallak과 편집자 아만다 문Amanda Moon은 허술한 원고가 책으로 완성되는 과정에서 큰 역할을 했다. 이 책이 구상 단계에 머물러 있을 때 우연히도(우연은 우연의 법칙이 표출된 결과이므로, 어쩌면 말 그대로의 우연은 아닐 수도 있겠다) 윈턴

자산관리^{Winton Capital Management}의 설립자 데이비드 하딩^{David Harding}이 찾아와 자문을 구한 적이 있는데 이를 계기로 나는 기이한 사건에 대해 더욱 깊이 생각하게 되었다. 마지막으로 이 책이 완성되기까지 내 신경이 온통 책에 가 있는 것을 이해해주었을 뿐 아니라 책의 내용에 대해서도 값진 조언을 해준 나의 아내 셸리에게 깊은 감사의 말을 전한다.

차례

I   왜 세상에는 말도 안 되는 일이 벌어질까?

II   우연을 설명하는 다섯 가지 법칙

III 신은 주사위 놀이를 하지 않는다

I

왜 세상에는
말도 안 되는 일이 벌어질까?

놀라운 '우연의 일치'

운은 선장이 없는 배들을 끌어들인다.
— 윌리엄 셰익스피어 William Shakespeare

도저히 믿을 수 없어

1972년 여름, 영국 영화배우 앤서니 홉킨스 Anthony Hopkins 는 조지 파이퍼 George Feifer 의 소설 《페트로브카에서 온 소녀 The Girl from Petrovka》를 각색한 영화의 주연을 제안받고는 책을 사기 위해 런던 시내로 갔다. 그런데 그곳의 대형 서점에는 그 책이 없었다. 집에 돌아가기 위해 레스터 스퀘어 지하철역에서 열차를 기다리던 그는 옆 자리에 버려져 있는 책을 발견했다. 그 책은 바로 《페트로브카에서 온 소녀》였다.

우연은 이것으로 끝나지 않았다. 얼마 뒤 소설의 저자 파이퍼를 만난 홉킨스는 런던에서 겪은 일을 말해주었다. 파이퍼는 놀란 표정으로 1971년 11월에 자신이 갖고 있던 《페트로브카에서 온 소녀》를 친구에게 주었는데 친구가 그 책을 런던의 베이스워터에서 잃어버렸다고 했다. 그 책은 미국판 출간을 위해 영국식 영어를 미국식 영어로(이를테면 labour를 labor로) 바꿀 대목들을 표시하고 주석을 단 것이었다. 홉킨스는 자신이 주운 책을 파이퍼에게 보여주었다. 아니나 다를까, 그것은 파이퍼가 주석을 달고 그의 친구가 잃어버린 바로 그 책이었다.[1]

이 정도로 우연한 사건이 일어날 확률은 얼마일까? 100만 분의 1? 10억 분의 1? 어쨌거나 믿을 수 없는 일에 가깝다. 우리가 모르는 어떤 힘이 작용해 파이퍼의 책이 홉킨스를 거쳐 다시 파이퍼에게 돌아간 것은 아닐까?

심리학자 칼 융Carl Jung의 《싱크로니시티Synchronicity (공시성)》에는 다음과 같은 기막힌 사연이 실려 있다.

> 작가 빌헬름 폰 숄츠Wilhelm von Scholz는 이런 이야기를 들려주었다 … 슈바르츠발트(독일 남동부의 거대한 산림 지역)에서 어떤 어머니가 어린 아들의 사진을 찍었다. 그녀는 필름을 현상하기 위해 사진관에 맡겼는데, 곧바로 1차 세계대전이 터지는 바람에 사진 찾는 것을 포기했다. 그 후 그녀는 딸을 낳았고, 1916년에 프랑크푸르트의 한 상점에서 필름을 사서 딸아이의 사진을 찍은 후 사진관에 현상을 맡겼다. 그런데 사진을 찾고 보니 필름이 이중으로 노출되어 2개의 영상이 겹쳐져 있었다. 새로 찍은 사진의 배경에 깔려 있는 것은 다름 아닌 자신이 직접 찍었던 아들의 모습이었다. 옛날 필름이 현상되지 않은 채로 여기저기 전전하다가 새 필름들 사이에 끼어 다시 그녀의 손에 들어왔던 것이다.[2]

이 정도로 극적이지는 않더라도 '우연의 일치'로 여겨지는 사건을 겪은 적이 대부분 있을 것이다. 예를 들면 누군가를 생각하고 있는데 바로 그 사람이 전화를 한 것과 같은 일이리라. 나는 이 책을 집필하던 중 이와 비슷한 일을 겪었다. 직장 동료가 통계학의 '다변수 t-분포multivariate t-distribution'에 관한 책을 추천해달라고 했다. 부탁을 받은 다음 날, 나는 관련 서적을 이리저리 찾아보다가 사무엘 코츠Samuel Kotz와 사라레스 나다라자Saralees Nadarajah가 함께 쓴 책을 권하기로 마음먹었다. 그리고 동료에게 이 책을 소개하는 이메일을 쓰던 중, 캐나다에 있는 친구로부터 전화가 왔다. 나는 하던 일을 멈추고 한동안 잡담을 나누었는데, 그 친구가 사무엘 코츠가 조금 전에 세상을 떠났다는 소식을 전해주는 게 아닌가.

이러한 우연을 보여주는 사례는 무수하다. 2005년 9월 28일 자 《텔레그래프Telegraph》에는 조안 크레스웰Joan Cresswell이 영국 컴브리아주에 위치한 배로 골프장의 13번 홀에서 50야드 샷으로 홀인원을 기록했다는 소식이 실렸다. 홀인원이야 엄청나게 놀라운 일은 아니다. 그런데 뒤이어 조안의 친구이자 골프 초보인 마거릿 윌리엄스가 날린 샷도 홀인원이었다고 하니 신문에 실릴 만하다.[3]

개연성이 정말 낮은 일, 전혀 예상치 못한 일, 아무리 생각해도 일어날 성싶지 않은 일이 때때로 일어난다는 사실은 부인할 수 없다. 그런 일들은 우리가 우주의 섭리에 대해 아직 모르는 무언가가 있음을 암시한다. 그런데 우리를 둘러싼 자연법칙과 인과율에서 벗어난 일이 가끔 일어나는 것이 그저 우연의 일치, 그러니까 사람과 사물이 무작위로 움직이다가 마주쳤기 때문일까. 어쩌면 무언가가 보이지 않는 영향력을 행사하고 있는 것은 아닐까.

대체로 그런 사건들은 놀라움과 잠시 동안의 이야깃거리를 주는 정도에 그친다. 내가 뉴질랜드로 여행을 갔을 때 들른 어느 카페에서, 옆 테이블에 앉은 두 사람 중 한 명이 내가 재직하는 영국 대학교의 메모지를 사용하는 것을 보고 그 우연에 신기해했지만 그뿐이었던 것처럼 말이다. 그러나 때로는 기이한 사건이 삶에 중대한 변화를 가져온다. 뉴저지주에 사는 한 여성처럼 로또에 두 번 당첨되어 벼락부자가 되기도 하고, 월터 서머포드[Walter Summerford] 소령처럼 벼락을 여러 번 맞는 끔찍한 사태를 겪기도 한다.

인간은 호기심이 많은 동물이다. 그래서 기이한 우연을 접하면 자연스럽게 그 바탕에 깔린 원인을 찾으려 든다. 같은 대학에 소속된 두 사람을 지구 반대편에 있는 카페의 나란히 놓여 있는 테이블에 동시에 앉아 있게 한 것은 무엇일까? 뉴저지주의 그 여성은 어떻게 로또 당첨번호를 두 번이나 맞췄을까? 서머포드 소령은 어쩌다 벼락을 여러 번 맞았을까? 무엇이 앤서니 홉킨스와 《페트로브카에서 온 소녀》를 각기 다른 시간과 공간으로부터 이끌어 같은 순간, 같은 지하철역의 한 의자에서 마주치게 했을까?

이런 의문은 보다 흥미로운 질문으로 이어진다. 이런 우연의 바탕에 깔린 '원인'을 어떻게 이용할 수 있을까? 어떻게 하면 그 원인들을 조작해 도움을 받을 수 있을까?

이제껏 거론한 예들은 소소하고 개인적인 수준의 사건이었다. 그러나 우연이 거대한 스케일로 작용하는 경우도 무수히 많다. 만약 좀처럼 개연성이 없어 보이는 그런 일들이 일어나지 않았다면, 인류뿐 아니라 은하도 생겨나지 않았을지 모른다. 오늘날 인간이라는 복잡한 종이 존재하는 것은 유전물질에 미세하고 무작위한 변화라는 비개연적 사건들이 이어진 결과이며, 지구와 태양 사이의 거리, 목성의 존재, 심지어 기본 물리상수들의 값 역시 비개연적 사건과 관련이 있다. 이 비개연적 사건들을 맹목적인 우연으로 설명하는 것이 과연 타당한가. 혹 다른 힘들과 영향들이 배후에서 작용하는 것은 아닐까.

이 모든 질문의 답을 내가 말한 우연의 법칙에서 찾을 수 있다. 이에 따르면 극도로 개연성이 낮은 사건도 흔히 일어난다. 즉 기초적인 법칙들이 귀결되거나 여러 법칙이 얽히면 극도로 개연성이 낮은 사건이 일어나는 것을 피할 수 없다. 이처럼 비개연적 사건이 불가피하게 일어나는 것이 우주의 실상이다. 극히 이례적인 일도 일어날 수밖에 없고, 확률이 0에 가까운 사건 또한 일어난다. 우연의 법칙은 그런 사건이 전혀 일어날 법하지 않다는 점과 그럼에도 불구하고 계속 일어난다는 사실이 이루는 모순을 해결해준다.

우선 과학주의 이전의 설명들을 살펴볼 것이다. 여전히 영향력을 미치고 있는 이 설명들의 기원을 찾자면 까마득한 과거로 거슬러 올라가야 한다. 이는 자연세계를 이해하기 위해 데이터 수집, 실험, 관찰을 잣대로 삼아 기존 설명을 평가하는 베이컨주의 혁명 이전의 것이다. 즉 과학적 방법을 통한 엄격한 평가를 거치지 않았다. 그런데 아직 검증되지 않았거나 검증될 수 없는 설명은 실질적인 힘을 가질 수 없다. 그런 설명은 그저 아이들이 침대에 누워서 듣는 산타클로스나 요정에 관한 동화와 다를 게 없다. 따라서 깊이 탐구할 의지나 능력이 없는 사람을 달래주고 안심시키기는 하지만 참다운 앎을 안겨주지는 못한다.

앎은 보다 깊은 탐구에서 온다. 연구자, 철학자, 과학자 들은 심층적인 탐구를 통해 자연이 작동하는 방식을 서술하는 '법칙'을 발견하려 애써왔다. 법칙이란 우주의 작동 방식을 관찰한 결과 드러난 바를 간단히 정리한 것이다. 법칙은 추상적이다. 예컨대 높은 건물에서 떨어지는 물체의 운동에 대한 뉴턴의 제2운동법칙은, 물체의 가속도는 물체에 가해지는 힘에 비례한다고 말한다. 자연법칙은 현상의 외피를 걷어내고 핵심에 도달해 본질을 명확히 드러낸다. 법칙을 발견하려면 가정한 내용을 실제로 관찰한 결과, 즉 데이터와 맞춰봐야 한다. '일정한 공간에 갇힌 기체의 온도를 높이면 압력이 증가할 것'이라는 가정을 세웠다면, 이 가정이 실제 데이터와 일치하는지 확인해봐야 한다. 마찬가지로 전압이 높아지면 전류가 증가할 것이라는 가정을 세웠다면 실제로 그런지 관찰해봐야 한다.

이렇게 가정과 데이터를 맞춰보는 방법은 자연을 이해하기 위한 노력에 놀라운 성취를 가져왔다. 과학과 기술이 이룬 성취의 정점에 있는 현대 사회가 그 방법의 위력을 반증한다.

현상에 대한 이해가 현상의 신비를 앗아간다고 생각하는 사람도 있다. 이해는 모호함, 불확실함, 애매함, 혼동의 제거를 의미한다는 점에서 사실일 수도 있겠다. 그러나 무지개의 색들이 생겨나는 원인을 알아도, 무지개의 경이로움은 손상되지 않는다. 앎은 연구 대상이 된 현상의 아름다움을 더 깊이 음미하고 심지어 경외하게 한다. 과학적 이해는 온갖 요소가 어떻게 결합해 우리를 둘러싼 경이로운 세계를 형성하는지 알려준다.

보렐의 법칙:
개연성이 아주 낮은 사건은 일어날 수 없다

에밀 보렐Emile Borel은 1871년 프랑스에서 태어난 저명한 수학자다. 그는 확률을 일반적인 방법보다 더 수학적으로 다루는 이론인 측도론^{measure theory}을 개척했다. 측도론과 관련된 여러 수학적 대상과 개념이 그의 이름을 따서 명명되었다. 이를테면 보렐 측정, 보렐 집합, 보렐-칸텔리 도움정리, 하이네-보렐 정리 등이 있다. 1943년 보렐은 수학자가 아닌 대중을 위한 확률론 입문서 《확률과 삶^{Les probabilites et la vie}》을 썼다. 이 책에서 그는 확률의 속성과 적용 사례 몇 가지를 생생하게 보여주면서 '가능성에 관한 유일한 법칙^{single law of chance}'이라 명명한 법칙을 소개했는데, 이것이 오늘날 보렐의 법칙^{Borel's law}으로 불린다. 이 법칙에 따르면, 확률이 아주 낮은 사건은 절대로 일어나지 않는다.[4]

우연의 법칙은 보렐의 법칙과 상충하는 것처럼 보인다. 우연의 법칙은 확률이 아주 낮은 사건도 계속 일어난다고 말하는 반면, 보렐의 법칙은 그런 사건이 절대로 일어나지 않는다고 말한다. 어찌 된 영문일까?

보렐의 법칙을 처음 본 사람의 반응은 아마 나와 크게 다르지 않을 것이다. '이건 터무니없는 말이야!' 대부분 확률이 아주 낮은 사건은 단지 드물게 일어날 뿐이지, 일어나긴 일어난다고 생각할 것이다. 이것은 확률, 특히 낮은 확률과 관련해서 대단히 중요한 지적이다. 그러나 나는 보렐의 책을 읽으면서 그의 주장이 단순히 터무니없다고 말할 수 없을 만큼 미묘하다는 점을 깨달았다.

그는 원숭이들이 타자기를 아무렇게나 두드린 결과 셰익스피어의 모든 작품이 타이핑되는 일을 예로 들었다.[5] 보렐의 주장은 이렇다. "이런 유형의 사건은 그 불가능성을 합리적으로 증명할 수 없더라도 사리분별이 있는 사람이라면 누구나 현실적으로 불가능하다고 단언할 것이다. 누군가가 이런 사건을 목격했다고 주장한다면, 우리는 그가 우리를 속이고 있거나 아니면 그 역시 사기를 당했다고 확신할 것이다."[6]

　요컨대 보렐은 '확률이 희박하다'는 말을 인간적인 잣대로 이해한다. 어떤 사건은 인간의 관점에서 발생 확률이 워낙 낮기 때문에 언젠가 일어나리라고 예상하는 것이 비합리적이다. 따라서 그런 사건은 불가능하다고 간주해야 마땅하다. 이것이 그가 확률이 아주 낮은 사건은 절대 일어나지 않는다고 한 이유다. 실제로 그는 '가능성에 관한 유일한 법칙'을 제시한 뒤에 이렇게 덧붙였다. "또는 최소한 어떤 상황에서든지 그런 사건은 '불가능한' 것처럼 행동해야 한다."[7]

　보렐은 다음과 같은 근거를 덧붙였다. "파리 시민이 하루 동안 돌아다니다가 교통사고로 사망할 확률은 약 100만 분의 1이다. 만일 어떤 남자가 이 가벼운 위험을 피하려고 외부 활동을 전부 포기하고 집 안에만 머문다면 또는 아내나 아들을 집 안에만 머물게 한다면, 그는 미친놈이라는 소리를 들을 것이다."[8]

　다른 사상가들도 비슷한 이야기를 했다. 1760년대에 장 달랑베르Jean d'Alembert는 '확률이 2분의 1인 사건이 아주 오랫동안 계속 벌어지는 일이 과연 가능할까'라는 의문을 제기했다. 앙투안-오귀스탱 쿠르노Antoine-Augustin Cournot는 보렐보다 한 세기 전인 1843년에《가능성과 확률의 이론에 관한 설명Exposition de la théorie des chances et des probabilités》에서 완벽한 원뿔이 거꾸로 서 있을 현실적 확률을 이론적 확률과 대비해서 논했다.[9] 그는 '물리적 확실성physical certainty'과 대비되는 '실용적 확실성practical certainty'을 강조한 인물로, "확률이 아주 낮은 사건은 일어나지 않을 것임이 현실적으로 확실하다"라고 주장했다(이는 쿠르노의 원리Cournot's principle로도 불린다). 1930년대에 철학자 칼 포퍼Karl

Popper가 쓴 《과학적 발견의 논리 The Logic of Scientific Discovery》에는 이런 구절이 나온다. "극단적으로 개연성이 낮은 사건을 무시해야 한다는 규칙은 ⋯ 과학적 객관성에 대한 요구와 상통한다."[10]

이처럼 저명한 사상가 여럿이 유사한 주장을 내놓았는데, 왜 이 주장에 보렐의 이름이 붙은 것일까. 그 답은 '스티글러의 명명 법칙 Stigler's law of eponymy'에서 찾을 수 있다. 스티글러의 명명 법칙에 따르면 어떤 과학법칙도 원조 발견자의 이름을 따서 명명되지 않는다(이 법칙에서 귀결되는 따름정리 하나는 '이 법칙도 마찬가지다'이다).

보렐의 법칙은 학교에서 기하학을 공부할 때 배우는 '점, 직선, 평면'의 개념과 유사하다. 우리는 이 기하학적 대상들이 수학적 추상이며 현실 세계에 존재하지 않는다고 배운다. 이 개념들은 단지 편의를 위한 단순화의 산물일 뿐이다. 하지만 우리는 이 개념들을 이해하고 재구성함으로써 그것이 표상하는 현실 세계의 대상에 관한 결론을 이끌어낼 수 있다. 마찬가지로 우리는 발생 확률이 아주 낮은 사건을 수학적 이상화를 통해 발생 확률이 0인 사건으로 취급할 수 있다. 왜냐하면 현실에 존재하는 인간의 관점에서 확률이 아주 낮은 사건은 절대로 일어나지 않기 때문이다. 이것이 보렐의 법칙이다.

다시 보렐의 말을 들어보자. "명심해야 할 것은 '가능성에 관한 유일한 법칙'의 확실성이 수학적 확실성과는 성격이 다르다는 점이다. 하지만 이 법칙의 확실성은 우리가 루이 14세 같은 역사적 인물이나 멜번 같은 지구 반대편 도시의 존재를 인정할 때 의지하는 확실성에 빗댈 만하다. 심지어 우리가 외부 세계의 존재에 부여하는 확실성과도 유사하다."[11]

보렐은 사건이 절대로 일어나지 않을 정도로 그 확률이 '아주 낮다'는 말의 의미를 정량적으로 제시하기까지 한다. 다음은 그가 내놓은 다양한 정의들이다. 나는 예를 통해 관련 수치를 가늠할 수 있게 하려 애썼다.

'현실에서 아주 낮은 확률'이란 약 100만 분의 1보다 낮은 확률이다. 포커에서 로열 플러시를 잡을 확률은 약 65만 분의 1이므로 100만 분의 1의 두 배에 가깝다. 1년은 초로 따지면 3000만 초 남짓이므로, 보렐의 기준에서 보면 당신과 내가 1년 중에 어느 1초를 각자 무작위로 선택해 특정한 일을 하는데 그 일이 겹칠 가능성은 무시해도 상관없다.

'지구적 규모에서 무시할 수 있는 확률'이란 약 10^{15}분의 1보다 작은 확률이다 (10의 거듭제곱 표기에 익숙하지 않은 독자는 부록A를 참조하라). 지구의 표면적은 약 5.5×10^{15}제곱피트(약 0.5×10^{15}제곱미터)다. 따라서 당신과 내가 각자 무작위로 1제곱피트짜리 정사각형 하나를 선택해 그 위에 올라탔을 때(바다 위에도 설 수 있다고 가정하자), 같은 정사각형 위에 있을 확률은 지구적 규모에서 무시할 수 있다. 브리지 게임에서 한 참가자가 13장의 카드를 모두 같은 무늬로 받을 확률은 약 4×10^{10}분의 1로, 지구적 규모에서 무시할 수 있는 확률보다는 훨씬 더 크다.

'우주적 규모에서 무시할 수 있는 확률'이란 약 10^{50}분의 1보다 작은 확률이다. 지구를 이루는 원자는 10^{50}개보다 많으므로, 당신과 내가 지구 전체에서 각자 원자 하나를 선택한다면, 우리가 똑같은 원자를 선택할 확률은 우주적 규모에서 무시할 수 있다. 참고로 우주 전체에 있는 별의 개수는 '고작' 10^{23}개 정도다.

'초우주적supercosmic 규모에서 무시할 수 있는 확률'이란 $10^{10억}$분의 1보다 낮은 확률이다. 우주에는 아원자입자인 중입자baryon가 약 10^{80}개 존재한다고 추정된다. 10의 10억제곱은 이보다 훨씬 더 큰 수다.

'무시할 수 있을 만큼 낮은' 확률에 대한 보렐의 척도는 현실적으로 발생 불가능한 사건을 판단하는 기준을 제시한다. 그러나 우연의 법칙은 정반대로 보렐이 무시할 수 있다고 판정한 사건들처럼 개연성이 극히 낮은 사건도 계속 일어난다고 본다. 그런 사건은 가능할뿐더러 거듭 일어난다는 것이다. 보렐의 법칙과 우연의 법칙이 둘 다 옳을 수는 없다. 개연성이 극히 낮은 사건은 절대로 목격되지 않든지 아니면 거듭 목격될 정도로 자주 일어나야 한다.

우연의 법칙의 의미를 차츰 밝혀가는 과정에서 이 모순이 해소될 것이다. 우연의 법칙의 여러 가닥은 양파 껍질에 비유할 수 있다. 껍질을 한 층씩 벗겨 갈수록 설명은 더 명확해진다. 우연의 법칙의 여러 가닥(아주 큰 수의 법칙law of truly large numbers, 충분함의 법칙law of near enough, 선택의 법칙law of selection 등) 각각은 어떻게 보렐의 법칙과 우연의 법칙이 둘 다 옳을 수 있는지에 대해서 고유한 통찰을 제공한다.

일부 가닥은 매우 심오하다. 예컨대 아주 큰 수의 법칙은 집단 발병 현상이 오염 물질 때문인지 아니면 단지 우연인지 판정할 때 결정적인 구실을 한다. 하지만 다른 가닥들은 그보다는 덜 난해하다. 다음과 같이 한눈에 보기에 개연성이 극히 낮아서 불가능하다고 간주해야 할 법한 사건은 어떻게 설명될 수 있을까? 2011년 12월 19일 자《유에스뉴스앤월드리포트U.S. News & World Report》에는 다음과 같은 북한 관련 기사가 실렸다.[12] "김정일은 1994년에 난

생처음으로 골프를 쳤다. 총 길이가 7,700야드인 평양 골프장이었는데, 그의 성적은 상상을 초월했다. 모든 홀에서 버디 이상의 성적을 냈고, 홀인원도 11차례나 기록했다. 함께 있던 경호원 17명이 이 성적을 확인했다."

"원숭이들이 아무렇게나 타자기를 두드려 셰익스피어의 모든 작품을 쓸 수 있다"는 주장에 대한 보렐의 반응을 되새기게 만드는 보도일 수도 있겠다. 이미 언급했듯이, 우연의 법칙의 일부 가닥은 간단명료하다. 그러나 다른 가닥들은 매우 심오하다. 이 책은 그런 가닥들을 탐구할 것이다.

미신, 종교, 예언

선생: 지구는 평평하지 않아. 너도 알잖니?
학생: 네, 하지만 제가 사는 곳은 평평하던데요?
— 〈성 미카엘 학교 4학년 2부The Fourth Form at St. Michael's, Part 2〉, 윌 헤이Will Hay와 빌리 헤이Billy Hay**1**

왜 하필 내가, 하필이면 여기에

이런 장면을 상상해보자. 어느 쾌적한 여름 저녁, 당신은 집 앞마당 잔디밭에 앉아 있다. 옆에는 차가운 백포도주가 담긴 유리잔이 놓여 있고, 당신은 한가로이 공을 한 손으로 던져 올리고 다른 손으로 받는 놀이를 한다. 그러다가 별다른 이유 없이 공을 하늘 높이 던진다. 치솟은 공은 지구의 중력을 받아 점점 느려지다가 궤적의 정점에서 멈춘 후 낙하하기 시작한다. 공의 낙하 속도는 점점 더 빨라진다. 그리고는 풍덩! 포도주 잔 속에 정확히 떨어진다.

이는 확실히 불운이 덮친 상황이다. 잔디밭 어디에든 떨어질 수 있는 공이 하필 면적이 몇 제곱인치에 불과한 유리잔 속에 떨어지다니. 이런 일이 일어날 가능성은 아주 낮다.

만약 당신이 공을 유리잔 속에 떨어뜨릴 요량으로 높이 던져 올린다면 틀림없이 실패할 것이다. 그러니 이 장면에는 무언가 신비로운 힘이 작용한 것이 틀림없다. 마치 어떤 존재가 공의 진로를 조정해 잔 속으로 이끌기라도 한 듯하다. 어쩌면 어느 장난기 많은 도깨비가 재미 삼아 당신을 골탕 먹이려고 자연법칙에 손을 댔을지도 모른다.

누구나 이처럼 일어날 법하지 않은 일을 겪은 적이 있을 것이다. 그 일은 공이 하필 포도주 잔 속에 떨어지는 것처럼 불운한 경험은 아니더라도 꽤나 흥미를 끌었을 수 있다. 또 어떻게 그런 일이 일어날 수 있는지 절로 의문이 들기도 했을 것이다. 그런 사건들은 우리가 생각한 우주의 작동 원리와 실제로 우주가 돌아가는 양상이 일치하지 않음을 알려준다.

우주의 작동에 불규칙한 면이 있다는 사실은 우리를 불편하게 한다. 우리는 현상이 일어나는 이유를 알고, 그 인과관계를 확립하고 또 배후에 있는 규칙을 이해하기를 원한다. 안전과 확실성을 바라는 것은 인간의 기본 욕구다. 따라서 어떤 일이 그저 우연히 일어날 수도 있다는 사실은 근본적으로 꺼려지게 마련이다. 만약 원인이 없다면 그 결과를 조작하거나 통제할 길이 없을 것이다. 원인을 알 수 없으면 질병, 사고, 실패를 막을 방도 또한 없을 것이며, 예측 불가능한 재앙의 도래를 염려하며 지속적인 공포 속에서 살아가야만 할 것이다.

만약 일어날 법하지 않은 사건을 예측하거나 나아가 통제할 수 있다면 그야말로 엄청난 위력을 지닌 셈이다. 고개를 숙여 총알이 비껴가게 하거나 일촉즉발의 자동차 사고를 피하고, 경마에서 이길 말과 값이 오를 주식을 선택하고, 공이 떨어지기 전에 포도주 잔을 옮길 수 있을 테니.

신비로운 사건을 설명하려는 예전의, 즉 과학주의 이전의 시도들은 내가

'도깨비 설명imp explanation'이라 부르는 전략을 채택했다. 이 전략에서는 신비로운 힘이나 존재가 사건의 배후에서 악의적으로 작용한다는 생각을 바탕으로 다양한 설명들이 제시되었다. 이는 미신, 예언, 신, 기적, 초심리학, 융의 '공시성', 그 밖에 무수히 많은 것과 관련이 있다. 우선 미신부터 살펴보자.

미신: 패턴을 파악하려는 시도

사건의 배후에 있는 원인을 이해하려는 본능적인 욕구는 패턴을 탐색하게 한다. 일련의 규칙을 발견하려는 것이다. 그래서 사건 A가 일어나면 보통 곧이어 일어나는 사건 B에 주목한다. 예컨대 주위를 살피지 않고 도로를 횡단하는 사람은 자동차에 치인다는 것, 머리 위에 먹구름이 드리우면 비가 온다는 것 따위에 주목하는 것이다. 이렇게 관찰된 패턴 중 다수는 물리적으로 유의미하며 위험 요소가 많은 삶에 유용한 길잡이가 되어준다. 물론 이런 패턴이 일정한 상황에서 어떤 일이 반드시 일어날 거라고 확실하게 알려주는 것은 아니지만, 적어도 무슨 일이 일어날 수 있다는 가능성은 보여준다.

우리가 발견한 패턴은 대부분 인과관계다. 만약에 그렇지 않았다면 인간은 벌써 오래전에 멸종했을 것이다. 우리는 풀의 부산스러운 흔들림을 통해 호랑이가 다가오고 있음을 눈치 채고, 하류 쪽 멀리에서 들려오는 요란한 물소리를 통해 배가 폭포에 접근하고 있음을 예상할 수 있다. 우리가 경험한, 인과관계가 있는 패턴들 덕분이다.

패턴을 탐구하다 보면 원인을 바르게 지목했음을 알려주는 증거에 도달할 때가 많다. 역학조사에서 흡연과 폐암의 연관성이 포착된 뒤 동물 실험을 통해 실제로 둘 사이에 인과관계가 있음이 밝혀졌다거나 임상 관찰에서 비만과 심장병의 연관성이 시사된 뒤 역시 실험에서 그 연관성이 밝혀진 것이 그 예다.

그러나 관찰할 수 있는 모든 패턴이 실재하는 물리적 관계를 반영하는 것은 아니다. 때때로 패턴은 우연의 산물일 뿐이다. 최근에 검은 고양이가 내 앞을 가로지른 직후에 넘어진 일이 두 번이나 있었다고 해보자. 이를 통해 검은 고양이가 내 앞을 가로지른 뒤에는 넘어지게 된다는 패턴을 발견할 수도 있지만 다른 한편으로 그 패턴은 실재하는 인과관계를 반영할 가능성이 적다고 판단할 수도 있다. 올해 내가 극장에 자동차를 몰고 가서 본 연극은 모두 훌륭했던 반면 대중교통을 타고 가서 본 연극은 예외 없이 실망스러웠다는 사실 또한 이 패턴이 미래에도 유지될 것임을 의미하지는 않는다. 따라서 관건은 실재하는 인과관계를 반영하는 패턴과 그렇지 않은 패턴을 구분하는 능력이다. 사실 가장 넓은 의미에서 과학은 이 능력을 키우기 위한 끊임없는 노력일 따름이다.

우리 눈에 띄지만 어떤 원인도 없고 단지 우연인 패턴은 보통 미신에 기반한다. 미신이란 실제로는 없는 인과관계가 존재한다는 믿음이다. 예컨대 도박판에서 주사위를 던지기 전에 입맞춤을 하면 6이 나올 확률이 높아진다는 믿음, 우산을 가지고 다니면 비가 올 확률이 낮아진다는 믿음(내가 런던에 산다는 점에 유념하라)은 미신이다.

패턴을 알아채고 그것이 반영된 인과관계를 추론하는 능력의 진화적 유용성은, 동물의 경우에도 이와 똑같은 방식으로 미신이 형성된다는 사실에 의해 입증된다. 행동심리학자 버러스 F. 스키너$^{Burrhus\ F.\ Skinner}$는 굶주린 비둘기들을 새장 안에 넣은 뒤 새들이 무슨 짓을 하든 상관없이 일정한 시간 간격으로 먹이를 주는 장치도 함께 넣었다. 그 후 관찰해보니, 새들은 먹이 공급과 그때 자신이 하는 행동을 연결 지어 학습한 듯했다. 새들이 앞서 먹이가 공급될 때 자신이 했던 행동을 반복하는 모습을 보인 것이다. 이는 먹이를 더 많이 얻기 위해서라고 추측할 수 있다. 이와 관련해 스키너는 이렇게 말했다.

이 실험은 일종의 미신을 입증한다고 할 만하다. 새는 자신의 행동과 먹이 제공 사이에 인과관계가 있는 것처럼 행동한다. 실제로는 인과관계가 없는데도 말이다. 인간의 행동에도 이와 유사한 예가 많다. 도박꾼들이 자신의 운수를 바꾸기 위해 하는 관례적인 동작이 좋은 예다. 어떤 동작과 좋은 결과가 우연히 두세 번 연결되기만 하면, 그 동작은 효험이 없는 경우가 많더라도 관례로 채택되고 유지된다. 볼링을 칠 때 사람들은 공이 손에서 떠난 뒤에도 마치 공의 진로를 조정하기라도 하듯 팔과 어깨를 움직이고 몸을 꼬는데, 이 또한 마찬가지다. 당연히 이런 행동들은 도박꾼의 운이나 공의 진로에 아무 영향도 미치지 못한다. 이는 실험에서 비둘기들이 아무 행동을 안 하더라도, 심지어 다른 행동을 하더라도 먹이는 변함없이 일정하게 공급되는 것과 마찬가지다.[2]

원인이 없는 패턴이 일으킨 믿음의 예로 '카고 컬트$^{cargo\ cult}$(화물 숭배)'를 들수 있다. 원래 이 명칭은 2차 세계대전 이후 남서 태평양 섬들의 토착민이 발전시킨 주술적 활동을 가리킨다. 그들은 먼저 일본군이, 이어서 연합군이 활주로를 건설하고 착륙하는 비행기를 인도하고 특정한 스타일의 옷을 입는 것을 보았다. 그들 눈에 낯선 이 행동들은 이색적인 재화를 가득 실은 거대한 비행기의 도착과 관련이 있었다. 그 통조림 식품, 옷, 탈것, 총, 라디오, 코카콜라 등을 외지인들은 '카고cargo'라고 불렀다. 전쟁이 끝나고 외지인들이 떠나자, 토착민들은 자기네가 똑같은 행동들을 하면 비행기가 돌아올 것이라고 여겼다. 지푸라기와 코코넛으로 활주로를 만들고 대나무와 밧줄로 관제탑을 지은 뒤 전쟁 중에 본 군복과 비슷한 옷을 해 입었다. 그리고 나무를 깎아 헤드셋까지 만들어 쓰고 관제석에 앉는가 하면 활주로에 서서 손짓으로 착륙 신호를 보내는 모습도 모방했다. 그들은 외지인들의 기이한 행동에 연이어 풍부한 보상이 주어지는 것을 관찰하고서 어떤 연결, 즉 인과관계가 있다고 추론한 것이다. 그러나 그들이 목격한 사건 간에는 인과관계가 없었다.

사건 A에 이어 사건 B가 일어나는 일이 놀랄 만큼 자주 반복되더라도, 사건 A가 사건 B의 원인이라고 단정할 수는 없다. 통계학자들은 이를 "상관성은 인과관계를 함축하지 않는다"라는 경구로 표현한다. 자외선차단제의 판매 증가는 흔히 아이스크림의 판매 증가와 함께 나타나지만, 전자가 후자의 원인이라는 추론은 적절하지 않다. 오히려 하나의 공통 원인, 이를테면 땡볕 더위가 둘 모두의 원인일 가능성이 더 높다. 마찬가지로 나를 유심히 관찰한 누군가는, 아침에 우리 집 지붕이 젖어 있을 때마다 내가 우산을 가지고 나간다는 사실을 알아챌 것이다. 그러나 지붕이 젖어 있는 것은 내가 우산을 들고 나가는 원인이 아니다. 철학자와 논리학자는 이런 오류를 "post hoc ergo propter hoc(이것 다음에, 따라서 이것 때문에)"라는 라틴어 문구로 표현한다. 시간적 선후 관계는 인과관계의 필요조건이지만 충분조건은 아니다.

미신은 특히 우연이 중요한 역할을 하는 도박과 스포츠에서 자주 볼 수 있다. 카지노에 가본 적이 있다면, 주사위를 특정한 방식으로 흔들면 원하는 숫자가 나온다고 믿는 도박꾼을 보았을 것이다. 그런 도박꾼은 주사위를 정확한 방식으로 흔들어야 한다고 믿는다. 조금이라도 다르게 흔들면 원하는 숫자가 나오지 않는다고 생각한다. 그래서 그는 자신이 때때로 돈을 잃는 이유를 흔들기 절차를 정확하게 준수하지 못했기 때문이라고 여길 수 있다. 이건 결과에 대한 가장 쉬운 설명 방식이다.

야구선수 터크 웬델^{Turk Wendell}은 투수였는데, 공을 던지기 전에 땅바닥에 십자가 3개를 그리곤 했다. 맨체스터 유나이티드의 축구선수 필 존스^{Phil Jones}는 경기 전에 유니폼을 입으면서 홈경기에서는 왼쪽 양말을, 원정경기에서는 오른쪽 양말을 먼저 신는다. 세계적인 골프선수 타이거 우즈^{Tiger Woods}는 대회 마지막 날에 빨간 셔츠를 입는데 이는 그 자신의 믿음 때문이 아니라 어머니의 믿음 때문인 듯하다.

'끗발^{hot hand}'에 대한 믿음은 스포츠와 게임에서 흔한 미신이다. 예컨대 농구 팬들은 연거푸 슛을 성공한 선수가 다음 슛도 성공할 가능성이 높다고 믿는다. 그 선수가 '끗발이 올랐다'고 믿는 것이다. 이 믿음이 어느 정도 옳을 수도 있다. 우리는 누구나 '일이 안 풀리는 날'을 경험한다(어쩌면 날씨 탓에 그런 기분이 들 수도 있겠지만). 그러니 '일이 잘 풀리는 날'도 있을 법하다. 마침 오늘이 그런 날이라면, 슛 성공률이 높을 것이다. 그러나 끗발에 대한 믿음은 보다 미묘하다. 끗발을 믿는다는 것은, 슛을 연거푸 성공하고 나면 또 성공할 확률이 높다고 믿는 것이다. 이 믿음은 주사위 던지기처럼 결과가 무작위하게 나오는 게임에도 적용된다. 선수의 과거 성적을 살펴보면 그의 성적이 평균보다 더 높았던 기간이 있듯이 낮았던 기간도 발견할 수밖에 없는데, 이 사실이 문제를 복잡하게 만든다. 실로 이것은 '평균'의 함정이다. 선수들은 때로는 평균보다 높고 때로는 평균보다 낮은 성적을 내기 마련이다. 그러나 끗발을 믿는 사람은, 끗발이 오른 선수는 계속해서 평균보다 높은 성적을 낼 것이라고 믿는다. 심지어 순전히 우연이 좌우하는 게임에서도 말이다. 요컨대 끗발에 대한 믿음은 과거의 성공이 미래의 성공 확률을 바꾼다는 믿음이다.

끗발에 대한 믿음은 아주 강해서 게임에 영향을 미칠 정도다. 농구 경기에서 선수들은 현재 끗발이 올랐다고 보이는 동료에게 공을 자주 패스할 것이다. 이번에도 그 동료가 득점을 올릴 가능성이 높다고 믿으면서 말이다. 이 때문에 상황이 복잡해진다. 끗발에 대한 믿음이 이처럼 선수들의 행동 방식을 변화시키고, 이 변화가 득점 기회에 영향을 끼친다. 한 동료가 패스를 많이 받으면, 그의 슛 성공률은 변함이 없더라도 그가 득점할 기회는 틀림없이 많아진다. 그래서 그가 그 늘어난 기회를 이용해 더 많은 득점을 올린다면, 그가 끗발이 올랐다는 인상이 강화될 것이다.

미신은 문화에 따라 다양하다. 중국에는 새해 첫날에 바닥을 쓸거나 먼지를 털면 나쁜 일이 생긴다는 미신이 있다. 일본에서는 검은 고양이가 앞을 가로지르는 것이 행운의 징조인 반면, 미국에서는 불운의 징조다. 유럽에서는 13이 불길한 숫자로 여겨지지만, 일본, 중국, 한국에서는 4가 불길한 숫자다. 여러 문화권에 공통된 미신도 있다. 외톨이 까치를 보는 것은 불길하지만, 함께 있는 까치 두 마리를 보는 것은 길하다. 실내에서 우산을 펴는 것은 불운을 가져오는 행동이다. 거울이 깨지는 것도 불길한 징조이며, 사다리 밑으로 지나가면 나쁜 일이 생긴다. 마지막 예는 관찰에서 유래한 미신일 수도 있다. 사다리 밑으로 지나가다가 페인트 통을 뒤집어써본 사람은 그 행동이 불길하다

고 믿게 될 법하니까.[3]

일단 형성된 미신은 저절로 강화되는 경향이 있다. 왜냐하면 제대로 된 과학 실험을 논외로 하면, 보통 사람들은 가설의 진위를 검증하는 일을 그다지 잘해내지 못하기 때문이다. 사람들은 자신이 품은 이론을 뒷받침하는 증거와 사건에만 주목하고 반례는 무시하곤 한다. 이런 경향을 일컬어 '확증 편향confirmation bias'이라고 한다. 예컨대 내가 검은 고양이를 본 다음에 돌부리에 걸려 넘어졌다는 사실을 검은 고양이를 보면 불길하다는 증거로 간주하면서, 정작 검은 고양이를 보고도 넘어지지 않은 경우는 무시하는 것이 확증 편향이다.

확증 편향은 최근에야 심리학자와 행동경제학자들이 주목하는 연구 주제가 되었지만 그 경향 자체는 수백 년 전부터 알려져 있었다. 여러 과학 원리를 선구적으로 제시한 프랜시스 베이컨Francis Bacon은 《신기관Novum Organum》에서 이렇게 말했다.

> 인간의 지성은 일단 어떤 견해를 채택하고 나면 … 그 견해를 추인하고 뒷받침하는 모든 것을 끌어들인다. 설령 반대 견해에 부합하는 사례가 더 많고 그 중요도가 더 크더라도 인간의 지성은 이를 무시하고 얕잡아 보거나 모종의 차별을 해 제쳐두고 내친다 … 이런 헛된 자만심에서 기쁨을 얻는 사람들은 사건이 자신의 견해와 일치하면 주목하지만, 일치하지 않는 훨씬 더 많은 경우에는 그것을 무시하고 간과한다.[4]

예언: 미래를 미리 말하려는 시도

예언이란 미래를 미리 말하려는 시도다. 이 시도는 우주가 미리 정한 행로로 나아간다는 전제를 바탕으로 하며 그 행로의 방향에 관한 의심을 제거하는 것을 목적으로 삼는다. 또한 예언은 흔히 신성하거나 초자연적인 것에 대한 암시를 포함한다. 예언이나 다른 예측이 전달되는 전형적인 통로는 신탁인데, 이러한 점에서 신탁은 때때로 조언의 출처가 된다.

많은 예언은 분명하게 보이는 징후에 기초한다. 예컨대 찻잎 점을 칠 때는 찻잔 바닥에 가라앉은 찻잎의 패턴, 주역 점을 칠 때는 대나무 가지의 개수, 타로 점을 칠 때는 점쟁이가 뒤집는 카드 등이 그 징후가 되고, 그 밖에 혜성의 등장, 이상한 모양의 구름, 기형 동물의 탄생, 생일 별자리 등도 일반적인 징후로 여겨진다.

그러나 누구나 볼 수 있는 징후에서 비롯된 예측일지라도, 예언은 그 내용을 면밀히 검토하지 않는다. 이 때문에 예언은 과학적 예측과 사뭇 다르다. 예컨대 의사는 당뇨병 환자가 망막 신경병증에 걸릴 위험이 높음을 안다. 이 앎의 기반은 오랫동안 환자들을 연구하면서 축적한 증거다. 기상 관측관은 자신의 예측이 얼마나 정확한지 안다. 왜냐하면 태양, 지구, 달의 운동에 대한 다량의 데이터로 일식이 일어나는 시기를 예측할 수 있게 예보 능력을 평가하는 '채점 규칙scoring rule'이라는 것을 개발해놓았기 때문이다. 이 모든 예와 대조적으로, 찻잔 바닥의 찻잎 패턴에 기초한 미래 예측이 옳은 경우가 어느 정도나 되는지에 대한 공식적인 평가는 극히 드물다(나는 그런 평가를 본 적이 없지만, 혹시 있을 가능성을 배제할 수는 없다).

예언의 목적은 미래에 관한 불확실성의 제거지만, 역설적이게도 예언을 산출할 때의 메커니즘은 보통 무작위성의 형태를 띤 불확실성이다. 대표적인 예로 찻잎의 무작위한 운동을 들 수 있다. 무작위성이 '정보'를 알아내는 열쇠의 구실을 하는 셈이다. 테오필 고티에^{Theophile Gautier}는 이에 대해 "어쩌면 우연은 신이 서명하고 싶지 않을 때 사용하는 가명일지도 모른다"라는 멋진 말을 남기기도 했다. 찻잎은 초자연적인 메시지를 해석하려면 특별한 지식이 필요함을 보여준다. 실제로 신비주의자, 성직자, 선견지명을 가진 도인, 예언자, 계시 전달자가 사회적 지위를 유지할 수 있는 것은, 이들이 때로는 높은 곳에서 내려온 메시지를 이해할 수 있는 유일한 인물로서 대체 불가능한 중재자의 역할을 하기 때문이다. 타키투스 시대의 게르만 성직자들이 룬 문자를 새긴 나무껍질 조각들을 무작위로 선택하는 방식으로 결정을 내리거나 유대인들이 제비뽑기로 중요한 결정을 할 때, 이 무작위는 우월한 존재가 자신의 의지를 드러내는 방법인 것이다. 성서에 따르면 "제비는 사람이 뽑지만, 결정은 주께서 하신다".(《잠언^{Proverb}》16장 33절)

예언은 흔히 암호 같은 말로 표현되어 다양한 해석을 허용한다. 그래서 때로는 반박하기 어렵다. 어떤 결과가 나오든지 상관없이 "아, 그렇군요. 바로 그것이 제가 말하려는 바였습니다"라고 말하는 예언자와 논쟁하기란 힘든 일이다.

때로는 단일한 예측이 상반된 두 가지 의미를 가지기도 한다. 기원전 560년부터 546년까지 리디아의 왕이었던 크로이소스^{Croesus}의 이야기는 이를 잘 보여준다. 전설에 따르면, 페르시아를 공격할지 말지 결정하기 위해 크로이소스가 델포이 신전에서 신탁을 구했을 때, 강을 건너면 큰 제국이 멸망하리라는 답을 받았다고 한다. 크로이소스는 이를 낙관적인 메시지로 받아들이고 적절한 시기를 보아 공격에 나섰다. 그러나 오히려 그의 제국이 페르시아인에게 멸망당했다.

미셸 드 노스트르담^{Michel de Nostredame}, 일명 노스트라다무스의 예측에서도 예언의 다의성을 확인할 수 있다. 16세기 프랑스의 약사, 치료사, 신비주의자인 노스트라다무스는 수많은 예언을 일련의 연감, 달력, 4행시에 담아 출판했다. 그의 예언은 유행병, 지진, 전쟁, 홍수 등에 초점을 맞추었는데, 특정 사건을 명료하고 상세하게 지목한 것은, 내가 아는 한 단 하나도 없다. 게다가 그의 예언들은 먼 미래의 사건들을 다뤘다. 이것은 매우 훌륭한 전술이다. 왜냐하면 먼 미래를 예언하면 예언자가 살아 있는 동안에 그 예언이 틀렸음이 드러날 리 없기 때문이다. 또 주목할 만한 것은 노스트라다무스가 정확히 무엇을 예측했는가에 대한 견해가 그의 수많은 추종자 사이에서도 엇갈린다는 사실이다. 어느 모로 보나 애매성의 승리라고 해야 할 것이다.

예측을 많이 내놓는 것 역시 예언자가 되려는 사람에게 좋은 전략이다. 왜냐하면 수많은 예측 중 우연히 몇 개라도 맞을 수 있기 때문이다. 그러면 그 예측들을 강조하면서 틀린 예측들을 편리하게 외면할 수 있다.

이 같은 예언의 특성들을 감안해 성공적인 예언자가 되는 법을 알려주는 책을 쓴다면 다음 세 가지 기본 원리를 훌륭한 출발점으로 제시할 수 있을 것이다.

(i) 당신 외에 아무도 이해할 수 없는 징후를 활용하라.

(ii) 모든 예언을 애매하게 하라.

(ⅲ) 최대한 다양한 예측을 하라.

그런데 처음 2개의 원리를 정반대로 뒤집으면 과학적 방법의 기초가 된다.

(ⅰ) 당신의 측정 과정을 명확하게 서술해 당신이 무엇을 했는지를 다른 사람들
이 정확히 알게 하라.
(ⅱ) 당신의 과학적 가설이 함축하는 바를 명확하게 서술해 언제 그 가설이 틀
렸다고 판정해야 하는지 밝혀라.

예언자를 위한 세 번째 원리, 즉 최대한 많은 예측을 내놓는 것은 20세기
중반, 여러 매체에 점성술 칼럼을 쓴 진 딕슨Jeane Dixon의 이름을 따 '진 딕슨 효
과Jeane Dixon effect'로 불린다. 진 딕슨은 루스 몽고메리Ruth Montgomery가 1965년에
펴낸 평전《예언의 재능A Gift of Prophecy》덕분에 유명해졌다. 이 책이 수백만 부
나 팔렸다는 사실은 사람들이 예언과 예언자를 열렬히 믿고 싶어한다는 사실
과 무관하지 않다.

심지어 세계적인 지도자들도 진 딕슨의 예언에 귀를 기울였다. 리처드 닉
슨Richard Nixon은 그녀의 예측을 토대로 (결국 발생하지 않은) 테러 공격에 대비했
고, 낸시 레이건Nancy Reagan과 로널드 레이건Ronald Reagan은 그녀에게 개인적으로
조언을 들었다. 레이건 부부가 의지한 심령술사는 그녀뿐만이 아니었다. 레
이건 대통령의 비서실장을 지낸 도널드 리건Donald Regan은 회고록《기록을 위
하여: 월스트리트에서 워싱턴까지For the Record: From Wall Street to Washington》에서 이렇
게 밝혔다. "내가 대통령 비서실장으로 있던 시절에 레이건 부부의 주요 행동

과 결정은 전부 샌프란시스코에 사는 한 여성의 승인을 미리 받은 뒤에 이루어졌다. 그 여성은 점성술을 통해 행성들의 배치가 레이건 부부의 계획에 우호적인지 확인했다."

애매성의 도움을 감안하더라도 진 딕슨의 예측이 실제로 들어맞은 적이 몇 번 있다. 예컨대 그녀는 1956년, 주간지 《퍼레이드^{Parade}》에 1960년 미국 대통령 선거에서 민주당 후보가 이긴 뒤 임기 중에 암살되거나 죽으리라고 예언했다. 대단히 놀라운 예언이었다. 그녀의 예언 중에는 더 극적인 것들도 있다. 그녀는 소련 사람이 최초로 달에 착륙할 것이며 1958년에 3차 세계대전이 터지리라고 예언했다(3차 세계대전은 1차 세계대전과 2차 세계대전 이후 세계 곳곳에서 발발한 무력 분쟁에 붙여진 명칭이다 – 옮긴이).

우리는 어떤 유형의 예측이든 그것을 신뢰하기에 앞서 그 근거를 제대로 설명해달라고 요구해야 마땅하다. 결국 예측이 옳은 것으로 판명되더라도 마찬가지다. 생각해보라. "나는 주사위 2개를 던지면 양쪽 다 6이 나올 것이라고 예측했다"와 "나는 주사위들의 모든 면에 6이 새겨진 것을 알기 때문에 그 2개를 던지면 양쪽 주사위에서 모두 6이 나올 것이라고 예측했다"는 전혀 다르다. 내가 당신에게 주사위들의 상태가 이런 식이라고 말해주면, 당신은 나의 예측력을 훨씬 더 신뢰할 것이다(실제로 나는 주사위를 많이 가지고 있는데, 그 중에는 모든 면에 6이 새겨진 것도 여럿 있다. 나는 그것들을 초보자용 주사위라고 부른다. 주사위 2개를 던졌을 때 둘 다 6이 나오도록 던지는 법을 연습하는 사람들에게 적합하다는 뜻이다).

일반적으로 당신이 어떻게 예측에 도달했는지 설명할 수 있고 사람들이 그 설명에 수긍한다면, 당신의 예측력은 신뢰를 받을 가능성이 높다. 예컨대 나는 중년 신사가 돈을 꾸면 갚을 가능성이 높다고 예측한다. 만일 내가 평균적으로 중년 신사는 재정 형편이 안정적이기 때문에 그렇다는 말로 나의 예측을 뒷받침한다면, 당신은 일리 있는 말이라고 동의하면서 나의 예측을 기꺼이 믿을 것이다. 실제로 나이는 파산 위험을 예측할 때 고려하는 인자다. 하지만 이 예측이 정말로 중년 신사들의 재정 형편이 안정적이라는 데에서 비롯되었는가는 별개의 문제다.

일부 예언은 또 다른 특징을 지녔다. '자기 충족 예언self fulfilling prophecy'으로 불리는 예언들은 어떤 일이 일어나리라는 예측 자체가 그 일을 일으킨다. '자기 충족 예언'이라는 용어는 저명한 사회학자 로버트 머튼Robert K. Merton이 만든 것으로, 그는 아무 근거 없이 자신이 시험에서 떨어지리라고 확신하면서 공부보다 걱정에 더 많은 시간을 쓰다가 결국 그 때문에 시험에 떨어지는 겁 많은 학생을 예로 들었다. 또한 머튼은 서로 간에 전쟁이 불가피하다는 확신에 이른 국가 지도자들의 경우를 통해 이를 보다 강조했다. "이 확신이 빌미가 되어 그들은 서로를 더 멀리하게 되고, 불안 속에서 상대의 모든 '공격' 행동 각각에 '방어' 행동으로 대응한다. 그 결과 무기, 천연자원 비축량, 병력이 나날이 증가하고, 머지않아 전쟁이 일어나리라는 예측 때문에 실제 전쟁이 일어난다."[5]

종말론 교도의 집단 자살은 자기 충족 예언을 보여주는 실제 사례다. 종말론 교도들은 세계가 곧 종말을 맞는다는 확신 속에서 자살한다. 적어도 그들의 입장에서는 종말이 실현되는 셈이다. 1999년 9월 인도네시아에서 일어난 사건은 더욱 인상적이다. 1999년 9월 9일에 세계가 끝난다는 예언을 믿고 모든 재산을 팔아 종말을 대비했다가 정신을 차린 종말론 추종자들이 지도자

세 명을 때려죽인 것이다. 이 역시 적어도 그 지도자들의 입장에서는 종말이 실현된 셈이다.[6]

자기 충족 예언이 반드시 부정적인 것은 아니다. 다음 사례는 로버트 머튼이 언급한 겁 많은 학생의 예와 반대된다. 학생이 특별한 재능을 지녔다고 믿는 선생은 좋은 성과를 기대하면서 평균보다 더 어려운 과제를 내준다. 그래서 더 열심히 공부한 결과, 학생은 실제로 좋은 성과를 낸다.

예언은 예언자의 꿈을 바탕으로 할 때도 있는데, 그 꿈에 대해 증언할 수 있는 사람은 당연히 예언자뿐이다. 우리는 누구나 꿈을 꾸며, 꿈이 매우 현실적으로 느껴질 수 있음을 안다. 그러나 꿈은 항상 신비로운 현상이다. 심지어 오늘날의 심리학자들도 꿈의 기능을 완전히 이해하지는 못한다. 과거에 꿈은 초자연적 소통이며, 그런 꿈의 내용은 흔히 미래의 일을 보여주는 것이라 여겨졌다. 어떤 사람들은 지금도 이런 믿음을 고수한다. 아마 당신도 '예지몽 precognitive dream'을 꾼 적이 있을 것이다. 이를테면 꿈속에서 옛 친구를 봤는데 이튿날 그를 만났다거나, 비행기 사고가 나는 꿈을 꿨는데 얼마 후 실제로 어디선가 비행기 사고가 일어난 적 있을 것이다. 로마 황제 칼리굴라 Caligula와 미국 대통령 에이브러햄 링컨 Abraham Lincoln은 둘 다 자신이 죽는 꿈을 꿨고 나중에 실제로 암살당했다.

예언의 다른 양태들과 마찬가지로 꿈은 대개 애매하며 해석하려면 기술이 필요하다. 어쩌면 해석을 지어내려면 기술이 필요하다고 말하는 편이 옳을 것이다. 실제로 많은 성직자와 정신분석가가 꿈의 해석을 시도했다.

신과 기적: 자연 너머에서 이유를 찾다

지금까지 나는 신을 미신의 맥락에서, 예언에 담긴 정보의 원천으로 언급했다. 인간사를 굽어보고 지휘하고 조작하는 우월한 존재로 여겨지는 신은 정의상 자연의 제약에 얽매이지 않는다. 즉 신은 초자연적이다. 얼핏 생각하면 신을 언급하는 것은 우연한 사건을 설명하는 훌륭한 방식처럼 보인다. 그러나 조금만 생각해도 그런 설명은 쓸모가 없음을 알 수 있다. 신을 언급하는 설명은 한마디로 너무 강력하다. 왜냐하면 무엇이든 설명할 수 있기 때문이다. 그 어떤 사건도, 아무리 기이한 사건이라도 이 설명의 손아귀를 벗어날 수 없다. 무슨 일이 일어나든지 이렇게 말할 수 있는 것이다. "신이 그렇게 했다." 설명이 유용하려면 반드시 한계를 가져야 한다. 그러니까 "놀라운 설명인걸. 하지만 난 이 설명이 옳은지 잘 모르겠어"라고 말할 여지가 있어야 한다. 그럴 수 없다면 모든 것이 시간 낭비일 뿐이다.

우리는 역사를 통해 다신교로부터 단일하고 전능한 신을 믿는 일신교로의 점진적 이행을 목격했다. 이 변화는 신들이 서로 경쟁할 수 있는 시스템(북유럽 신화에서 로키Loki가 다른 신들에게 일으키는 문제를 생각해보라)으로부터 경쟁이 없는 시스템으로의 이행을 동반했다. 인간의 관점에서 보면, 우연과 불확실성은 일신교의 부상과 함께 사라졌다. 일신교는 모든 사건이 미리 정해져 있다고 가르친다. 신들이 여럿이었던 시절에 사람들은 설명할 수 없는 사건을 어떤 신이 다른 신의 계획을 망쳐서 일어난 일로 설명할 수 있었다. 그러나 오직 하나의 신이 모든 것을 통제한다면, 우연과 행운이 들어설 자리는 없다. 단 하나의 지성이 우주를 지휘한다고 믿는다면, 어떤 사건의 원인을 우연으로 돌리는 것은 단지 그 원인을 모르기 때문이다. 이 경우에 우연이란 근본 원인 그 자체가 아니라 근본 원인에 대한 무지와 관련 있다. 일신교로의 이행은 우리를 유일한 신이 정한 기본 계획을 따르는 결정론적 우주의 개념으로 이끈다.

그러나 때로는 인과 사슬이 끊어진 듯한 상황이 발생한다. 그럴 때면 어떤 사람들은 기적이 일어났다고 주장한다. 기적이란 인간의 상식으로는 설명할 수 없지만 신에 의해 벌어진 (대개 환영할 만한) 사건, 초자연적 사건을 말한다. 기적은 비술秘術이나 초능력에서 비롯된다고 여겨지는 신기한 사례들과 유사하다. 하지만 기적은 신성한 성격을 띠며, 일반적으로 아주 드문 사건으로 간주된다는 점에서 중요한 차이가 있다. 만일 기적이 늘 일어난다면, 우리는 기적을 정상적인 현상으로 보고 특별히 언급할 가치가 없다고 여길 것이다.

과학의 진보에 따라 기적으로 여겨졌던 많은 일을 자연 현상으로 설명할 수 있게 되었다. 일식을 예로 들어보자. 일식을 일으키는 자연법칙을 모르는 사람에게 한낮에 아무 이유 없이 갑자기 세상이 어두워지는 일식은 기적적인 사건일 것이다. 그러나 과학은 일식이 일어나는 원리를 오래전에 명확히 밝혀놓았다. 모세가 홍해를 가른 사건(성 토마스 아퀴나스St. Thomas Aquinas는 《대이교도대전Summa contra Gentiles》에서 이 사건을 최고 등급의 기적으로 언급했다) 또한 물리학적으로 설명할 수 있다. 이와 유사한 여러 자연 현상에 대한 설명이 존재하는 것이다. 컴퓨터 시뮬레이션을 통해 밤새 강한 동풍이 불어 물을 밀어내면 육교陸橋가 드러날 수 있음을 확인하기도 했고, 2004년 인도양에서처럼 해저 지진으로 쓰나미가 발생하면 처음에는 물이 빠져나가는 것이 관찰되기도 했다.

위대한 철학자 데이비드 흄David Hume은 기적에 대해 다음과 같은 말을 남겼다. "어떤 증언이 기적을 확증하기에 충분하려면, 그 증언이 거짓이라는 사실이 그 증언이 확증하려 애쓰는 사실보다 더 기적적이어야 한다."[7] 바꿔 말해 기적의 증거는 대안적 설명들이 그 증거보다 개연성이 떨어질 때만 설득력을 가진다. 이때 대안적 설명들은 사기, 실수 등을 포함한다. 흄은 이렇게 설명했다.

"죽은 사람이 되살아나는 것을 보았다고 누군가가 나에게 말한다면, 나는 즉시 그 사람이 나를 속이거나 또 다른 누군가에게 속았을 개연성이 더 높은지 아니면 그가 말하는 사건이 정말로 발생했을 개연성이 더 높은지 따져볼 것이다. 나는 하나의 기적과 또 하나의 기적을 비교할 것이다. 그리고 그 결과에 따라 나의 판단을 공언하고 더 큰 기적을 배척할 것이다."

흄은 기적에 대한 여러 설명을 비교하고 덜 놀랍게 느껴지는(그것이 거짓이라는 사실이 더 기적적인) 설명을 선택했다. 그러나 당장 우리에게 반박할 근거가 없더라도, "나는 달리 설명할 길이 없어. 그러니 틀림없이 기적이야"라고 판단하는 것은 위험하다. 마술사의 공연을 본 적 있는 사람이라면 누구나 동의할 것이다. 나아가 대부분의 사람은 텔레비전이 어떻게 작동하는지, 핵발전소 내부에서 어떤 일이 벌어지는지, 왜 전기 소켓에서 전기가 새어나오지 않는지, 왜 무거운 비행기가 땅으로 떨어지지 않는지 설명하라고 하면 애를 먹겠지만 자신이 설명할 수 없더라도 이 현상들이 기적은 아니라는 점에 동의할 것이다. 과학소설가 아서 클라크[Arthur C. Clarke]의 멋진 표현에 따르면 "충분히 발전한 기술은 마술과 구분되지 않는다".

한편으로 기적이라는 단어는 일상 언어에서 또 다른 의미로 쓰인다. '기적의 다이어트 약' '기적적 탈출' '기적적 치유' 등이 그 예다. 이것이 정말로 기적이 일어났다는 뜻은 물론 아니다. 단지 개연성이 매우 낮지만 현실의 범위를 벗어나지 않는 어떤 사건이 일어났다는 얘기다.

초심리학과 초자연 현상: 과학을 흉내 내다

기적이 초자연적인 원인 때문에 일어난다고 믿는 사람과 달리 텔레파시, 예지, 염력, 초감각지각ESP, 초심리학, 심령 현상을 믿는 사람은 이것들이 특정한 자연법칙에 의한 것이라고 생각한다. 비록 그 자연법칙이 아직 밝혀지지 않았다 하더라도 말이다. 따라서 그런 믿음에 대한 연구는 해당 현상을 탐지하고 측정하기 위한 실험을 포함한 과학적 방식으로 수행되는 경향이 있다. 이미 보았듯이 기적에 관한 실험을 수행하는 것은 무의미하다. 왜냐하면 신은 초자연적인 능력을 발휘해 어떤 결과라도 산출할 수 있기 때문이다. 과학자들의 합의에 따르면, 초자연적 능력의 존재를 뒷받침하는 믿을 만한 증거는 아쉽게도 존재하지 않는다. 미국국립과학아카데미의 한 보고서에서는 이렇게 밝혔다. "지난 130년간 수행된 연구에서 초심리학적 현상이 존재한다는 것은 한 번도 과학적으로 정당화되지 못했다."[8] 무려 130년이다! 그 긴 세월 동안 증명된 것이 있다면, 그것은 실험을 압도하는 희망의 힘뿐이다.

다양한 실험이 심령 연구에 활용되었지만, 오직 정량적인 결과를 산출하는 실험들만이 진정한 의미에서 과학적 평가를 받을 자격이 있다. 심령 현상에 대한 실험은 피실험자에게 오직 정신의 힘만 사용해 동전이나 주사위 던지기의 결과에 영향을 미쳐보라고 요청하는 방식으로 이루어진다. 또는 방사성 붕괴radioactive decay처럼 자연적으로 무작위한 사건에 의해 생겨나는 숫자들의 분포를 바꿔보라고 요청하는 경우도 있다.[9]

심령 연구자들이 직면하는 곤란한 점 하나는 그들이 찾아내려는 효과가 (설령 존재하더라도) 아주 작다는 것이다. 만일 그 효과가 크다면, 예컨대 누군가가 동전 던지기 결과를 거의 항상 앞면으로 만들 수 있다면 피실험자의 능력은 대번에 드러날 것이다. 그러나 실제로 연구자들이 확인하려 애쓰는 것은 피실험자가 동전 던지기에서 앞면이 뒷면보다 조금, 우연으로는 설명할 수 없을 만큼만 더 많이 나오게 할 수 있는지다.

연구자들은 그 효과를 포착하기 위해 통계학 기법들을 사용해야 하며, 실험 결과는 다른 미세한 영향들에도 좌우된다. 예컨대 피실험자가 원하는 결과에 정신을 집중함으로써 동전 던지기 결과에 영향을 미칠 수 있는지 연구한다고 해보자. 이때 동전은 '정상'이라고 전제하자. 다시 말해 피실험자가 결과에 영향을 미칠 수 없다면, 앞면과 뒷면은 똑같은 확률로 나온다. 그러므로 피실험자가 초자연적 능력을 가지고 있지 않다면, 동전 던지기를 일정한 횟수만큼 했을 때 앞면과 뒷면이 대략 같은 비율로 나올 것이다. 앞면과 뒷면이 나오는 비율이 똑같지는 않더라도 크게 다른 경우는 드물 것이다.

간단한 확률 계산을 해보면 알 수 있듯이, 실험에서 동전을 100번 던졌을 때 피실험자가 그 결과에 영향을 미칠 수 없다면, 앞면이 60번 이상 나올 확률은 0.028이다. 바꿔 말해 우리가 동전 100번 던지기를 여러 차례 반복한다면, 그 많은 세트 중에서 앞면이 60번 이상 나온 세트의 비율은 고작 2.8퍼센트일 것이다. 이것은 아주 낮은 확률이므로, 만일 실험에서 동전을 100번 던졌는데 앞면이 60번 이상 나왔다면, 피실험자가 실제로 모종의 염력을 가졌을 수도 있다고 의심할 만하다.

　그러나 실험 설계에 존재하는 작은 결함 때문에 동전 던지기에서 앞면이 나올 확률이 0.5가 아니라 0.52일 수도 있다. 0.5와 0.52의 차이는 미미한 수준이다. 가령 동전이 약간 휘어졌다면 이런 차이가 발생할 수 있을 것이다. 만일 동전 던지기에서 앞면이 나올 확률이 0.52라면, 동전을 100번 던졌을 때 앞면이 60번 이상 나올 확률은 0.066, 즉 6.6퍼센트임을 어렵지 않게 계산할 수 있다. 6.6퍼센트라면 앞서 얻은 2.8퍼센트보다 두 배 넘게 높은 확률이다. 요컨대 동전 던지기에서 앞면이 나올 확률이 0.5에서 0.52로 약간 달라지면, 피실험자가 염력을 가졌을 수도 있다고 의심할 만한 결과가 나올 확률이 두 배 넘게 높아진다.

　주사위 전문가 존 스칸^{John Scarne}은 유명한 초심리학자 J. B. 라인^{J. B. Rhine}의 염력 실험들에 이의를 제기했다. 그 실험들은 1930년대와 1940년대에 듀크 대학교에서 이루어졌는데, 스칸은 라인이 사용한 주사위들에 문제가 있다고 지적했다. 라인의 실험에서 피실험자들은 기계가 던진 주사위에서 특정한 눈이 나오도록 정신의 힘을 발휘하라는 요청을 받았다. 라인은 실험에 쓰인 주사위가 '가게에서 파는 평범한 주사위'라고 했지만, 스칸은 그런 '가게 주사위'는 카지노에서 사용하는, 정밀하게 제작된 '완벽한 주사위'와 전혀 다르다고 지적했다. 미국 연방법은 카지노용 주사위가 5,000분의 1인치 오차 이내로 규격에 맞아야 한다고 규정하고 있다. 아이들의 놀이에서 쓰는 주사위와는 차원이 다르다. 스칸은 이렇게 말했다. "그런 (가게) 주사위를 던진 결과는 확률 계산을 통해 예측할 수 있는 결과를 벗어나기 마련이다. 게다가 이 편차는 일정하지 않고 (주사위가 낡음에 따라) 변화한다. 완벽하지 않은 주사위로 실험해 편차를 발견한 뒤에, 그 편차가 과학을 송두리째 뒤엎을 신비로운 염력 인자에서 유래한다고 결론짓는 것은 내가 보기에 과학을 빙자한 허튼소리다."[10]

어느 주사위 제작자도 스칸의 견해에 동의했다. "가게 주사위 중에도 완벽한 것이 아주 드물게 있을 수 있다. 그러나 60개들이 상자 안에 그런 완벽한 주사위가 2개 들어 있다가 동일한 구매자에게 팔릴 확률은 굉장히 낮다. 그런 일은 이제껏 한 번도 일어나지 않았다." 마지막 문장은 보렐의 법칙, 즉 개연성이 아주 낮은 사건은 일어날 수 없다는 것을 연상시킨다.

실험을 기술적으로 잘 설계하면 이런 곤란한 점을 어느 정도 극복할 수 있다. 예컨대 동전 던지기 실험의 경우, 동전 던지기 100회 한 세트에서 앞면이 눈에 띄게 많이 나왔다면 똑같은 동전으로 동전 던지기 한 세트를 다시 하되, 이번에는 피실험자에게 앞면이 아니라 뒷면이 나오도록 정신력을 발휘하라고 요청해 실험을 수행할 수 있다. 만일 그가 첫째 세트와 반대로 둘째 세트에서는 뒷면이 많이 나오도록 하는 데 성공한다면, 이 결과를 동전의 결함 때문이라고 설명할 수는 없을 것이다. 그러나 우리가 모든 미묘한 왜곡과 편향을 통제할 수 있다고 장담할 수는 없다. 동전 던지기를 아주 많이 반복하다 보면 동전의 가장자리가 닳기 시작한다. 어쩌면 피실험자가 모종의 방식으로 우리를 속이는 마술사일지도 모른다(나중에 다루겠지만 이런 사례가 실제로 있었다). 또는 우리가 동전을 던지는 방식 때문에 동전이 회전하는 횟수가 특정한 값으로 결정되는 경향이 있을 수도 있다. 이런 방해 요인들의 영향은 작을 수도 있겠지만, 이미 보았듯 미세한 영향도 실험 결과를 크게 바꿀 수 있다.

홀거 뵈쉬Holger Bosch, 피오나 스타인캄프Fiona Steinkamp, 에밀 볼러Emil Boller는 무작위로 산출되는 0과 1의 열에 정신력으로 영향을 미쳐 두 숫자 중 하나가 더 많이 나오게 만드는 시도를 다룬 논문 380편을 검토했다.[11] 이전의 분석들에서와 마찬가지로 그들은 피실험자가 바란 결과가 약간 더 많이 나왔음을 발견했다. 비록 0과 1의 비율 차이는 작았지만, 그런 차이를 순전히 우연으로 얻을 확률은 매우 낮았다. 따라서 정신력의 영향이 실제로 존재하는 듯했다. 무언가가 결과를 피실험자의 바람과 일치하는 방향으로 이끄는 듯했다. 문제는 0과 1의 비율 차이가 피실험자의 정신력에서 유래하는가 아니면 동전의 결함 같은 무언가 다른 요인에서 유래하는가 하는 것이었다.

뵈쉬와 동료들은 그 차이가 이른바 '출판 편향publication bias'에서 유래할 수 있다고 봤다. 출판 편향이란 과학 저널의 편집자가 부정적 결과를 보고하는 논문보다 긍정적 결과를 보고하는 논문을 출판할 가능성이 더 높다는 매우 현실적인 현상이다. 방금 언급한 무작위 숫자 산출 실험에서 긍정적 결과는 피실험자가 바란 대로 0과 1의 산출 비율 차이가 발생했다는 것, 부정적 결과는 그런 차이가 발견되지 않았다는 것이다. 출판 편향이 저널 편집자의 부정직성이나 악의에서 비롯된 것은 아니다. 이 현상은 잠재의식적인 것으로, 아무 일도 일어나지 않았다는 사실보다 무언가 일어났다는 사실을 보여주는 편이 훨씬 더 신이 난다는 사실에서 기인한다.

출판 편향을 지적함으로써 정신력의 효과를 완전히 배제할 수 있는 것은 아니다. 그러나 출판 편향이 정신력의 효과를 보여주는 연구 결과의 존재를 설명하는 방식 중 하나임은 분명하다. 그리고 이를 출판 편향으로 설명할 수 없음을 보여주는 일은 더 특이한 설명을 제안하는 사람들의 몫이다. 어떤 설명을 받아들이려거든 오직 대안적인 설명이 덜 그럴싸하게 느껴질 때만 그렇게 하라는 흄의 조언을 상기하라.

지금까지의 이야기가 충분하지 않다면, 스칸의 의견을 좀 더 들어보자. 스칸은 라인이 원치 않는 결과를 내는 피실험자들은 배제하고, 이론을 뒷받침하는 결과를 내는 피실험자들만 계속 실험에 참여시켰다고 지적했다. "나는 라인 박사에게 몇 마디 묻고 싶다. 그 자신이 인정하듯이, 초감각지각 검사에서와 마찬가지로 그는 피실험자의 성적이 확률 계산에 따른 예측보다 높지 않거나 그 예측과 같은 수준으로 떨어지면, 염력이 없거나 실험에 흥미를 잃은 피실험자를 데리고 실험하는 것은 가치가 없다는 이유로 그 피실험자를 실험에서 배제했다."[12] 라인이 정말 이런 식으로 피실험자를 선별했다면, 그가 실험에서 어떤 결론을 얻었을지 짐작할 만하다. 라인의 전략을 쓴다면 내가 주사위를 던질 때 항상 6이 나온다고 주장하는 것도 어렵지 않다. 6이 나오지 않은 경우는 그냥 무시해버리면 될 테니까. 이런 편향과 출판 편향은 보다 일반적인 현상인 '선택 편향selection bias'의 특수한 예다. 선택 편향의 작용 아래 제시된 결과들은 전체 결과 중에서 특별히 선택된 것들일 뿐이다.

휜 동전, 낡은 주사위, 선택 편향에 비추어보건대 초심리 현상과 심령 현상에 대한 연구의 역사는 잠재의식적인 왜곡이 슬며시 끼어들어 미심쩍은 결론을 유도한 사례들로 점철되어 있다. 또한 사기꾼도 수두룩하다.

이탈리아의 영매 에우사피아 팔라디노Eusapia Palladino는 19세기 말과 20세기 초에 수많은 강신회降神會를 열었다. 그녀는 탁자와 자신의 몸을 공중에 띄우거나 악기들을 손대지 않고 연주하고, 죽은 사람과 대화할 수 있는 것처럼 보였다. 셜록 홈즈를 창조한 작가 아서 코난 도일Arthur Conan Doyle도 그녀의 '능력'을 믿었다. 그러나 과학자들의 세심한 탐구 끝에 그녀는 사기꾼으로 판명되었다. 그녀는 어두운 강신회장에서 작은 물체들을 긴 머리카락에 묶어서 들어올리는 한편 몰래 발을 이용해 물체들을 움직이는 등의 수법을 썼다. 그녀의 사기 행각은 어쩌면 그녀가 젊은 시절에 마술사와 결혼했다는 사실과 관련이 있을지도 모른다.

최근에는 유리 겔러 Uri Geller가 수백만 명이 텔레비전으로 지켜보는 가운데 이른바 심령의 힘으로 수저를 휘게 하고 멈춘 시계를 다시 작동시켜 명성을 얻었다. 그러나 마술사 제임스 랜디 James Randi 등이 아주 초보적인 속임수로 그의 묘기를 재현할 수 있음을 보여주자, 그때까지 '심령술사'를 자처하던 유리 겔러는 태도를 바꿔 스스로를 '엔터테이너'로 부르기 시작했다.

이 모든 능력과 묘기의 사소함을 당신도 의식했을 것이다. 고작 탁자를 공중에 띄우고, 수저를 휘게 하고, 멈춘 시계를 다시 작동시키다니! 그런 심령의 힘을 가진 사람이라면 인류에게 더 유용하게 그 힘을 사용할 수도 있을 것이다. 그러므로 이런 묘기들의 사소함 그 자체를 의심의 근거로 삼아야 마땅하다. 더 나아가 염력의 소유자라면 카지노 같은 곳에서 그 능력을 발휘해 개인적인 이득을 취할 법한데, 카지노들이 번창하는 것을 보면 주사위들은 심령 따위와 관계없이 그저 확률 계산이 예측하는 대로 움직임을 알 수 있다.

심령 현상에 대한 과학 연구에서 과학자 자신이 사기를 친 사례도 있다. 듀크대학교 초심리학 실험실에서 라인의 뒤를 이은 과학자 월터 레비 Walter J. Levy 와, 라인의 조수 제임스 맥펄랜드 James D. MacFarland는 데이터 조작의 혐의를 받았다.[13]

실험에서 속임수를 포착하는 것은 까다로운 일이다. 일반적으로 과학자는 자연이 우리를 속이려 든다고 전제하지 않는다. 그래서 속임수를 알아채는 데 능숙하지 않다. 반면에 마술사는 속임수 전문가여서 심령의 능력에 관한 주장들을 검토하는 일에 적격이다. J. B. 라인의 실험에 참여한 휴버트 퍼스 주니어Hubert Pearce, Jr.는 수백 회의 카드 알아맞히기 실험에서 약 32퍼센트의 비율로 정답을 맞혔다. 그런데 한 마술사가 그를 지켜볼 때는 정답률이 예외적으로 떨어져서 무작위로 정답을 고를 때와 같아졌다. 이런 효과에 대해 어떤 초심리학 연구자는 "심령의 힘은 실험을 수행하는 사람들의 태도와 무관하지 않아서 비판적인 사람이 지켜보면 자신을 드러낼 가능성이 낮아진다"라고 주장했다. '당신이 믿지 않으면 심령의 힘이 발휘되지 않는다'는 얘기다. 관대하게 규정하면 이는 '지푸라기라도 잡고 싶은 마음'이 필요하다는 설명이라고 할 수 있다.

실제로 믿는 사람과 그렇지 않은 사람 사이에는 차이가 있어 보인다. 신경과학자 페터 브루거Peter Brugger와 커스턴 테일러Kirsten Taylor는 초감각지각과 기타 관련 현상들을 믿는 사람이 믿지 않는 사람보다 무작위한 수열에 들어 있는 우연의 일치들에 더 큰 의미를 부여함을 발견했다.[14] 믿는 사람은 행동도 다르다. 예컨대 무작위한 수열을 만들라고 요청했을 때, 심령 현상을 믿는 피실험자는 똑같은 숫자가 연달아 나오는 것을 더 강하게 피하려고 했다. 진정한 무작위 수열에는 똑같은 숫자가 두세 개 또는 더 많이 연달아 나오는 구간이 적잖이 있기 마련인데도 말이다.

유리 겔러의 묘기를 재현한 제임스 랜디는 심령술 사기를 폭로하는 활동으로 유명하다. 마술사인 그는 업계의 속임수들을 잘 안다. 그는 초자연 현상에 관한 주장들을 탐구하기 위해 제임스 랜디 교육재단James Randi Educational

Foundation, JREF을 설립했다.[15] 다음은 이 재단의 웹사이트에 올라 있는 글이다.

JREF에서는 불가사의하거나 초자연적이거나 신비로운 힘 또는 그러한 사건의 증거를 적절한 관찰 조건 아래에서 보여줄 수 있는 사람에게 상금 100만 달러를 지불한다. JREF는 심사 과정에 직접 참여하지 않고 단지 심사 조건을 승인하고 보고서 작성을 돕는 일만 한다. 모든 심사는 지원자가 참여해 승인하는 가운데 설계된다. 대부분의 지원자는 비교적 간단한 예비 심사를 거쳐야 하며, 이 예비 단계를 성공적으로 통과하면 공식적인 심사를 받는다. 예비 심사는 JREF 관계자들이 지원자의 거주지로 찾아가 이루어진다. 예비 심사를 통과한 '지원자'는 '청구인'으로 승격한다.

현재까지 아무도 이 예비 심사를 통과하지 못했다.

공시성, 형태 공명, 기타 개념들: 무지를 극복하려는 노력

미신, 예언, 신, 기적, 심령 현상, 초자연적 힘은 '하늘로 던진 공이 손에 들고 있는 포도주 잔 속에 떨어지는 것'처럼 개연성 낮은 사건들을 설명하기 위한 시도 중 일부에 불과하다. 다른 개념들도 많다. 칼 융은 '우연의 일치'가 우연으로 설명할 수 있는 정도보다 더 자주 일어난다고 느끼고 '공시성synchronicity'에 관한 이론을 만들었다. 그는 공시성을 '설명의 원리로서 인과율과 지위가 같은 가설적 인자'로 규정했다. 융은 인과관계가 힘이나 에너지와 관련이 있다고 주장했다. 거리가 멀어지면 물리적 힘은 약해지고 에너지 전달은 시간이 걸리는 반면 초감각지각은 거리와 무관하므로, 심령 현상은 융이 보기에 인과의 개념으로 설명할 수 없었다.[16] 그는 "원인과 결과의 문제일 수 없다. 그것은 시간적 일치, 모종의 동시 발생의 문제다"라고 주장했다. 이 주장은 기존 물리학이 포용할 수 있는 범위를 벗어나므로, 융은 새로운 명칭이 필요하다고 보고 '공시성'이라는 단어를 선택했다. 그는 이렇게 덧붙였다. "요컨대 나는 공시성이라는 일반적인 개념을, '인과적으로 무관하지만 동일하거나 유사한 의미를 지닌 2개 이상의 사건들이 동시에 일어남'이라는 특수한 의미로 사용한다. 공시성은 단지 두 사건의 동시 발생을 뜻할 뿐인 '동시성synchronism'과 대비된다."[17]

그러나 융은 정신분석가였지 통계학자가 아니었다. 그는 현상을 정량화하는 일에 관심이 없었다. 특히 우연처럼 까다로운 현상을 정량화하는 것은 더욱 그의 관심사가 아니었다. 그가 제시한 공시성의 사례들과 증거들에는 주관성이 적잖이 스며들어 있다. 예를 하나 보자. 융은 이런 이야기를 했다.

50대 남성 환자의 아내가 언젠가 내게 말하기를, 그녀의 어머니와 할머니가 임종을 맞는 순간 그 방의 창 너머에 많은 새가 모여들었다고 한다. 나는 다른 사람들에게서도 비슷한 이야기를 들은 적이 있었다. 그녀의 남편은 치료가 마무리될 즈음에 신경증이 사라졌지만 그리 위험해 보이지는 않는 다른 증상들을 보였다. 내가 보기에 심장병 증상인 듯했다. 나는 그를 심장 전문의에게 보냈는데, 그 전문의는 그를 진찰한 뒤 걱정할 만한 부분을 발견하지 못했다는 편지를 썼다. 이 진찰

소견서를 주머니에 넣고 돌아오는 길에 그 환자는 거리에서 쓰러졌다. 그가 죽어가며 집으로 옮겨질 때, 그의 아내는 이미 심한 불안에 빠져 있었다. 왜냐하면 남편이 진찰을 받으러 가고 얼마 지나지 않아 그의 집 주변에 많은 새가 내려앉았기 때문이다. 그녀는 자신의 친척들이 죽을 때 비슷한 일이 일어났던 것을 자연스럽게 기억해내고 최악의 상황을 염려했다.[18]

홍미진진한 이야기지만, 한 걸음 뒤로 물러나 생각해보자. 새들은 따뜻한 곳에 모여드는 경향이 있는데 마침 '임종을 맞는 방'이 따뜻했기 때문에 그 창 너머에 새들이 모여든 것일 수 있다. 게다가 우리는 새 떼가 창가에, 특히 그 특정한 창가에 내려앉는 일이 얼마나 잦은지 가늠할 길이 없다.

융은 계속해서 기이하게 이야기를 채색했다. "죽음과 새 떼는 아무 관련이 없는 것처럼 보인다. 그러나 바빌로니아인이 저승에 간 영혼은 '깃털 옷'을 입었다고 생각했다는 점과 고대 이집트에서 '바[ba]', 곧 영혼은 새로 여겨졌다는 점을 감안하면, 모종의 원형적 상징 관계가 성립할 수도 있다는 생각이 심한 억지는 아니다." 심한 억지는 아니라고? 그럴 수도 있겠다. 그러나 우리가 어떤 유형의 징후나 조짐을 상상하더라도 어느 고대 종교에선가는 그 상상과 대략 일치하는 특징을 발견할 수 있다.

우연의 일치가 호기심을 자아낸다는 점을 감안하면 융이 물리학 법칙에서 벗어난 설명을 고안할 필요성을 느낀 것은 놀라운 일이 아니다. 다른 많은 사람도 그런 필요성을 느꼈다. 오스트리아 생물학자 파울 캄머러[Paul Kammerer]는 이른바 '연쇄의 법칙[law of seriality]'을 고안하고 그것을 제목으로 한 책을 썼다.[19] 그는 외견상 우연의 일치로 보이는 사례 수백 건을 수집, 비교하고 다양한 유형으로 분류했다. 그런 다음 세 가지 원리에 기초한 이론을 개발하고, 그 원리들로 우연이 일치하는 사례들을 설명할 수 있다고 주장했다. 첫째, '지속성persistence의 원리'는 물리학에서 말하는 '관성의 원리'와 유사하다. 사물들이 오래 존속할 때, 시스템의 조각들이 시스템의 특징을 보유할 경우 지속성은 증가한다. 미래에 시스템의 두 조각이 서로 마주치면 외부의 관찰자에게는 설명할 수 없는 우연의 일치가 일어나는 것처럼 보인다. 둘째 '제한limitation의 원리'는 시스템이 어떻게 평형 혹은 동조 공명sympathetic resonance에 도달하는지 서술한다. 그리고 셋째 '당김attraction의 원리'는 유사한 것들끼리 모이는 경향과 관련된다.

캄머러의 견해는 최근 '형태 공명morphic resonance' 이론을 개발한 생물학자 루퍼트 셸드레이크Rupert Sheldrake의 생각과 어느 정도 유사하다.[20] 셸드레이크에 따르면, 어떤 사건이 특정한 장소에서 일어난 뒤에 유사한 사건들이 다른 장소들에서 일어날 가능성이 높다. 왜냐하면 사건들과 구조들을 조직하는 자연적인 장인 형태장morphic field이 존재하기 때문이다. 그는 형태장의 작용을 보여주는 예로 다양한 지역의 새들이 우유병의 마개를 부리로 쪼아서 뚫는 법을 동시에 터득한 것을 들었다. 새들은 지리적으로 뿔뿔이 흩어져 있어서 서로를 모방해 학습할 수 없는데도 동시적으로 학습했다. 마찬가지로 미국의 쥐들이 특정한 미로를 통과하는 법을 터득하고 나자, 영국의 쥐들이 똑같은 미로를 통과하는 법을 더 쉽게 터득했다는 사례도 있다.

공시성, 연쇄의 법칙, 형태 공명 등은 놀라운 현상들을 설명하기 위해 고안한 개념들이다. 인과관계에 대한 무지를 극복하기 위한 시도들인 것이다. 우리가 어떤 핵심 개념이나 결정적인 정보를 모른다는 관점은 20세기 이전 과학사상의 바탕을 이루기도 했다.

우주를 시계장치로 보다

　17세기부터 20세기에 이르기까지 과학자들은 자연의 작동 방식을 이해하는 데 있어 엄청난 진보를 이루어냈다. 그들은 우주 공간을 가로지르는 행성들, 전하와 전류의 흐름, 기체의 팽창과 수축, 무지개의 색들, 그 밖에 방대한 물리 현상을 기술하는 온갖 법칙을 확립했다. 이 같은 이해는 새로운 기술의 발전도 가져와 우리가 자연을 조작하는 것을 가능하게 했다.

　그 과학법칙들은 결정론적이었으며 사실상 자연적 대상이 어떻게 행동할지 말해주는 수학 방정식이었다. 물리적 시스템의 초기 상태를 알면, 뉴턴의 법칙, 기체 법칙, 맥스웰의 방정식 등은 그 시스템이 시간에 따라 어떻게 진화할지 또 나중에 그 시스템이 어떤 일을 겪는지 말해준다. 과학에 따르면 불확실하거나 예측 불가능한 것은 적어도 원리적으로는 존재하지 않았다. 그리고 이런 생각에 기초한 기술의 거대한 성취는 이 생각이 대체로 옳음을 보여주었다.

　저명한 수학자 피에르 시몽 라플라스Pierre Simon Laplace는 자연법칙을 보는 이 같은 관점의 바탕에 깔린 기본 전제를 이렇게 서술했다. "어떤 지적인 존재가 어느 특정한 순간에 자연을 움직이는 모든 힘과 자연을 이루는 모든 요소의 상대적 위치를 알뿐더러 그 데이터 전부를 분석하기에 충분할 만큼 높은 지능을 지녔다면, 그 존재는 우주의 가장 큰 물체들과 가장 작은 원자들의 운동을 하나의 공식에 담을 것이다. 그 지성에게는 아무것도 불확실하지 않을 것이며 과거뿐 아니라 미래도 눈앞에 있을 것이다."[21]

이런 자연관을 일컬어 '시계장치 우주clockwork universe'라고 부르기도 한다. 우주가 마치 시계처럼 잘 정의된 경로를 따라 진화한다고 보는 입장이다. 이 자연관에 따르면 벼락 같은 예측할 수 없는 현상 가운데 원리적으로 예측 불가능한 것은 없다. 당신이 그 현상을 예측하지 못하는 것은 단지 그것을 둘러싼 조건들이나 자연의 원리에 대한 당신의 무지 때문이다. 그리고 이 무지는 과학이 진보함에 따라 차츰 줄어들 것이다.

그러나 이 자연관에 작은 구멍들이 나기 시작했다. 그리고 20세기를 거치는 동안, 그 구멍들은 뚜렷한 균열들로 성장했다. 자연은 전혀 결정론적이지 않은 것처럼 보였다. 오히려 무작위성과 우연이 자연의 토대를 이루는 듯했다.

무작위성, 우연, 확률은 1장에서 서술한 사건들처럼 개연성이 극히 낮은 사건 같은 우연의 일치의 근간을 이루는 요소다. 그런 일들은 대단하고 전혀 예측 불가능한 것처럼 보이지만 실은 예상할 수 있고 예상해야 마땅하다. 그런 일들을 설명하기 위해 신비로운 요인을 동원할 필요는 없다. 미신도 기적도 신도, 초자연적 개입이나 심령의 힘도, 공시성, 연쇄성, 형태 공명, 기타 온갖 상상 속의 요정도 필요하지 않다. 필요한 것은 확률에 관한 기본 법칙들뿐이다.

다음 장에서는 우연의 법칙의 토대를 이루는 기본 법칙들을 살펴볼 것이다.

우연이란 무엇인가

삶 전체가 기회다.

— 데일 카네기^{Dale Carnegie}

어떤 부부의 놀라운 이야기

빌 쇼^{Bill Shaw}는 1986년 영국의 이스트요크셔 로킹턴에서 열차 사고를 당했지만 살아남았다. 당시 사고로 아홉 명이 죽었다. 열차 사고는 많은 미디어의 주목을 받았는데, 이러한 열차 사고가 드문 편이었기 때문이다. 2001년에 영국에서 열차 사고로 인한 사망자 수는 10억 여객마일^{passenger mile} 당 0.1명 수준이었다. 쉽게 말해서 열차 여행은 이례적으로 안전한 이동 방식이다. 열차 사고가 이처럼 매우 드물기 때문에, 남편과 아내가 둘 다 서로 다른 열차 사고에 연루될 가능성은 엄청나게 낮을 수밖에 없다. 그런데 바로 그런 일이 쇼 부부에게 일어났다. 빌이 사고를 당한 지 15년이 지난 시점, 빌의 아내 지니는 셀비 근처 그레이트 헤크에서 치명적인 열차 사고를 당했지만 살아남았다. 이번 사고의 사망자는 열 명이었다. 두 사고는 모두 선로를 가로막은 자동차 때문에 일어났다. "나는 아내의 말을 믿을 수 없었다." 빌은 그날 오전 7시에 아내의 전화를 받고 깨어났을 때를 회고하며 이렇게 말했다. "내가 겪은 일을 그녀도 겪기를 누군가가 바라기라도 한 듯했다 … 내가 당한 사고의 원인은 선로 위에 걸터앉은 밴이었는데, 섬뜩하게 지니도 똑같은 상황에 처했던 것이다. 기괴한 우연의 일치가 아닐 수 없었다. 도저히 믿을 수 없었다 … 아주 이상한 어떤 이유 때문에 부부가 모두 부적절한 때, 부적절한 장소에 있게 된 것만 같았다."

쇼 부부처럼 불행한 우연의 일치를 경험한 사람이라면 누구나 으레 설명을 원하고 어떤 연결고리를 찾아내려 한다. 이런 우연의 일치(또는 일반적인 우연의 일치)가 일어난 이유를 이해하는 데 도움이 되는 무언가가 있을까?

'우연의 일치'라는 개념은 다양하게 정의된다. 통계학자 퍼시 다이어코니스와 프레드 모스텔러Fred Mosteller는 우연의 일치를 "의미심장한 관련성이 있다고 느껴지는 사건들이 눈에 띄는 인과적 연결 없이 동시에 발생하는 놀라운 일"이라고 정의했다.[1] 내가 가진 《콘사이스 옥스퍼드 사전Concise Oxford Dictionary》에는 "눈에 띄는 인과적 연결 없이 사건이나 상황이 동시에 발생하는 범상치 않은 일"이라고 정의되어 있다. 〈위키피디아Wikipedia〉의 정의는 더 정교하다. "관찰자 또는 관찰자들의 원인과 결과에 대한 이해의 범위 안에서는 인과관계나 공통 원인을 가질 가능성이 낮아 보이는 2개 이상의 사건들이 시간, 공간, 형태적으로 인접해 집단을 이룬 것 또는 기타 연합들."

첫째 정의는 '놀라움'이라는 요소가 있어야 함을 명시한다. 내가 책을 읽다가 한 챕터의 끝에 도달하는 순간에 비가 오기 시작한다 하더라도, 나는 벌떡 일어나 "우아, 정말 대단한 우연의 일치로군!"이라고 말하지 않을 것이다. 또한 우연의 일치는 2개 이상의 사건을 필요로 한다. 이례적인 사건 하나가 일어나는 것과 2개 이상의 이례적인 사건이 함께 일어나는 것은 전혀 다르다. 만약 천둥이 치는 순간 내 의자의 다리가 부러진다면, 나는 이것이 단지 우연인지 고개를 갸웃거릴 만하다. 2013년에 교황 베네딕토 16세가 사의를 표명한 지 겨우 몇 시간 뒤에 로마 성 베드로 성당에 벼락이 내리쳤을 때, 많은 사람은 이것을 의미심장한 우연의 일치로 여겼다.

또한 첫째 정의에 따르면 사건들은 명백한 인과적 연결이 없으면서도 의미심장한 관련성을 지녀야 한다. 눈에 띄는 관련성이 전혀 없는 사건들은 설령 놀랍더라도 우연의 일치라는 평가를 받지 못한다. 어느 날 오후 9시에 어느 카지노에서 룰렛 구슬이 7번 칸에 들어갔다는 사실과, 그로부터 사흘 뒤에 당신이 퇴근길에 택시에서 내릴 때 구두 뒷굽이 부러졌다는 사실 사이에 관련성이 있다고 생각할 사람은 없을 것이다. 왜 두 사건 사이에 관련성이 있어야 하는가? 우리 주위에서는 언제나 무수한 사건이 끝없이 일어난다. 삶이란 사건들의 연쇄다. 그러므로 우연의 일치를 이야기할 수 있으려면 특정한 사건들을 지목하고 유의미하게 관련지을 근거가 필요하다. 이때 관련성은 천둥이 치는 순간 내 의자 다리가 부러진 것처럼 시간적 관련성일 수도 있으며 반드시 인과관계가 명백할 필요는 없다. 룰렛에서 7이 나올 때 당신이 발을 구르다가 구두 뒷굽을 부러뜨렸다 하더라도, 당신은 룰렛에서 7이 나옴과 뒷굽의 부러짐을 우연의 일치로 여기지 않는다. 뒷굽의 부러짐을 인과관계로 간단히 설명할 수 있으니까 말이다.

2001년 9월 11일, 미국 국가정찰국National Reconnaissance Office은 버지니아주 챈틸리에 위치한 본부에서 고장 난 민간 제트기가 충돌하는 상황을 시뮬레이션

할 준비를 하고 있었다. 바로 그날 오전 8시 10분, 시뮬레이션 시작 예정 시각을 약 한 시간 앞두고 아메리칸항공 77편기가 본부에서 6.5킬로미터 떨어진 워싱턴덜레스 국제공항에서 이륙했다. 한 시간 반 뒤, 그 비행기는 납치범들의 지시에 따라 미국 국방부 건물과 충돌했다. 현실과 시뮬레이션 사이에 유의미한 관련성이 없다고 하기에는 둘이 너무나 유사하다. 그러나 둘 사이에 인과관계는 없다.[2]

이미 보았듯이, 놀라운 사건들이 동시에 발생하면 사람들은 온갖 설명을 내놓는다. 많은 설명이 자연 세계에 속하지 않은 힘과 원인을 거론한다. 그런 설명들은 한마디로 초자연적이다. 우연의 법칙은 초자연적 요소가 아니라 과학에 기초를 둔 대안적인 설명을 제공한다. 그 설명의 중심축은 '확률'이다.

이 모든 것이 무슨 의미일까?

확률 개념은 복잡하고, 역사적으로 논란이 많았다. 선도적인 통계학 학파 중 하나의 공동 창시자인 레너드 지미 새비지Leonard Jimmie Savage는 1954년에 이렇게 말했다. "확률이 무엇이냐에 대해서처럼 … 바벨탑 이래로 이토록 완전하게 의견이 엇갈리고 소통이 단절된 사례를 거의 찾을 수 없다."[3] 다행히 그 뒤 상황은 어느 정도 개선되었고, 오늘날 과학자들과 통계학자들은 다양한 유형의 확률이 있음을 인정한다. 물론 여전히 모든 사람이 '확률'이라는 단어를 사용하기 때문에, 혼란의 여지는 많이 남아 있다. 전문적인 논의에서는 흔히 '확률' 앞에 '우연적aleatory' '주관적subjective' '논리적logical'과 같은 형용사를 붙여 그 의미를 보다 명확히 한다. 확률의 다양한 유형에 대해서는 나중에 논하겠다.

'확률'이라는 단어의 긴 역사와 중요성 그리고 여전히 이 단어를 둘러싼 혼란은 이 단어와 아주 밀접하게 관련된 단어들이 많다는 사실로도 미루어 짐작할 수 있다. 그런 단어의 예로는 승산odds, 불확실성, 무작위성, 가능성chance, 운수luck, 운fortune, 운명fate, 요행fluke, 위험risk, 위험요인hazard, 그럴 법함likelihood, 예측 불가능성, 경향, 놀라움 등이 있다. 그 밖에 의심, 신뢰성, 확신, 그럴싸함plausibility, 가능성, 무지, 카오스도 확률과 관련 있는 개념들이다.

확률을 뜻하는 영어 probability의 형용사형인 probable(개연성 있는)은 approve(승인하다), provable(증명 가능한), approbation(승인)과 라틴어 어원이 같다. 이 단어는 모두 '검사하다' 또는 '증명하다'를 뜻하는 라틴어 probare에서 나왔다. 실제로 과거에 probable은 이 단어들과 유사한 의미로 쓰였다. 에드워드 기번Edward Gibbon은 《로마제국 쇠망사The Decline and Fall of the Roman Empire》에서 이렇게 말했다. "루피누스에 따르면, 그 조약은 즉각적인 식량 공급을 규정했다. 그리고 테오도레트는 페르시아인들이 그 의무를 충실히 이행했다고 주장한다. 이런 사실은 승인 가능하지만probable 의심할 여지없이 거짓이다."[4] 이 구절은 probable의 의미가 기번의 시대 이래로 어떻게 바뀌었는지 보여준다. 오늘날 probable은 '그럴 법함(개연성 있음)'을 뜻하므로 '의심할 여지없이 거짓임'과 정반대 의미다.

1662년에 앙투안 아르노Antoine Arnauld와 피에르 니콜Pierre Nicole이 펴낸 《논리학 또는 사유의 방법La logique, ou l'art de penser》[5](흔히 《논리학Logic》 또는 얀센주의 수도원 포르루아얄의 이름을 따서 《포르루아얄 논리학Port-Royal Logic》으로 불림)에는 '승인

가능주의probabilism'에 대한 비판이 들어 있다. 승인가능주의란 권위에 호소함으로써 판단을 내려야 한다는 입장을 뜻한다. 또한 이 책은 probability라는 단어가 비교적 근대적인 의미로 사용된 최초 사례다. 이 한 권의 책에서 우리는 진리가 권위에서 나온다는 중세적 생각이, 증거에서 나온다는 과학적 생각으로 이행하는 것을 볼 수 있다.

나는 사건의 확률을 '사건이 일어날 법한 정도the extent to which that event is likely to happen'로 정의할까 한다. 또는 '사건이 일어날 법하다는 믿음의 강도the strength of belief that the event is likely to happen'로 정의할 수도 있겠다. 이 정의들은 불확실성을 염두에 두며, 확률이 높은 사건은 일어날 법하고 낮은 사건은 일어날 법하지 않다는 의미를 전달한다. 또한 '정도' 또는 '강도'라는 단어를 포함하기 때문에 확률을 측정할 수 있거나 최소한 수치로 나타낼 수 있음을 암시한다. 그러나 이 정의들은 기만이기도 하다. 왜냐하면 사실상 말해주는 바가 없기 때문이다. '그럴 법함likely'은 '개연성 있음probable'과 유의어라고 할 수 있는데, 그렇다면 이 정의들은 동어반복에 불과하다. 그러므로 확률을 제대로 정의하려면 더 깊은 탐구가 필요하다.

무언가를 수치로 표현할 때는 정확한 기준이 필요하다. 예를 들면 키를 인치로 표현할 수도 있고 센티미터로 표현할 수도 있기 때문이다. 확률에서 그런 애매함이 발생하는 것을 막기 위해 과학자들은 확률의 값을 0에서 1까지로 정의한다. 어떤 사건의 확률이 0이라는 것은 그 사건이 불가능하다는 뜻이다. 불가능한 사건보다 더 일어날 법하지 않은 사건은 없으므로, 0보다 작은 확률은 있을 수 없다. 반대로 확률이 1인 사건은 확실한 사건이다. 확실한 사건보다 더 일어날 법한 사건은 없으므로, 1보다 큰 확률은 있을 수 없다. 그런데 확실한 사건은 그다지 흥미롭지 않다. 확실한 사건과 관련해서 할 수 있는 일은 대비뿐이다. 불가능한 사건도 마찬가지다. 불가능한 사건과 관련해서 할 수 있는 일은 아무것도 없다.

적어도 이 책에서 우리에게 훨씬 더 흥미로운 것은 불확실성을 띤 사건이다. 일어날 수도 있고 일어나지 않을 수도 있어서 우리가 어느 한 쪽을 확신할 수 없는 사건 말이다. 이런 사건은 0과 1 사이의 값을 확률로 가진다. 그 값이 작을수록 사건이 일어날 개연성은 낮다. 반대로 확률의 값이 1에 가까울수록 사건이 일어날 개연성은 높다. 이 책에서는 개연성이 매우 낮은 사건, 즉 확률이 0에 가깝지만 완전히 0은 아닌 사건에 관심을 기울인다. 그런 사건은 불가능성과 가능성의 경계에 위치한, 정말로 흥미로운 사건이다.

확률을 수치로 표현하는 또 하나의 방법은 '승산'이라는 개념을 사용하는 것이다. 이 개념은 도박, 스포츠, 금융에서 널리 쓰인다. 승산은 확률을 다르게 표현하는 방식에 불과하다. 실제로 승산은 여러 방식으로 정의된다. 가장 단순한 방식은 승산을 확률들의 비율로 정의하는 것이다. 내가 기차를 놓칠 승산은 내가 기차를 놓칠 확률 나누기 놓치지 않을 확률이다. 당신이 홈런을 칠 승산은 당신이 홈런을 칠 확률 나누기 치지 못할 확률이다. 어떤 사건이 불가능하다면(확률이 0이라면) 그 사건이 일어날 승산도 0이다. 확실한(확률이 1인) 사건의 승산은 무한대다(1 나누기 0은 무한대이므로). 한 사건의 승산을 알면 확률도 쉽게 알 수 있다. 과학자들은 승산보다 확률을 애용하는 경향이 있다. 의학에서는 가끔 승산을 쓰기도 하지만 말이다.

사람들이 확률 대신에 흔히 쓰는 또 하나의 단어는 '가능성'이다. 엄밀히 말하면 사건의 '가능성'이란 사건의 '확률'과 동일하지만, 가능성은 대개 덜 형식적인 대안으로 쓰이며 수치와 연결되는 일이 드물다. 보통 '비가 올 가능성' 등과 같이 표현한다.

'운수'는 좋거나 나쁜 결과와 결부된 확률이다. 개연성이 낮은 나쁜 사건이 일어나면, 운수가 나쁘다고 말한다. 예컨대 자동차 사고를 당하거나 맑은 날에 소나기를 만나거나 벼락을 맞으면, 운수가 나쁜 것이다. 어떤 사람이 붐비는 12차로 고속도로를 급히 횡단하다가 차에 치였다면, 그의 운수가 나빴다고 말할 수 없다. 반면에 그가 한밤중에 한적한 주택가 도로에서 차에 치였다면, 충분히 운수가 나빴다고 할 만하다. 비슷한 단어로 '운'이 있다. 우리는 운이 좋아서 상을 탈 수도 있고 운이 나빠서 부적절한 때에 부적절한 장소에 있을 수도 있다. 그리고 이 모든 단어는 '운명'과 밀접한 관련이 있다. 사람들은 자신의 통제를 벗어난 힘들이 운명을 좌우한다고 생각하기도 한다. 그런 힘들에 대해서는 2장에서 상세히 논하겠다.

'위험'은 운수와 마찬가지로 사건이 일어날 가능성과 결과의 가치 또는 효용을 혼합한 개념이다. 하지만 위험은 나쁜 결과에만 국한해서 쓰인다. 예컨대 차에 치일 위험, 식중독에 걸릴 위험 등이다. 일반적으로 '시험에 통과할 위험'이나 '로또에 당첨될 위험'이라는 표현은 사용하지 않는다.

'무작위성'도 확률과 긴밀한 관련성이 있는 단어다. 이 단어는 다양한 분야에서 대체로 겹치지만 약간씩 다른 의미로 쓰여 혼란을 유발한다. 통계학에서 수열이 무작위하다는 것은 임의의 항 다음에 이어질 항들을 예측할 수 없다는 뜻이다. 알고리즘 정보이론에서는 어떤 수열을 그 수열 자체보다 더 간단히 기술할 수 없을 때 그 수열을 무작위하다고 한다. 예컨대 한 가지 숫자로 이루어진 수열 333333333333333333333은 무작위성이 매우 낮다. 왜냐하면 이 수열을 아주 간결하게(3이 20개) 기술할 수 있기 때문이다. 반면에 37686332408651378654 같은 수열은 요약하기가 쉽지 않아 무작위라고 할 만하다.

'카오스'도 무작위성과 관련 있는 단어다. 카오스 시스템에 의해 수열이 산출되므로 시스템의 초깃값과 시간적 전개 방식을 완벽하게 안다면 그 수열을 예측할 수 있다. 안타깝게도 그 초깃값을 완벽하게, 소수점 아래 무한히 많은 자리까지 정확하게 아는 경우는 절대로 없다. 카오스 이론의 창시자 중 한 명인 에드워드 로렌즈Edward Lorenz는 다음과 같이 명쾌하게 요약했다. "카오스: 현재는 미래를 결정하지만, 근사적인 현재는 미래를 근사적으로 결정하지 못한다."[6] 아쉽게도 우리는 항상 현재에 대해서 근사적인 지식만을 가진다. 이 문제는 이 장의 막바지에서 다시 다루겠다.

확률을 표현하거나 확률과 관련이 있는 단어가 이토록 많다는 점은 우연이 아닐 것이다. 불확실성과 예측 불가능성은 인간의 실존과 우주를 이해하려는 노력에서 중요한 의미를 가진다. 이 개념들은 운명 예정설predestination 및 자유의지의 개념과 밀접한 관련이 있다. 개념들의 정의만 따져봐도, 우연의 결과는 예정된 것일 수 없다. 무작위성과 예측 가능성은 상호 배제적이다. 한쪽을 취하면, 다른 쪽은 버려야 한다.

한편 인간의 지식에서 핵심 역할을 하는 다른 근본 개념들과 마찬가지로 확률과 그 관련 개념들은 종종 의인화된다. '행운의 여신' '운의 여신' '운명에 도전하기' 따위가 그 예다.

우연을 수치화하다

2장에서 보았듯 인류는 예언이나 점술을 목적으로 우연한 결과를 도출하기 위해 찻잎 따위의 특정한 도구들을 사용해왔다. 오늘날 게임에서 우연한 결과를 도출할 때는 주사위, 룰렛 원반, 로또 추첨기 같은 인공물이 사용된다. 로또 추첨기는 상당히 정교하며, 형태는 다양하다. 이를테면 누워서 회전하는 원통 속에서 공이 하나씩 빠져나오는 방식, 서서 회전하는 원통 속의 공들이 바람에 날리다가 꼭대기의 구멍을 통해 하나씩 빠져나오는 방식 등이 있다. 이런 원통들은 대개 투명해서 보는 사람들의 긴장과 기대를 증폭시킨다. 이런 무작위화 장치^{randomizing device}의 역사는 수천 년 전까지 거슬러 올라간다. 가장 오래된 무작위화 장치 중 하나는 동물의 거골^{astragualus}, 즉 발목을 이루는 뼈 중에 가장 위쪽에 있는 뼈다. 고대 이집트 무덤 벽화들은 거골이 일종의 주사위로써 우연을 이용한 게임에 쓰였음을 분명하게 보여준다. 그러나 거골의 여러 면이 어떤 빈도로 나왔는지 기록한 표는 오늘날 거의 남아 있지 않다. 이런 표의 작성은 확률을 수량화하는 작업—특정한 면이 나올 가능성을 수치로 나타내는 일—의 열쇠이므로 매우 중요하다. 〈데 베툴라^{De Vetula}(늙은 여자에 관하여)〉(1220~1250년 작)라는 중세 시대의 시는 주사위 3개를 던진 결과를 정리한 표가 나온다. 그러나 이런 식으로 표를 작성한다는 생각은 17세기에 이르러서야 널리 퍼졌다. 갈릴레오 갈릴레이^{Galileo Galilei}는 1620년경에 주사위 3개를 던진 결과를 탐구했다. 그리고 그 후 17세기 중반 무렵에 이르러서야 확률 연구가 번창했다.

우연한 사건을 예측할 수는 없지만 그런 사건도 모종의 규칙을 띨 가능성이 있다는 생각은 엄청난 지성의 도약을 요구한다. 동전 던지기에서 앞면과 뒷면 중에 무엇이 나올지는 전혀 모르더라도 동전을 1,000번 던지면 500번쯤 앞면이 나옴을 깨닫는 것은 엄청난 개념적 진보다. 이 깨달음은 중력이 모든 물체 사이에서 작용하는 보편적인 힘이라는 깨달음에 못지않은 지적 발전이다.

이 지적인 진보가 얼마나 거대한 것인지는 오늘날에도 많은 사람이 우연한 사건의 속성들을 이해하는 데 어려움을 겪는다는 사실에서 알 수 있다. 예컨대 (정상적인!) 동전 던지기를 하는데 처음 열 번의 시도에서 앞면이 뒷면보다 더 많이 나온 것을 보면 많은 사람은 다음 시도들에서는 뒷면이 더 많이 나와서 균형이 회복되리라고 예상한다. 그러나 이 생각은 틀렸다. 이 오해는 워낙 만연해서 '도박꾼의 오류gambler's fallacy'라는 명칭까지 얻었다.

실제로 벌어지는 일은, 이어진 동전 던지기에서도 앞면과 뒷면이 대략 같은 빈도로 나오고 계속해서 던지는 동안 초기의 불균형이 차츰 미미해져서 앞면 또는 뒷면의 전체적인 비율이 0.5에 접근하는 것이다. 예컨대 처음 열 번의 동전 던지기에서 앞면이 여덟 번 나왔다면, 앞면의 비율은 0.8이다. 이 경우에 다음 열 번의 동전 던지기에서는 앞면이 두 번만 나와서 앞면과 뒷면 사이의 균형이 회복되리라고 예상한다면 착각이다. 오히려 항상 그렇듯이 다음 열 번의 던지기에서도 앞면이 다섯 번쯤 나오리라고 예상해야 한다. 앞면이 다섯 번보다 더 많거나 적게 나올 수도 있겠지만, 가장 흔한 결과는 앞면이 나오는 횟수가 5 근처인 것이다. 그 횟수가 5를 크게 벗어난 결과는 발생할 가능성이 낮다. 위의 예에서 동전 던지기를 20번 했을 때 앞면이 나오는 횟수를 예상한다면, 대략 8+5=13회로 예상해야 옳다. 20번 던졌을 때 13회 나왔다면, 비율은 0.65다. 처음 열 번의 던지기에서 얻은 비율은 0.8이었으므로, 이 새로운 비율은 일반적으로 예상되는 비율 0.5에 더 가까워졌다. 요컨대 초기에 앞면이 더 많이 나온 결과는 다음 열 번의 던지기에서 뒷면이 더 많이 나와서 상쇄되는 것이 아니라 동전 던지기의 총 횟수가 증가함에 따라 희석되어 미미해진다.

만약 당신이 도박꾼의 오류가 타당한 추론이라고 생각하더라도 당신은 외톨이가 아니다. 확률론은 그 어떤 수학 분야보다 반직관적이기로 악명이 높다. 심지어 최고 수준의 수학자들도 확률의 반직관성에 발이 걸려 실수를 범했다. 아무튼 지금 중요한 것은 개별 사건의 예측 불가능성에서 사건들의 집합의 예측 가능성으로 나아가는 한걸음이다. 경마장 운영자는 이번 경주에서 어느 말이 우승할지 못 맞힐 수도 있다. 그러나 장기적으로 평균을 내보면, 그의 예측은 틀릴 때보다 맞을 때가 더 많다(그렇기 때문에 경마장 운영자는 다들 부자다).

우연 또는 가능성을 수치화한다는 생각은 17세기 이전에는 말 그대로 상상할 수조차 없었다. 그때까지 우연적인 사건은 당연히 예측 불가능하다고 여겨졌기 때문이다. 정육면체 주사위를 던졌을 때 여섯 면 중에 어느 것이든 나올 수 있다면, 어느 면이 나올지 예측할 수 없다. 과거 사람들의 생각은 여기까지가 전부였다. 이런 생각은 그 시절의 무작위화 장치들인 거골이나 로마 주사위 등에서 산출되는 결과가 그다지 일관적이지 않아서 더 강화되었을 것이다. 예컨대 과거에는 주사위마다 6이 나오는 확률이 조금씩 달랐을 것이다.[7]

흥미롭게도 우연을 수량화할 수 있다는 생각은 우주가 본질적으로 결정론적이라는 세계관과 동시에 나타났다. 이 변화는 아이작 뉴턴Isaac Newton, 로버트

후크^{Robert Hooke}, 로버트 보일^{Robert Boyle}, 고트프리트 라이프니츠^{Gottfried Leibniz}, 크리스티안 호이겐스^{Christiaan Huygens} 등이 과학의 토대를 놓던 때에 생겨났다. 앞에서 나는 이들의 세계관을 대표하는 표현으로 '시계장치 우주'를 제시한 바 있다. 이들은 우주를 미리 정해진 경로에 따라, 즉 원인과 결과가 잘 들어맞는 물리법칙들에 따라 진행되는 시스템으로 보았다. 문제는 한편으로 무작위성이 존재하고 다른 한편으로 결정론적 우주관이 존재해 양립할 수 없는 것처럼 보인다는 점이다. 이 관점에서 전자와 후자는 기본적으로 정면충돌한다. 이때는 양자를 상보적인 관계로 보는 편이 도움이 된다. 결정론적 과학이 진보함에 따라 무지에서 비롯된 불확실성은 차츰 사라진다는 식으로 말이다. 이렇게 보면 결정론적 우주에 대한 지식과 무작위성에 대한 이해가 동시에 진보한 것이 놀라운 일만은 아니다. 이에 더해 물리법칙들을 탐구하는 마음가짐은 우연한 사건을 이해하기 위한 정량적 접근법에 힘을 실어주었을 것이다. 나아가 물리적 자연법칙을 이해하려는 노력이 더는 신성모독으로 간주되지 않자, 그런 사건을 통해 나올 법한 결과를 예측하는 노력 또한 더는 신성모독으로 비난받지 않게 되었다.

17세기 중반에는 확률에 대한 이해에 전환점이 나타났다. 대략 이 시기 즈음 도박에서 힌트를 얻은, 확률에 관한 최초의 책들이 출간되었다. 1657년에 크리스티안 호이겐스가 쓴 《우연 게임에서의 추론에 관하여^{De Ratiociniis in Ludo Aleae}》가 나왔고, 1663년에는 지롤라모 카르다노^{Girolamo Cardano}의 책 《우연 게임에 관한 책^{Liber de Ludo Aleae}》이 출판되었다(집필 시기는 1563년경 또는 그 이전으로 추정된다). '네덜란드의 뉴턴'으로 불리는 호이겐스는 확률에 대한 연구 외에도 천문학과 물리학에 공헌한 바가 크고, 카르다노는 대수학, 유체역학, 역학,

지질학에서 중요한 업적을 남겼다. 이들은 결정론적 이론과 우연에 대한 이해가 나란히 진보한다는 점을 보여주는 실례인 셈이다. 1671년, 네덜란드의 정치인 겸 수학자 요한 드 비트Johan De Witt는 연금의 액수를 계산하는 법을 담은《채권 상환 대비 종신 연금의 가치Waerdye van Lyf-rente naer Proportie van Los-renten》를 썼다. 연금 보험의 구매자는 목돈을 지불한 대가로 죽을 때까지 일정한 금액을 정기적으로 받는다. 이런 연금의 액수를 계산할 때 가장 중요한 것은 일정 기간 내에 구매자가 사망할 확률이다.

이른바 '점수 문제problem of points'는 확률에 대한 이해의 역사에서 중요한 역할을 했다. 문제의 요점은 '게임이 도중에 중단되었을 때 판돈을 어떻게 나눠 가져야 하는가'다. 이 문제는 1654년에 피에르 페르마Pierre Fermat와 블레즈 파스칼 Blaise Pascal이 편지를 주고받는 과정에서 마침내 해결되었지만, 그보다 훨씬 전인 1380년에 작성된 이탈리아어 문서들에서도 언급되었고[8] 1494년에 루카 파치올리Luca Pacioli가 쓴 책에도 등장하며[9], 16세기의 문건(지롤라모 카르다노의 글)과 1558년의 문건(조반니 페베로네Giovanni Peverone의 글)[10]에서도 거론되었다.

페르마와 파스칼의 편지 교환은 루이 14세의 신하이자 한낱 '도박꾼'으로 폄하되기도 했지만 지식인이었던 슈발리에 드 메레Chevalier de Mere의 권유로 시작되었다. 드 메레는 파스칼에게 점수 문제의 개요를 설명했다. 어떤 게임에서 완전히 이기려면 특정한 점수에 도달해야 하는데, 양쪽 참가자가 그 점수에 도달하지 못한 상태에서 게임이 중단되었고 그때까지 참가자 각각이 얻은 점수는 알려져 있다고 가정하자. 문제는 이것이다. 게임을 계속할 경우, 각 참가자가 이길 확률은 얼마일까? 이 질문에 답할 수 있다면, 판돈을 각 참가자가 이길 확률에 맞게 분배해 비록 완료되지 않은 게임이라도 공정하게 마무리할 수 있다. 양쪽 참가자가 점수를 딸 확률이 똑같다면, 게임이 계속될 경우 각 참가자가 상대보다 먼저 잔여 점수를 채울 확률을 계산할 수 있다. 이 확률은 각 참가자가 게임에서 이길 확률과 같다.

기초적인 결과들이 똑같은 확률로 나온다고(예컨대 동전 던지기에서 앞면과 뒷면이 똑같은 확률로 나오거나 주사위의 여섯 면 각각이 6분의 1의 확률로 나온다고) 가정하면, 더 복잡한 확률들(이를테면 동전 3개를 던졌을 때 모두 앞면만 나올 확률 또는 주사위 2개를 던졌을 때 둘 다 6이 나올 확률)도 쉽게 계산할 수 있다. 그러나 기초적인 결과가 제각각 다른 확률로 나오거나 기초적인 결과들이 무엇인지조차 확정할 수 없는 경우에는 확률을 계산하기가 훨씬 더 어렵다. 예를 들어 당신이 내일 집을 나서다가 발이 미끄러져 넘어질 확률을 알고 싶을 경우, 어떤 결과들을 확률이 똑같은 기초적인 결과로 삼아야 할까?《포르루아얄 논리학》은 이처럼 자명하지 않은 상황에서 확률을 어떻게 산정할지에 관해 최초로 다룬 책이다. 이처럼 우연과 확률에 대한 지식의 씨앗은 17세기에 싹을 틔운 후 거대한 나무로 자라기 시작했다. 1713년 야콥 베르누이Jacob Bernoulli의《추측의 기술 Ars Conjectandi》이 출간되었고, 1718년에는 아브라함 드 무아브르Abraham de Moivre가《우연에 관한 교설The Doctrine of Chances》을 내놓았다. 그리고 세상은 돌이킬 수 없이 달라졌다.

우연과 확률에 대한 지식의 발전은 게임이라는 영역에 한정되어 있지는 않았다. 17세기에 수학자 라이프니츠는 수량화된 확률을 법적인 문제에도 적용할 것을 제안했다. 이는 전적으로 합당한 제안으로 보인다. 따지고 보면 법정의 판결은 '합리적인 의심의 여지가 없음' 또는 '개연성들의 균형'과 같은 문구를 바탕으로 하니 말이다. 안타깝게도 법조계는 17세기에 시작된 확률에 대한 지식의 혁명이 아직 완결되지 않았음을 보여주는 실례다. 1980년대에 저명한 법률가 데이비드 내플리 경Sir David Napley이 통계학자들과 법률가들과 만났던 자리에서 다음과 같이 말한 데서 이를 잘 볼 수 있다. "이 자리에서 논의된 내용의 많은 부분을 도통 이해할 수 없다. 거의 모든 논의에서 나는 갈피를 잡을 수 없었다. 평균적인 법률가는 컴퓨터로 계산할 줄도 모른다는 점을 잊지 말아야 한다. 우리는 지금 전혀 이해하지 못하는 분야를 다루고 있는 것이다."[11] 이해하지 못한다는 말을 이렇게 자신 있게 할 수 있다니! 심지어 지금도 법정은 확률 계산법을 신속하게 받아들이지 않고 있다(여담인데, 내가 보기에 이런 점에서는 미국 법정이 영국 법정보다는 낫다).

여하튼 도박과 법 분야에서의 우연의 역할에 관한 숙고는 확률 개념의 확립에 일정 부분 기여했다. 또한 그 외에도 확률 개념의 발전을 부추긴 요인들은 다양하다.

파스칼은 신의 존재에 관한 '파스칼의 내기Pascal's wager'로 유명하다. 그가 죽은 뒤인 1670년에 출간된《팡세Pensées》에서 파스칼은 영원한 행복은 가치가 무한대이므로 합리적인 선택은 종교적인 삶을 사는 것이라고 주장했다. 종교적인 삶의 대가로 영원한 행복을 얻을 확률이 아주 작더라도, 그 미미한 확률에 무한대를 곱한 결과는 무한대라는 것이 그 근거였다. 파스칼은 이렇게 썼다. "만일 신이 존재한다면, 신은 도통 이해할 수 없는 존재일 것이다. 신은 부분도 한계도 없으며 우리와 닮은 구석이 없으니까 말이다. 따라서 우리는 신의 정체나 존재 여부를 알 수 없다 … 당신은 내기를 해야 한다. 이 내기는 불가피하다. 나중으로 미룰 수도 없다. 당신은 어느 쪽을 선택하겠는가? … 신이 존재한다는 쪽에 걸 때의 이익과 손실을 따져보자. 다음과 같은 두 경우가 있다. 만일 당신이 이기면, 당신은 모든 것을 얻는다. 만일 지면, (신이 존재하지 않아야만) 당신은 아무것도 잃지 않는다. 그러므로 주저하지 말고 신이 존재한다는 쪽에 걸어라." 이 내기는 지금도 철학자들의 토론 주제로 남아 있다. 다양한 사건의 확률과 귀결을 곱셈으로 조합하는 전략은 현대 의사결정 이론의 바탕을 이룬다. 의사결정 이론이란 최적의 선택을 추구하는 수학 분야다.

확률과 우연에 대한 지식의 발전을 부추긴 또 하나의 자극은 상업계에서 나왔다. 17~19세기에 전 지구적 교역이 증가하면서 국가와 민간 회사들은 해운 사고를 비롯한, 예기치 못한 재난에 대비할 방도를 고안해야 했다. 보험은 이에 적합한 대책이었는데 보험 계약이 가능하려면 불행한 사고가 일어날 가능성을 수량화할 방법이 있어야 했다. 한 가지 방법은 과거 항해 사례를 다수 조사해 어떤 비율로 재난이 일어났는지 확인하는 것이다. 동전 던지기에서 앞면이 나오는 사건과 마찬가지로 해운 사고의 바탕에도 모종의 일관성이 있음을 이해하면, 내년의 항해 전체에서 몇 건이 무사히 이루어질지 추정할 수 있다고 본 것이다. 이런 사고는 보험 관련 계산의 토대가 되었다. 사실 보험과 연금의 개념은 우연을 다루는 수학보다 먼저, 로마 시대에 일찌감치 등장했다. 하지만 당시의 금액 책정은 과학이라기보다 장인의 기술에 가까웠다.

위에서 언급한 기본 원리들은 인간의 행동에도 적용된다. 즉 특정한 개인의 행동을 예측하는 것은 불가능하지만, 충분히 많은 사람을 관찰하면 패턴이 눈에 띄기 시작한다. 확률에 대한 지식이 싹트고 2세기가 지난 뒤 벨기에 통계학자 아돌프 케틀레Adolphe Quetelet는 보험 계산의 개념을 광범위한 인간사에 적용함으로써 현대적인 사회통계학의 기초를 닦았다. 케틀레는 훗날 영국 왕립통계학회가 된 단체의 설립에 기여하기도 했다.

[그림3.1]은 케틀레의 저서《인간과 인간의 능력 개발에 관한 논의A Treatise on Man, and the Development of His Faculties》 80쪽에 나오는 데이터를 근거로 작성한 것이다. 이 책의 원본은 1835년에 프랑스어로 출판되었고 영어 번역본은 1842년에 나왔다. [그림3.1]은 1817년부터 1825년까지 프랑스 센Seine에서 일어난 자살 사건에서 매년 구체적인 방법(케틀레의 표현으로는 '파괴 양식modes of destruction')이 각각 차지하는 비율을 보여준다. 케틀레가 열거한 방법들은 '물에 빠지기, 총기 사용, 질식, 추락, 목 조르기, 흉기 사용, 독극물 사용'이다. 그림 속 맨 위의

그림3.1 | 프랑스 센에서 매년 일어난 자살의 방법들 12

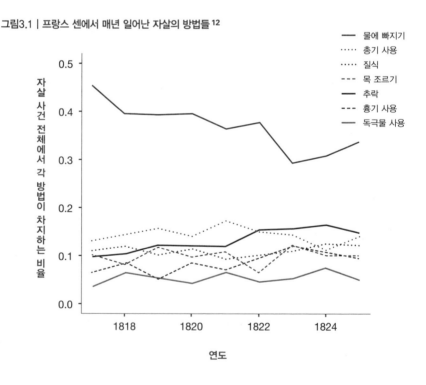

선은 '물에 빠지기'가 차지하는 비율을 나타낸다.

자살을 계획한 사람들이 "올해는 물에 빠져서 자살한 사람의 비율이 낮군. 그럼 나는 물에 빠져야겠어"라고 생각하지는 않을 것이다. 각 개인의 결정은 독립적이다. 그럼에도 그림의 선들은 눈에 띄게 일관적이다. 독극물을 통한 자살의 비율은 약 4퍼센트에서 8퍼센트 사이를 오르락내리락 한다. 4퍼센트에서 갑자기 40퍼센트로 급상승하는 일은 없다. 그러므로 특정한 개인이 어떤 방법을 선택할지 예측할 길은 비록 없지만, 자살하려는 사람이 특정한 방법을 선택할 확률이 대략 얼마인지는 말할 수 있다.

확률에 대한 지식은 고대의 게임에서 제 역할을 한 이래로 법조계, 상업계 등에 적용되며 발전해왔다. 그러나 조심해야 한다. 확률은 이해하기 어려운 개념이다. 우리가 확률을 확실히 이해했다고 생각할 때조차도, 확률은 꿈틀거리며 우리의 손아귀에서 빠져나갈 수 있다. 이제부터 그런 꿈틀거림을 조금 살펴보자.

확률이 정말 존재하는가?

세계를 이해하기 위해 확률이라는 개념을 사용하고자 한다면, 확률이란 무엇인지를 명확히 할 필요가 있다. 앞서 여러 유형의 확률이 존재함을 확인하면서 이미 비공식적인 정의 두 가지를 제시했다. 즉 '사건이 일어날 법한 정도'와 '사건이 일어날 법하다는 믿음의 강도'다. 흥미롭게도 이 정의들은 서로 상당히 다르지만 동일한 수학으로 나타낼 수 있다. 나중에 자세히 이야기하겠지만, 기초적인 내용만 살펴보자. 확률은 0에서 1까지의 범위 안에 놓이는 수다. 확률이 0이라는 것은 불가능함을, 1이라는 것은 확실함을 의미한다. 이는 위의 비공식적 정의 둘 다에 적용된다. 더 심층적인 공통점도 있다. 예컨대 두 사건이 함께 일어날 수 없을 경우(이를테면 첫째 사건은 특정한 주사위 던지기에서 2가 나오는 것이고 둘째 사건은 3이 나오는 것이라면) 두 사건 중 하나가 일어날 확률은 간단히 각 사건의 확률을 더해서 얻을 수 있다(특정한 주사위 던지기에서 2가 나오거나 3이 나올 확률은 $\frac{1}{6}+\frac{1}{6}=\frac{1}{3}$이다). 이를 확률에서는 '덧셈 규칙addition rule'이라고 하는데, 이 규칙 또한 위의 두 정의 모두에 적용된다.

다시 말해 이 정의들은 수학적으로 아주 간결하게 요약되며, 과학자들과 수학자들은 이를 계산에 이용할 수 있다. 예컨대 두 사건이 함께 일어날 확률, 한 사건이 일어나지 않을 때 다른 사건이 일어날 확률 등을 계산할 수 있다. 가장 많이 쓰이는 방법은 러시아 수학자 안드레이 콜모고로프Andrei Kolmogorov가 고전적인 저서《확률 계산의 기본 개념Foundations of the Theory of Probability》에서 제시한 것이다. 이 책의 초판은 1933년에 독일어로 출간되었다. 이미 증명된 바지만, 일관적이려면(예컨대 1보다 큰 확률 값을 얻는 일이 없으려면) 반드시 콜모고로프의 방식과 유사한 방법을 사용해야 한다. 이것이 실질적으로 의미하는 바는, 우연의 법칙을 성립시키는 결과는 확률이 무엇을 의미하는가에 대한 철학적 관점과 상관없이 도출된다는 점이다.

콜모고로프가 제시한 이른바 '확률론의 공리화axiomatization of probability'를 자세히 다룰 생각은 없지만, 그 공리화에 나오는 가장 기본적이고 중요한 규칙 몇 가지는 살펴볼 것이다. 그 전에 우선 내가 위에서 제시한 비공식적인 확률의 정의들을 넘어서자. 실제로 다른 방식으로도 확률의 의미를 생각해볼 수 있는 정의들이 있다. 정의 각각은 확률의 본질이 가진 특정한 면을 포착한다. 그러나 확률의 본질을 온전히 포착하는 정의는 없는 듯하다. 이는 대상을 제대로 이해하려면 여러 관점에서 관찰할 필요가 있는 것과 유사하다. 이를테면 1971년에 주조한 1달러 은화의 한쪽 면에 미국의 전 대통령 드와이트 아이젠하워Dwight Eisenhower의 모습이 있고 반대쪽 면에 아폴로 11호의 달 착륙을 표현한 그림이 있다는 것을 알려면, 그 은화의 양면을 다 봐야 한다. 보다 고차원적인 유사한 예도 찾을 수 있다. 물리학자들은 광자가 다양한 상황에서 보이는 행동을 설명하기 위해 광자를 파동으로 간주하는 해석과 입자로 간주하는 해석을 둘 다 받아들인다.

확률에 대한 해석들 중에 가장 널리 쓰이는 세 가지는 '빈도주의적frequentist 해석' '주관적 subjective 해석' '고전적 classical 해석'이다. 그 외 다른 해석들은 이 절 끝부분에서 간략히 다룰 것이다. 각각의 해석들은 얽히고설킨 역사를 가지고 있는데, 여기에서는 그 역사를 풀어헤치는 대신 그 해석들 간의 차이가 오랜 세월에 걸쳐 차츰 명확해졌다는 말만 해두겠다. 그 차이가 늘 단박에 명확해진 것은 아니다. 상당한 숙고를 통해 비로소 차이가 드러난 경우도 많다.

확률에 대한 빈도주의적 해석은 동일한 상황이 반복되면 물리적 시스템이 대략 일정한 상대빈도로 결과를 산출하는 경향에 기초를 둔다. 우리는 이런 경향을 이미 접한 바 있다. 동전을 거듭 던지면 대략 절반의 경우에 앞면이 나오거나 주사위를 거듭 던지면 대략 여섯 번에 한번 꼴로 4(또는 임의의 다른 눈)가 나오는 경향이 그것이다. 빈도주의적 정의에 따라 엄밀하게 말하자면, 한 사건의 확률이란 동일한 상황이 무한히 반복될 때(무한히 긴 '시도들'의 열에서) 그 사건이 일어나는 횟수의 비율이다. 따라서 이 정의를 채택하면, 동전 던지기에서 앞면이 나올 확률이란 무한한 던지기 열에서 앞면이 나오는 횟수의 비율이다. 이 정의가 안고 있는 현실적인 문제점들을 당신도 즉각 알아챘을 것이다. 무한히 긴 반복 열이라고? 동전 던지기를 한없이 반복하면 동전이 닳고 닳아서 결국 완전히 없어질 것이라는 문제는 제쳐두더라도(오래된 성당의 바닥이 닳아서 움푹 팬 것을 생각해보라) 그런 무한 열의 끝에 실제로 도달하는 것은 절대로 불가능하다. 게다가 동일한 상황이 반복된다고? 두 상황이 정확히 똑같은 경우는 없다. 그리스 철학자 헤라클레이토스[Heraclitus]의 말마따나 "똑같은 강물에 두 번 발을 담글 수는 없다".

그러나 1장에서 언급한 기초 기하학의 점과 선처럼 빈도주의적 해석에 따른 확률 정의를 하나의 수학적 추상으로 간주한다면, 이 정의도 일리가 있다. 우리는 무한 열을 산출할 수는 없지만 원하는 만큼 긴 열을 산출할 수 있다. 이는 (비록 유한하지만) 충분히 긴 열을 채택함으로써 확률을 원하는 만큼 정확하게 결정할 수 있다는 뜻이다. 물론 이때 다루는 열은 유한할 수밖에 없으므로, 확률을 완전히 정확하게 측정했다고 장담할 수는 없다. 따지고 보면 그 어떤 것도 완벽하게 측정할 수 없다. 나는 내 책상의 길이를 1센티미터나 1밀리미터 또는 (상당히 어렵겠지만) 100만 분의 1밀리미터까지 정확하게 측정할 수 있지만 소수점 아래 무한대의 자리까지 정확하게 측정할 수는 없다. 그러므로 동전 던지기에서 앞면이 나올 확률을 완벽하게 알지 못한다는 사실은 문젯거리가 아니다.

한 가지 확실한 것은 빈도주의적 해석에서 확률은 외부 세계의 속성이라는 점이다. 우리가 든 예들에서 길이나 질량과 같은 동전과 주사위의 속성이 곧 확률인 것이다(그래서 빈도주의적 해석에 따른 확률을 객관적 확률이라고도 한다-

옮긴이). 반면에 주관적 해석은 확률을 사뭇 다르게 본다. 주관적 해석은 외부 세계의 한 측면이 아니라 한 사건이 일어나리라는 개인적 믿음을 반영한다. 당신은 동전을 던질 때 앞면이나 뒷면이 나올 가능성이 동등하다고 믿을 수도 있다. 이 경우에 당신이 믿는 앞면이 나올 확률은 2분의 1이다. 그런데 동전 던지기에 쓰이는 동전이나 던지기를 실행하는 사람에 대해서 차츰 더 많이 알게 되면(예컨대 마술사가 양면이 모두 앞면인 동전을 던지고 있음을 알게 되면) 당신은 믿음의 강도, 곧 주관적 해석에 따라 확률을 조정하고 싶어질 수도 있다. 이처럼 주관적 해석에서 확률은 외부 세계가 아니라 내면 세계의 속성이다. 각 개인은 각 사건에 대해서 나름의 주관적 확률을 가질 것이다. 이런 연유로 브루노 드 피네티Bruno de Finetti는 중대한 저서 《확률론Theory of Probability》의 첫머리를 "확률은 존재하지 않는다"라는 문장으로 열었다.[13] 그의 취지는 확률이란 외부 세계에 딸린 속성이 아니라 우리가 세계를 생각하는 방식에 딸린 속성이라는 것이다.

주관적 해석에 따른 확률은 측정하기 어렵다고 생각하는 사람도 있겠지만, 이미 다양한 측정 방법이 고안되었다. 예를 들어 사람들에게 특정 결과에 돈을 걸도록 요구했다고 가정하자. 만일 사람들이 동전이 정상적이라고 생각하고 따라서 동전 던지기에서 앞면이 나오는 사건에 대한 사람들의 주관적 확률이 2분의 1이라면, 사람들은 기꺼이 앞면과 뒷면에 같은 금액을 건다. 반면에 지금 사용되는 동전이 앞면만 2개 있는 마술용 동전이라고 생각한다면, 사람들은 앞면에 훨씬 더 많은 돈을 걸 것이다.

빈도주의적 해석과 주관적 해석은 각각 '우연적aleatory' 해석과 '인식론적epistemological' 해석으로도 부른다. 글자 그대로 해석하자면 aleatory는 '주사위 던지기에 의존하는', epistemological은 '지식에 기반해 사건이 일어날 것이라는 믿음'을 의미한다. 이 두 개념의 차이는 "다음 대통령이 여성일 확률은 0.9다"와 같은 문장에서 명백하게 드러난다. 이 문장과 관련해서는 빈도주의적 해석처럼 반복 시행을 생각할 수 없다. 다시 말해 여러 시행 중 일부에서 여성이 선출된다는 개념이 불가능하며, 단지 확신 또는 믿음의 정도라는 개념이 있을 뿐이다.

흥미롭게도 확률을 '믿음의 정도'로 간주하는 주관적 해석은 사실상 우연을 무지의 산물로 취급한다. 따라서 주관적 확률 해석은 일신교와 맥락이 통한다. 실제로 17세기 중반 확률 개념의 토대는 그런 맥락 속에 놓였다. 그 맥락 속에서 우연적 사건은 단지 신이 어떻게 그것을 일으켰는지 우리가 이해하지 못하는 사건으로 간주되었다. 그러나 곧 살펴보겠지만 오늘날의 학자들은 불확실성이 단지 참된 원인을 몰라서가 아니라 더 근본적인 방식으로 발생한다고 생각한다.

빈도주의적 확률 개념과 주관적 확률 개념은 근본적으로 다르므로 똑같이 '확률'이라 부르는 것은 옳지 않을 수도 있겠다. 철학자 이언 해킹Ian Hacking은 이와 유사한 문제가 '무게'와 '질량'에서도 발생한다고 지적했다. 인류 역사에서 무게와 질량의 차이를 이해하게 된 것은 최근의 일이다. 지금은 그 두 개념을 서로 다른 용어로 가리킨다. 이와 유사한 맥락에서, 위대한 수학자 시메옹-드니 푸아송Simeon-Denis Poisson과 앙투안-오귀스탱 쿠르노Antoine-Augustin Cournot가 프랑스어 chance('우연' 또는 '가능성'을 뜻하는 영어 chance에 해당함-옮긴이)는 주관적 확률을 가리키는 용어로, probabilité('확률' 또는 '개연성'을 뜻하는 영어 probability에 해당함-옮긴이)는 빈도주의적 확률을 가리키는 용어로 사용하자고 제안했다. 비록 영어권에서는 이 제안이 호응을 얻지 못했지만 말이다.

확률에 대한 세 번째 주요 해석은 고전적 해석이다. 고전적 해석에 따른 확률은 대칭의 개념을 기반으로 한다. 만일 완벽한 정육면체 주사위가 있다면, 그 주사위의 어느 한 면이 다른 면보다 더 자주 나오리라고 기대할 이유가 없다. 확률이 여섯 면에 고르게 분배되어 각 면이 나올 확률이 6분의 1이 되리라고 생각하는 것이 자연스럽다. 이 해석은 주사위나 동전과 같은 대칭형 무작위화 장치에 기초한 게임에 적용하면 안성맞춤이다. 지롤라모 카르다노가 제시한 도박의 원리에서 고전적 확률 개념을 읽어낼 수 있다.[14] "도박에서 가장 기본적인 원리는 한마디로 똑같은 조건이다 … 돈, 상황 … 그리고 주사위 자체와 관련한 조건들이 동일해야 한다. 만일 이 동일성을 벗어났을 때 상대방에게 유리하게 되었다면 당신은 그만큼 바보이고, 당신 자신에게 유리하게 되었다면 당신은 그만큼 불공정하다." 주사위는 비록 기하학적으로 완벽한 정육면체가 아닐지라도 정육면체에 거의 가깝다. 그러나 그런 명백한 대칭성이 없는 평범한 삶의 상황들에 대해 고전적인 확률을 어떻게 적용해야 할지는 불분명하다. 예컨대 누군가가 암으로 죽을 확률에 고전적 해석을 어떻게 적용할 수 있을까?

가장 널리 쓰이는 확률 해석은 빈도주의적 해석, 주관적 해석, 고전적 해석이지만, 다른 해석들도 있다. '논리적logical 확률'이란 단순명료한 예 또는 아니요 대답 대신에 수치로 지지도를 나타내는 논리학의 외연적 개념이다. 평범한 논리학에서는 "A는 B를 함축한다"와 같은 진술을 할 수 있는 반면, 논리적 확률에서는 A가 B를 함축하는 정도를 표현한다. 이 확률 개념은 '신뢰도credibility' '합리적 믿음의 정도' '확증의 정도' 등으로도 불린다. 저명한 경제학자 존 메이너드 케인스^{John Maynard Keynes}는 《확률에 관한 논의^{A Treatise on Probability}》에서 논리적 확률을 옹호했다.

확률에 대한 또 다른 설명으로는 '경향^{propensity} 해석'이 있다. 이 해석은 대상이 특정한 방식으로 행동하는 경향에 기초를 둔다. 나는 내 동전이 어떤 물리적 경향을 지녔기 때문에 동전 던지기에서 일정한 비율로 앞면이 나온다고 (정상적인 동전의 경우에는 이 경향을 나타내는 수치가 2분의 1이라고) 생각할 수도 있을 것이다. 이런 유형의 확률은 물체의 취약도와 유사하다고 할 수 있다. 접시의 취약도는 떨어뜨렸을 때 깨지는 경향이다.

지금까지 확률의 의미 몇 가지를 간단히 살펴보았지만, 이로써 확률의 의미를 온전히 다룬 것은 아니다. 다시 말하지만 확률은 이해하기 어려운 개념이다. 무수한 철학자와 여러 학자가 확률의 의미를 명확히 하려 애썼다. 그러나 확률 개념의 놀라운 특징 하나는 (최소한) 가장 널리 쓰이는 세 가지 해석, 빈도주의적 해석, 주관적 해석, 고전적 해석을 동일한 수학으로 서술할 수 있다는 점이다.

우연에 관한 규칙들

우연의 법칙을 구성하는 요소들은 확률론에서 나온다. 이 절에서는 그중 특히 중요한 구성요소를 다루고자 한다(더 상세한 설명은 부록B를 참조하라. 거기에 다양한 확률을 실제로 계산하는 방법을 여러 예를 들어 설명해두었다).

지금까지 동전 던지기에서 앞면이 나올 확률, 주사위 던지기에서 6이 나올 확률, 다음 대통령이 여성이 될 확률 등을 언급했다. 이것들은 단일 사건의 확률이다. 그런데 단일 사건에 대해서는 확률을 이야기하고 나면 할 말이 별로 없다. 흥미로운 이야기가 시작되려면 여러 사건이 필요하다. 예컨대 우연의 일치를 생각해보자. 우연의 일치가 있으려면 2개 또는 더 많은 사건이 일어나야 한다. 따라서 첫 번째로 할 일은 두 사건이 모두 일어날 확률을 구하는 것이다. 이를테면 교황이 사의를 표하는 사건과 성 베드로 성당에 벼락이 내리치는 사건이 둘 다 일어날 확률을 구해야 한다. 이 확률을 구할 수 있다면, 3개의 사건이 일어날 확률도 쉽게 구할 수 있다. 이 확률은 처음 두 사건과 세 번째 사건이 모두 일어날 확률과 같기 때문이다.

여러 사건의 확률을 가장 쉽게 계산하기 위해서는 한 사건이 일어날 확률이 다른 사건이 일어나는지 여부와 무관해야 한다. 나의 알람시계가 고장으로 경보음을 울리지 못할 확률은 당신의 로또 당첨 여부와 상관없다. 또 나의 알람시계가 고장 나더라도 당신이 로또에 당첨될 확률은 높아지지(또는 낮아지지) 않는다. 이런 경우를 독립사건 independent event 이라고 한다. 독립사건 2개가 모두 일어날 확률은 쉽게 계산할 수 있다. 간단히 첫째 사건의 확률과 둘째 사건의 확률을 곱하면 된다. 첫째 사건(나의 알람시계가 고장 남)이 열 번에 한 번 꼴로 일어나고 둘째 사건(당신이 로또에 당첨됨)이 100만 번에 한 번 꼴로 일어난다면, 나의 알람시계가 고장 나든 말든 당신이 로또에 당첨될 확률은 변함없이 100만 분의 1이다. 따라서 내 알람시계가 고장 나고 당신이 로또에서 당첨될 확률은 1,000만 분의 1이다.

사건들이 서로 종속적이라면, 다시 말해 한 사건이 일어날 확률이 다른 사건이 일어났는지 여부에 따라 달라진다면, 상황은 꽤 복잡해진다. 예컨대 나의 알람시계가 경보음을 울리지 못하면, 내가 열차를 놓칠 확률은 대폭 상승한다. 이 경우에 두 사건이 모두 일어날 확률을 구하고자 한다면, 두 사건의 확률을 곱하는 간단한 방법으로는 정답을 얻을 수 없다. 첫째 사건이 일어날 확률에다, 첫째 사건이 일어났을 때 둘째 사건이 일어날 확률을 곱해야 한다. 내 알람시계가 고장 나고 또한 내가 열차를 놓칠 확률은 내 알람시계가 고장 날 확률에다, 내 알람시계가 고장 났을 때 내가 열차를 놓칠 확률(이 확률은 1일 수도 있다)을 곱한 값과 같다.

첫째 사건이 일어났을 때 둘째 사건이 일어날 확률을 일컬어 조건부 확률conditional probability이라고 한다. 조건부 확률은 우연의 법칙과 관련해 매우 중요하다. 왜냐하면 일반적으로 개연성이 극히 낮은 사건이 특정한 상황에서는 개연성이 높을 수 있기 때문이다. 나와 가장 친한 친구가 뉴욕에서 사고를 당할 확률은 매우 낮다. 왜냐하면 그 친구는 런던에서 살고 뉴욕에 가는 일이 드물기 때문이다. 그러나 그가 뉴욕으로 이주한다면, 그 확률은 당연히 대폭 상승한다.

두 사건이 모두 일어날 확률을 계산하는 방법이 우연의 법칙의 한 기둥이라면, 또 다른 기둥은 두 사건 중에서 최소한 하나가 일어날 확률을 계산하는 방법이다. 예컨대 내가 월요일 또는 화요일에 지각하거나 월요일과 화요일에 모두 지각할 확률을 생각해보자. 만일 두 사건이 함께 일어나는 것은 불가능하다면 배반사건exclusive event 또는 양립불가능사건incompatible event이라고 한다. 이때 두 사건 중 최소한 하나가 일어날 확률을 쉽게 계산할 수 있다. 이 확률은 간단히 각 사건의 확률을 합하면 구할 수 있다(이는 두 사건이 함께 일어날 확률이 0이기 때문이다). 내가 내일 직장에 도착하는 시각이 오전 7시 이전 또는 오전 8시 이후이거나 양쪽 다일 확률은 간단히 7시 이전일 확률 더하기 8시 이후일 확률과 같다. 왜냐하면 직장에 도착하는 시간이 양쪽 다일 가능성은 없기 때문이다.

두 사건이 함께 일어날 수 있다면, 상황은 조금 복잡해진다. 내가 월요일에 지각할 확률이 60퍼센트, 화요일에 지각할 확률이 70퍼센트라고 해보자 (빌어먹을 알람시계!). 이 두 확률을 그냥 더하면 0.6+0.7=1.3이 나온다. 그렇다면 내가 월요일 또는 화요일에 지각하거나 양쪽 날에 모두 지각할 확률은 1.3일까? 이것은 무의미한 계산 결과다. 확률이 1이라는 것은 확실하다는 뜻이다. 확실한 것보다 더 확실한 것은 있을 수 없으므로 1보다 더 큰 확률은 있을 수 없다. 이 문제는 모든 가능한 경우를 살펴보면 명확해진다.

가능한 경우는 모두 네 가지다. 월요일과 화요일에 모두 지각하는 경우, 월요일에 지각하고 화요일에는 지각하지 않는 경우, 월요일에는 지각하지 않고 화요일에 지각하는 경우, 월요일과 화요일에 모두 지각하지 않는 경우다. 월요일에 지각할 확률은 두 경우의 확률을 포괄한다. 즉 월요일과 화요일에 모두 지각할 확률과 월요일에 지각하고 화요일에 지각하지 않을 확률을 포괄한다. 마찬가지로 화요일에 지각할 확률도 두 경우의 확률을 포괄한다. 즉 월요일과 화요일에 모두 지각할 확률과 월요일에 지각하지 않고 화요일에 지각할 확률을 포괄한다.

따라서 우리가 월요일에 지각할 확률과 화요일에 지각할 확률을 그냥 더한다면, 월요일과 화요일에 모두 지각할 확률을 두 번 더하는 셈이다. 이를 수정하기 위해서는 두 번 더해진 그 확률을 한 번 뺄 필요가 있다. 두 사건이 독립적이라면(한 날에 지각하는지 여부가 다른 날에 지각할 확률에 영향을 미치지 않는다면) 위에서 보았듯이 양쪽 날에 모두 지각할 확률은 간단히 각 사건의 확률을 곱한 값인 0.6×0.7=0.42와 같다. 이 값을 1.3에서 빼면, 최종적으로 0.88이 남는다. 이 계산 결과는 앞서 얻은 1.3보다 훨씬 더 이치에 맞다.

우연의 법칙은 방금 살펴본 기본 규칙들 외에 고차원적 법칙들에도 의지한다. 그러므로 이 절을 마무리하기 전에 2개의 고차원적 법칙만 간단히 언급하려 한다.

그중 하나는 '큰 수의 법칙law of large numbers'이다. 이 법칙에 따르면, 주어진 값들의 집합에서 무작위로 뽑은 수들의 평균은 그 수들의 개수가 많을수록 원래 집합의 평균에 더 가까울 가능성이 높다. 예컨대 6개의 값으로 이루어진 집합 {1, 2, 3, 4, 5, 6}을 생각해보자. 이 집합의 평균은 (1+2+3+4+5+6)/6=3.5다. 이제 이 집합에서 무작위로 수를 뽑아보자. 뽑은 수는 다시 집합에 집어넣는다. 따라서 한 수를 두 번 이상 뽑을 수도 있다(내가 뽑은 수가 3, 6, 2, 2, 4, 1, 5 등일 수 있다). 큰 수의 법칙에 따르면 뽑는 수가 많아질수록 그 수들의 평균은 3.5에 더 가까워진다. 아주 많은 수를 뽑았다면, 그 수들의 평균은 3.5에서 멀어질 가능성이 극히 낮다.

정말 그런지 쉽게 실험해볼 수 있다. 주사위 던지기를 이용하면 집합 {1, 2, 3, 4, 5, 6}에서 무작위로 수 하나를 뽑는 일을 편리하게 반복할 수 있다. 필요한 작업은 주사위를 반복해서 던지면서 결과들의 평균을 계산하는 것뿐이다.

당신의 시간과 노력을 절약해주기 위해 내가 직접 실험해보았다. 하지만 주사위를 500번 던지는 대신에, 컴퓨터를 이용해 집합 {1, 2, 3, 4, 5, 6}에서 무작위로 수 하나를 뽑는 일을 500번 했다. [그림3.2]는 그 결과를 보여준다. 오른쪽 페이지에서 첫 번째 그래프는 나의 가상 주사위 던지기 최초 20회에

그림3.2 | 큰 수의 법칙. 표본의 크기가 증가함에 따라 표본평균들은 극한값으로 수렴한다.

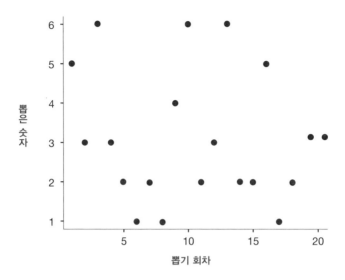

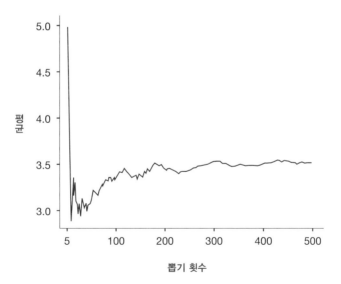

서 나온 결과다. 가로축은 1회부터 20회까지의 던지기 회차, 세로축은 각 회차에서 1, 2, 3, 4, 5, 6 중에 나온 결과다. 보면 1회차에서는 5가 나왔고, 2회차에서는 3이 나왔다. 아래쪽 그래프는 뽑기 횟수가 증가함에 따라 결과들의 평균이 어떻게 변화했는지를 보여준다.

처음에 뽑기 횟수가 그리 많지 않았을 때는(그래프의 왼쪽 가장자리) 새로 뽑을 때마다 결과값의 평균이 큰 폭으로 요동했다. 그러나 뽑기 횟수가 쌓여감에 따라 평균은 안정을 찾고 한 값으로 수렴하기 시작했다. 결국 500회 뽑았을 때는(그래프의 오른쪽 가장자리) 평균이 3.5에 바짝 접근했다.

기억할지 모르겠지만 큰 수의 법칙(비공식적인 명칭은 '평균의 법칙law of averages')은 이미 언급한 바 있다. 도박꾼의 오류를 상기하라. 도박꾼의 오류란 동전 던지기에서 처음에 앞면이 더 많이 나오면 그다음에는 뒷면이 더 많이 나와서 불균형이 해소되리라는 그릇된 믿음을 뜻한다. 실제로 일어나는 일은, 동전 던지기가 계속 반복되면 그 불균형이 희석되어 앞면의 비율이 점점 더 2분의 1에 접근하는 것이다. 2분의 1은 0과 1의 평균이다. 바로 이것이 큰 수의 법칙이다. 큰 수의 법칙이 성립하는 이유를 이해하기는 어렵지 않다. 정상적인 동전 던지기를 상상해보라. 동전을 한 번 던졌을 때 앞면이 나오는 비율은 0이거나 1일 수밖에 없다. 두 번 던졌을 때, 그 비율은 0(두 번 다 뒷면이 나온 경우), 1(두 번 다 앞면이 나온 경우) 또는 2분의 1(앞면과 뒷면이 한 번씩 나온 경우)일 수 있다. 마지막 결과, 즉 2분의 1의 비율이 나오는 결과는 두 가지 방식(첫 번째는 앞면, 두 번째는 뒷면이 나오는 방식과 첫 번째는 뒷면, 두 번째는 앞면이 나오는 방식)으로 발생하는 반면, 다른 결과(두 번 다 앞면 또는 두 번 다 뒷면)는 각각 한 가지 방식으로만 발생한다. 이번에는 동전을 세 번 던지는 경우를 생각해보자. 가능한 결과의 개수는 더 늘어나지만, 극단적인 비율들(모두 다 앞면 또는 모두 다 뒷면)은 한 가지 방식으로만 발생하는 반면, 다른 비율(앞면이 나오는 비율이 3분의 1 또는 3분의 1)은 각각 세 가지 방식으로 발생한다.

이제 훌쩍 건너뛰어 동전 던지기를 100회 했을 때를 생각해보자. 100번 던졌을 때 앞면이 100번 나오는 방식은 한 가지뿐이지만, 앞면이 99번 나오고 뒷면이 한 번 나오는 방식은 100가지다(첫 번째에서 뒷면이 나오는 방식, 두 번째에서 뒷면이 나오는 방식, 세 번째에서…). 또한 계산을 조금 해보면 알 수 있듯이, 앞면이 98번 나오고 뒷면이 두 번 나오는 방식은 4,950가지, 앞면이 97번 나오고 뒷면이 세 번 나오는 방식은 16만 1,700가지다. 그리고 앞면이 50번 나오고 뒷면이 50번 나오는 방식은 약 10^{29}가지다. 보다시피 앞면과 뒷면이 대략 동등하게 나올 개연성이 훨씬 더 높다. 바꿔 말해 앞면의 비율이 0과 1의 평균인 2분의 1에 가까울 개연성이 압도적으로 높다.

우연의 법칙을 떠받치는 또 하나의 수준 높은 법칙은 이른바 '중심 극한 정리central limit theorem'다. 이번에도 집합 {1, 2, 3, 4, 5, 6}에서 무작위로 한 값을 뽑아서 확인하고 다시 집어넣는 작업을 상상해보자. 이미 언급했듯이, 주사위 던지기를 이용하면 이 작업을 쉽게 반복할 수 있다. 나는 주사위를 다섯 번 던져서 나온 값들의 평균을 계산하려 한다. 이런 평균을, 앞서 큰 수의 법칙을 다룰 때도 계산했다. 하지만 이번에는 던지기 횟수를 그냥 누적하는 대신에 5회 던지기를 한 세트로 삼아 이 세트를 반복하면서 평균들을 구할 것이다. 첫째 세트의 평균과 둘째 세트의 평균은 다를 가능성이 높다. 더 나아가 5회 던지기 한 세트를 계속 반복하면서 매번 평균을 구하면, 이리저리 흩어진 평균들의 분포를 얻게 될 것이다.

그림3.3 | 중심 극한 정리. 표본의 크기가 증가하면, 표본평균들의 분포는 정규분포에 점점 더 접근한다.

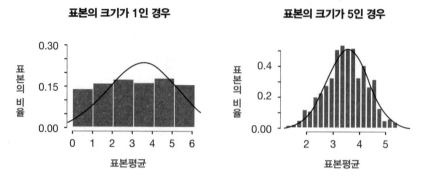

이 예에서 다섯 번이라는 횟수에는 어떤 특별한 의미도 없다. 5회 대신에 10회나 20회 또는 100회를 한 세트로 삼을 수도 있다. 다시 말해 표본의 크기를 5가 아니라 10, 20 또는 100으로 정해도 된다. 표본의 크기에 따라서 평균들의 분포는 고유한 모양을 띨 것이다. 중심 극한 정리는 표본의 크기가 증가하면 평균들의 분포가 '정규분포normal distrbution(카를 프리드리히 가우스Carl Friedrich Gauss의 이름을 따서 '가우스분포Gaussian distrbution'라고도 함)'라는 특정한 모양에 점점 가까워진다고 말해준다. 그 모양은 마치 종의 윤곽을 닮았다.

[그림3.3]은 표본의 크기가 증가하면 어떤 변화가 생기는지 보여준다. 간결한 논의를 위해서 표본의 크기가 1인 경우(이 경우에는 표본을 이루는 유일한 값이 그대로 표본평균이다)와 표본의 크기가 5인 경우만 비교했다. 각 막대그래프는 표본평균들의 분포를 나타낸다. 그 위에 그은 검은 선은 우리가 얻은 무작위한 값들의 분포에 따른 정규분포다. 왼쪽 막대그래프는 거의 평평하다. 이는 쉽게 예상할 수 있는 결과다. 왜냐하면 표본의 크기가 1일 경우 표본평균

은 1, 2, 3, 4, 5, 6 중 하나일 테고, 이 값 각각은 똑같은 가능성, 6분의 1의 확률로 나오기 때문이다. 반면에 오른쪽 그래프에서 보듯이 표본의 크기가 5일 때 표본평균들의 분포는 종 모양의 정규분포에 훨씬 가깝다.

정규분포는 통계학에서 매우 중요하다. 19세기 말에 통계학을 비롯한 여러 분야에서 중대한 진보를 이루어낸 빅토리아 시대의 학자 프란시스 골턴 Francis Galton 은 정규분포(그의 용어로는 '오차의 빈도에 관한 법칙 law of frequency of error')에 대해 이렇게 말했다. "'오차의 빈도에 관한 법칙'이 표현하는 놀라운 우주적 질서만큼 상상력을 적절하게 자극시키는 것은 거의 없다. 만약에 그리스인들이 이 법칙을 알았다면 그들은 이것을 의인화하고 신격화했을 것이다. 이 법칙은 더없는 혼란의 한복판에서 자신을 전혀 내세우지 않고 평온하게 지배력을 발휘한다. 군중의 규모가 거대해지고 외견상의 무질서가 커질수록, 이 법칙의 지배력은 더 완벽해진다. 이 법칙은 비이성 unreason 에 관한 지고의 법칙이다. 카오스적인 요소들로 이루어진 큰 규모의 표본이 다수 집적될 때면 뜻밖으로 가장 아름다운 형태의 규칙성이 잠재해 있었음이 어김없이 드러난다."[15] 골턴의 이 멋진 통찰은 정규분포의 아름다움과 힘 그리고 무작위한 개별 사건들의 본질적인 예측 불가능성을 고도로 예측 가능한 집단들로 바꿔놓는 정규분포의 보편적인 역할을 강조한다.

정규분포는 수많은 자연적 분포의 훌륭한 근사치다. 왜 그럴까? 많은 경우 측정값을 마치 내가 방금 계산한 표본평균처럼 부분들을 합산하거나 평균한 결과로 간주할 수 있기 때문이다. 예컨대 당신의 키는 당신의 척추 길이, 대퇴골 길이, 두개골 길이 등의 합이다. 그러나 조금 조심할 필요가 있다. 자연에서 정확한 정규분포를 발견하리라는 기대는 접어야 한다. 정규분포는 기초기하학에서 배운 점, 선, 면과 마찬가지로 수학적 추상물이다. 교육학자 시어도어 미체리^{Theodore Micceri}는 정규분포가 이상화의 산물이라는 사실에 착안해 자신의 논문 한 편에 '일각수, 정규분포 곡선, 기타 개연성이 낮은 피조물들^{The Unicorn, the Normal Curve and Other Improbable Creatures}'이라는 제목을 붙였다.[16]

내가 방금 든 간단한 [그림3.3]에서도 오른쪽 그래프는 정확한 정규분포가 아니다. 하나만 지적하자면, 진정한 수학적 정규분포는 양쪽 방향으로 무한히 늘어진 '꼬리'를 가진다. 바꿔 말해 참된 정규분포에서는 가능한 값에 한계가 없다. 반면에 집합 {1, 2, 3, 4, 5, 6}에서 뽑은 5개의 값을 평균하는 작업에 기초한 나의 예에서 가능한 최대 평균은 6(5개의 값이 모두 6인 경우), 최소 평균은 1(5개의 값이 모두 1인 경우)이다. 자연에서도 마찬가지다. 세상에 키가 30미터이거나 음수인 사람은 없다. 정규분포는 유용한 수학적 추상물이지만 자연에서 일어나는 일을 완벽하게 대표하는 모형은 아님을 잊지 말아야 한다. 곧 살펴보겠지만 정규분포가 자연적인 분포의 근사치에 불과하다는 사실은 우연의 법칙과 관련해서 매우 중요하다.

우주는 시계장치가 아니다

2장에서 설명한 시계장치 우주는 완벽하게 결정론적이다. 초기 조건이 주어지면 우주는 역학법칙에 따라 정해진 불가피한 경로로, 마치 영원히 철로를 벗어나지 않는 열차처럼 나아간다. 그러나 자연에 대한 지식이 진보하면서 이 같은 우주관에 구멍들이 발견되고 의문이 제기되기 시작했다. 구멍들은 20세기의 시작을 전후로 뚜렷해졌다. 물론 모든 과학사상이 그렇듯이 시계장치 우주에 대한 반론도 더 먼 과거에서 그 뿌리를 찾을 수 있다.

첫 번째 구멍은 두 가지 사실에서 비롯된다. 첫째, 일부 시스템은 본질적으로 불안정하다. 둘째, 우리는 그 어떤 것도 완벽한 정확도로 측정할 수 없다. 먼저 불안정성을 살펴보자.

내가 세면대의 가장자리에 구슬을 놓으면, 어느 위치에 놓든지 상관없이 구슬은 결국 배수구에서 멈춘다(잘 만든 세면대여서 어느 지점에나 경사가 있고 물이 잘 빠진다고 전제하자). 내가 그네를 민다면, 그네는 움직이다가 결국 수직 방향으로 늘어진 채 멈춘다. 한편 내가 연필을 똑바로 세우려고 하면 연필은 쓰러질 것이며, 연필이 쓰러지는 방향과 멈추는 위치는 처음 위치의 미세한 차이에 따라 크게 달라진다. 내가 공 위에 구슬을 놓으려고 한다면, 구슬의 위치가 공의 중심을 조금이라도 벗어날 경우 구슬은 굴러 떨어지며, 구슬이 멈추는 위치는 처음 위치의 미세한 차이에 따라 달라진다.

이런 불안정한 시스템의 예로 당구에서 큐볼이 움직이면서 당구대의 쿠션이나 다른 공들과 충돌하는 상황을 들 수 있다. 당구공의 경로는 최초 운동 방향과 속력에 따라 아주 민감하게 바뀐다. 당구공은 구형이므로 한 공이 다른 공에 접근하는 방향이 아주 조금만 바뀌어도 두 공이 충돌할 때의 접촉 지점이 달라진다. 따라서 충돌 뒤 두 공이 튀어나가는 방향도 달라진다. 변화는 충돌이 일어날 때마다 증폭되므로, 충돌이 여러 번 일어난 뒤에는 큐볼이 어느 위치에서 어느 방향으로 운동할지 전혀 예측할 수 없다. 최초의 미세한 차이가 충분히 증폭되어 예측을 불가능하게 하기 때문이다. 이와 관련해서 7장에서 수 몇 개를 제시할 텐데, 이를 통해 초기 조건의 매우 작은 차이가 급속도로 확대되어 거시적 효과를 발휘할 수 있음을 보게 될 것이다.

특정 시스템에서 초기 조건의 미세한 차이가 빠르게 증폭되어 엄청나게 다른 결과들을 산출할 수 있다는 생각은 새롭지 않다. 100년 전에 앙리 푸앵카레Henri Poincare는 이렇게 썼다. "눈에 띄지 않는 아주 작은 원인이 무시할 수 없는 큰 결과를 낳는다 … 설령 자연법칙들이 완전히 밝혀진다 하더라도, 우리는 초기 조건을 근사적으로만 알 수 있을 것이다 … 초기 조건의 작은 차이가 최종 현상에서 아주 큰 차이를 이끌어낼 수도 있다. 초기 조건에 관한 작은 오류는 최종 현상에 관한 거대한 오류를 이끌어낼 것이다. 예측은 불가능해진다."[17]

19세기 말, 제임스 클러크 맥스웰James Clerk Maxwell도 비슷한 말을 했다. "특정 현상에서는 데이터에 관한 작은 오류가 결과에 관한 작은 오류만을 일으킨다 … 이런 사례에서 사건의 진행은 안정적이다. 반면 더 복잡한 현상에서는 불안정성이 발생할 수도 있다. 이런 사례들은 변수의 개수가 증가함에 따라 급격히 늘어난다."[18] 이 경우 시스템이 본질적으로 불안정해서 시간이 흐를수록 그 상태를 예측하기가 점점 더 어려워진다.

위에서 인용한 설명들은 초깃값 측정에서의 미세한 오차가 시스템의 이후 상태에 대한 거대한 불확실성을 야기할 수 있음을 함축한다. 따라서 문제를 방지하려면 애당초 측정을 정확하게 해야 한다고 생각할 수도 있겠다. 그러나 이미 언급했듯이 완벽하게 정확한 측정은 불가능하다. 이를테면 큐볼의 처음 위치와 속도를 소수점 아래 첫째 또는 둘째 자리까지 정확하게 측정할 수는 있다. 하지만 100번째 자리나 1,000번째 자리(또는 측정도구의 정밀도를 능가하는 임의의 자리)까지 정확하게 측정하기는 불가능하다. 그러므로 적어도 특정 유형의 시스템의 상태에 대한 우리의 예측 불가능함은 불가피하다.

초기 조건의 미세한 차이가 가까운 미래에 시스템의 상태를 전혀 예측할 수 없게 만드는 것을 일컬어 '나비 효과^{butterfly effect}'라고 한다. 이 명칭은 수학자 겸 기상학자 에드워드 로렌즈가 만들었다. 이 명칭의 바탕에는 아마존 정글에서 나비 한 마리가 날개를 퍼덕이는 것처럼 하찮은 일이, 큐볼의 경로에 관한 불확실성이 증폭되는 것과 같은 방식으로 확대되어 지구 반대편에서 허리케인을 일으킬 수도 있다는 극적인 서사가 깔려 있다.

로렌즈는 날씨에 대한 컴퓨터 시뮬레이션을 작동시키는 과정에서 숫자 하나를 미세하게 바꾸면 전혀 다른 날씨가 산출되는 것을 발견하고 '나비 효과'라는 명칭을 고안했다. 나비 효과는 비유가 아니라 실제로 존재하는 현상이다. 그러나 나비의 날갯짓이 허리케인의 원인이라고 서술한다면, 이는 인과 개념을 지나치게 확장하는 처사다. 나비의 날갯짓과 허리케인을 연결하는 사슬은 엄청나게 많은 중간 사건의 사슬을 포함한다.

이런 현상들에 대한 엄밀한 연구를 '카오스 이론^{chaos theory}'이라고 한다. 카오스 시스템은 현재 상태에서 미래 상태로 완전히 무작위하게 이행하는 것처럼 보인다. 그러나 카오스 시스템은 현 시점 직후 상태를 예측할 수 없다는 측면에서 무작위하지는 않다. 왜냐하면 카오스 시스템의 잇따른 상태들을 연결하는 결정론적 방정식을 명시할 수 있기 때문이다. 문제는 단지 시스템의 출발점을 정확히 알기란 절대로 불가능하다는 점 그리고 출발점의 미세한 차이가 조금 더 먼 미래에 거대한 차이로 확대될 수 있다는 점이다.

결정론적 시계장치 우주관의 또 다른 구멍 역시 20세기 초에 드러났다. 전자와 기타 입자들에 관한 불가사의하고 모순되는 듯한 관찰 결과들이 계기가 되어, 불확정성이 물리적 관찰의 핵심에 놓이게 됐다. 이는 '참된' 값이 존재하며, 충분히 정확한 측정 장치만 있으면 그 값을 측정할 수 있다는 기존의 견해와 정면으로 충돌했다. 한 예로 방사성 붕괴를 들 수 있다. 아원자입자 하나는 정확히 언제 붕괴해 다른 입자가 될까? 우리는 그 시점을 예측할 수 없는데, 이는 그 아원자입자의 초기 조건이나 속성을 모르기 때문이 아니다. 오히려 방사성 붕괴라는 사건 자체가 예측 불가능하기 때문이다. 우리가 할 수 있는 일은 한 입자가 특정한 시간 내에 붕괴할 확률을 제시하는 것뿐이다.

이 같은 불확정성은 유명한 '하이젠베르크의 불확정성 원리Heisenberg uncertainty principle'로도 표출된다. 이 원리에 따르면 특정 속성 쌍을 이루는 두 요소 모두를 정확히 알 수는 없다. 그 예로 입자의 위치와 운동량이 있다. 입자의 위치를 정확히 알수록, 입자의 운동량을 부정확하게 알게 된다. 반대 경우도 마찬가지다. 이때 중요한 것은 이런 한계가 측정 장치의 미흡함에서 유래하는 것이 아니라 자연의 근본적인 속성이라는 점이다(측정 행위가 불가피하게 측정 대상을 교란하기 때문에 이 제한이 생겨난다는 설명도 전적으로 옳은 것은 아니다).

본래적으로 예측 불가능한 아원자 규모의 사건들을 연구하기 위해 과학자들은 전자를 비롯한 입자들을 확률분포probability distribuion 혹은 확률구름probability clouds으로 서술하기 시작했다. 확률분포는 입자의 속성(위치, 속도 등)이 특정한 값으로 측정될 확률을 알려준다. 이런 서술은 속성이 측정될 때 비로소 속성의 값이 실제로 존재하게 된다는 생각을 함축한다.

이처럼 근본적으로 확률적인 세계관을 누구나 쉽게 받아들인 것은 아니었다. 알베르트 아인슈타인Albert Einstein은 1944년에 막스 보른Max Born에게 다음과 같은 편지를 썼다. "당신은 주사위 놀이를 하는 신을 믿는 반면, 나는 객관적으로 존재하는 세계의 완전한 법칙과 질서를 믿는다 … 양자이론이 일단 큰 성공을 거뒀다 하더라도, 나는 주사위 놀이를 믿지 않는다."[19] 그러나 오늘날 과학자들의 일반적인 견해는 실제로 우연이 자연을 근본적으로 움직인다는 것, 불확정성이 자연의 중심에 놓여 있다는 것이다.

시계장치 우주에서 확률적 우주로의 이행은 한 세기 전에 시작되어 지금은 사실상 완결되었다. 우리는 우연과 불확정성이 지배하는 우주에서 산다. 하지만 이미 살펴보았듯 우연은 고유한 법칙들을 따른다. 그 법칙들은 확률론의 토대를 이룬다. 이후 장들에서 그 토대 위에 우연의 법칙이 세워지는 광경을 보게 될 것이다.

Ⅱ

우연을 설명하는
다섯 가지 법칙

필연성의 법칙:
결국 일어나게 되어 있다

우연의 일치들의 합은 확실성과 같다.

— 아리스토텔레스Aristotle

주사위를 던지면 수가 나온다

우연의 법칙을 이루는 가닥 중 어느 하나만으로도 겉보기에 개연성이 매우 낮은 사건이 일어날 수 있다. 하지만 이 법칙의 힘은 그 가닥들이 함께 작용할 때 여실히 드러난다. 지금부터 그 가닥들을 하나씩 살펴볼 텐데, 출발점은 가장 중요한 가닥 중 하나인 '필연성의 법칙law of inevitability'이다. 이 법칙은 단순하며 곧잘 간과되지만, 진정 모든 일의 바탕에 깔려 있다. 필연성의 법칙이란 '무슨 일인가는 반드시 일어난다'라는 단순한 사실이다.

표준적인 정육면체 주사위를 던지면 1에서 6까지의 수 중 하나가 나온다. 또한 동전을 던지면 앞면이나 뒷면이 나온다. 엄밀한 논의를 위해 이 두 예를 확장할 필요가 있다. 주사위를 던지면 여섯 면 중 하나가 나오거나 어떤 다른 결과, 이를테면 주사위가 탁자 아래로 떨어져 찾을 수 없게 되는 일이 벌어질 수 있다. 동전을 던지면 앞면 또는 뒷면이 나오거나, 동전이 똑바로 서거나, 지나가는 새가 동전을 삼키거나, 바닥의 마룻장 틈새로 빠져버리는 등의 일이 일어날 수 있다(물론 나의 개인적인 경험으로는 동전을 던지면 항상 앞면이나 뒷면이 나왔다). 어느 예에서든 모든 가능한 결과의 목록을 작성할 수 있다면, 그 목록 중 어느 하나는 반드시 나와야 한다. 퍼팅을 하는 그린에 올릴 생각으로 골프공을 친다면, 골프공이 어느 잔디 위에서 멈추거나 (아주 운이 좋으면) 곧장 홀에 들어가거나, 울타리를 넘어 남의 집 정원으로 들어가는 등의 일이 일어날 것이다. 아무튼 무슨 일인가 일어나리라는 것만큼은 확실하다.

바로 이것이 필연성의 법칙이다. 만일 당신이 가능한 모든 결과의 목록을 작성한다면, 그 결과들 중 하나는 반드시 나타난다. 그러나 가능한 결과들의 목록에 등재된 결과 중 하나가 반드시 나온다는 것을 알 수 있을 뿐 그 결과가 어떤 것일지는 모른다. 주사위를 던지기 전에는 어떤 수가 나올지 알 수 없고 동전을 던지기 전에는 앞면과 뒷면 중에 어떤 것이 나올지 알 수 없다. 또한 골프공을 치기 전에는 공이 잔디밭 어디쯤에서 멈출지 알 수 없다.

실제로 특정 위치를 지목한 뒤 골프공을 칠 때 공이 그 위에서 멈출 가능성은 아주 낮다. 만약에 내기를 한다면, 골프공이 특정 위치에서 멈출 가능성은 아주 작으므로 거기에 멈추지 않는다는 쪽에 돈을 걸어야 한다.

골프공의 종착점에 관한 가능한 결과들의 목록은 거대할 것이다. 골프공은 잔디 위에서 멈출 수도 있고, 곧장 홀에 들어갈 수도 있고, 지나가는 알바트로스의 입에 들어갈 수도 있고, 무언가 다른 결과가 나올 수도 있다. 결과 각각이 일어날 가능성은 아주 작지만, 아무튼 그중 하나는 반드시 일어난다. 오스트레일리아 빅토리아주 천문학회의 대변인 페리 블라호스Perry Vlahos는 이와 유사하지만 규모는 더 큰 멋진 예를 제시했다. 몇 년 전 나사^{NASA}의 초고층 대기 관측 위성^{Upper Atmosphere Research Satellite, UARS}이 지구로 떨어지기 직전에 한 말이다. "그 위성이 어디에 떨어질지 확실히 알아내기는 약간 어렵다. 왜냐하면 관련 변수가 아주 많기 때문이다. 그러나 그 위성은 틀림없이 어느 한 곳에 떨어질 것이다." 마지막 문장은 틀림없이 옳다. 바로 이것이 필연성의 법칙이다.

로또에 100퍼센트 당첨되는 법

비록 자각하지 못했을지라도, 우리는 일련의 상황에서 작동하는 필연성의 법칙을 익히 인식하고 있다. 바로 복권에 대한 것이다.

내가 가진 《뉴 옥스퍼드 영어사전^{New Oxford Dictionary}》의 정의에 따르면, 복권 사업이란 '숫자가 매겨진 표를 팔고 무작위로 뽑은 숫자를 가진 사람에게 상금을 줌으로써 자금을 마련하는 수단'이다. 복권의 개념은 유서가 깊다. 사람들은 오래전부터 배심원을 선정하고 정부위원회의 대표를 선출할 때 복권의 원리를 이용해왔다. 스페인의 카를로스 3세^{Charles III}는 1763년에 복권 사업을 시작했다. 복권 사업자들과 복권을 윤리적으로 비난하는 사람들의 갈등도 오래되었다. 복권에 당첨될 가능성은 아주 작으므로, 어떤 사람은 복권 사업을 (최소한 복권을 살 만큼의 돈은 있는) 가난한 사람들의 돈을 긁어모으는 수단이라며 비난한다.

오늘날의 로또는 많은 숫자 중에서 고른 숫자 몇 개가 복권 각각에 매겨지는 방식이다. 예컨대 영국 로또에서는 복권에 1부터 49까지의 정수 중에서 숫자 6개를, 핀란드 로또 요커리^{Jokeri}에서는 39까지의 정수 중 7개를, 미국 펜실베이니아주의 캐시 파이브$^{Cash\ 5}$ 로또에서는 43개의 숫자 중에 5개를, 플로리다주의 뉴 판타지 파이브$^{New\ Fantasy\ 5}$ 로또에서는 36개의 숫자 중에서 5개를 고른다. 이런 유형의 로또를 's분의 r 로또'라고 부르기도 하는데, 이는 복권 하나를 사면 s개의 숫자 가운데 r개를(이를테면 49의 숫자 가운데 6개를) 선택해야 한다는 뜻이다. 이때 선택한 r개의 숫자가 로또 운영자가 무작위로 뽑은 숫자들과 일치할 확률은 r과 s의 함수다. r과 s가 클수록 당첨 확률은 낮아진다. 왜냐하면 r과 s가 커지면, s개의 숫자 가운데 r개를 선택하는 방식이 많아지기 때문이다. 영국 로또를 산다면, 1등에 당첨될 확률은 1,398만 3,816분의 1(대략 1,400만 분의 1)이다. 영국 로또의 광고 문구는 "바로 당신이 당첨자일 수도 있다!"이다.[1] '그러나 당신이 당첨될 확률은 거의 무한소라고 할 만큼 작다'라는 문구는 첨부되어 있지 않다.

어떤 로또에서는 복권 구매자에게 숫자를 두 세트 선택할 것을 요구한다. 유로밀리언스^{Euromillions} 로또를 산 사람은 1부터 50까지의 숫자 가운데 5개를 선택한 뒤 1부터 11까지의 숫자 가운데 2개를 다시 선택해야 한다. 그러니 이 로또는 '50분의 5+11분의 2 로또'인 셈이다. 미국의 파워볼^{Powerball} 로또는 59개의 숫자 가운데 5개와 35개의 숫자 가운데 1개를 선택할 것을 요구한다. 즉 '59분의 5+35분의 1 로또'다(이렇게 되기까지 역사적 변천이 있었다). 파워볼 로또 한 장을 사서 1등에 당첨될 확률은 1억 7,522만 3,510분의 1이다.

만일 당신이 1부터 59까지의 숫자 중 5개와 1부터 35까지의 숫자 중 1개를 선택해 파워볼 복권을 한 장 샀는데 1등에 당첨되었다면, 아마도 스스로를 대단한 행운아로 여길 것이다. 특히 자신의 생년월일에 기초해서 당첨된 숫자들을 선택했다면, 우리가 2장에서 살펴본 설명들 중 하나를 받아들이고 싶을지도 모른다. 또는 그냥 기계를 이용해 숫자들을 선택했을 수도 있다(대부분의 복권 판매소에는 숫자들을 무작위하게 선택해주는 기계가 있다). 이럴 경우 그 숫자들이 당첨 숫자들과 일치한 것은 단지 우연이라고 말할 것이다.

이번에는 1억 7,522만 3,510명의 구매자가 복권 한 장씩을 사서 각자 다른 숫자들을 선택한다고 해보자. 이 경우에 누군가는 1등에 당첨될 것이다. 구매자들이 선택 가능한 숫자들의 모든 세트 1억 7,522만 3,510개를 소진했으니까.

그러므로 당신이 로또에서 1등에 당첨되는 확실한 방법이 하나 있다. 물론 당신이 엄청난 부자일 때만 실행할 수 있는 방법이다. 모든 가능한 숫자 세트를 사버리면 된다. 그러면 당신이 산 세트 중 하나가 1등 당첨번호일 수밖에 없다. 어마어마하게 많은 숫자 세트를 다 사려면 당연히 많은 돈과 약간의 조직 동원력이 필요하겠지만, 이는 불가능한 일이 아니다. 실제로 이 방법이 실행된 적이 있다.

1990년대에 버지니아주 로또는 1부터 44까지 숫자 가운데 6개를 선택하는 방식이었다. 따라서 이 로또 한 장을 사서 1등에 당첨될 확률은 파워볼 로또의 당첨 확률보다 훨씬 더 높은 705만 9,052분의 1이었다. 요컨대 복권 한 장이 1달러였으므로, 복권을 약 700만 달러어치만 사면 1등 당첨을 확실히 보장받을 수 있었다. 그 금액이면 모든 가능한 숫자 세트를 살 수 있었으니까.

1992년 2월 15일, 지난 몇 주 동안 1등 당첨자가 나오지 않았기 때문에 버지니아주 로또의 1등 당첨금은 2,700만 달러로 불어나 있었다. 게다가 모든 숫자가 아니라 일부 숫자만 맞추면 타는 2등 이하의 당첨금도 총 90만 달러에 달했다. 따라서 전체 당첨금은 2,700만 달러를 훌쩍 넘었다. 구체적인 계산은 직접 해보길 바란다. 한마디로 700만 달러를 들여서 2,700만 달러가 넘는 거액을 벌 기회였다. 물론 함정이 하나 있었는데, 이 얘기는 잠시 뒤에 하겠다.

1992년 2월에 자칭 '국제로또펀드'라는 집단이 꾸려졌다. 소액 투자자 2,500명으로 이루어진 집단이었는데, 투자자의 대다수는 오스트레일리아인이었지만 미국인, 유럽인, 뉴질랜드인도 끼어 있었다. 그들은 모든 숫자 세트를 사는 데 필요한 700만 달러를 마련했다. 이 사업에서 가장 어려운 부분은 아마도 조직 동원이었을 것이다. 일주일 안에 복권 700만 장을 사야 했으니까 말이다. 국제로또펀드는 약 20명으로 팀을 꾸려 버지니아주를 누비며 8개 체인의 소매점 125곳에서 복권을 샀다. 이것은 정말 고된 작업이어서, 국제로또펀드는 500만 장의 복권만 살 수 있었다. 따라서 사업이 망할 수도 있었다. 투자자들이 얼마나 조마조마했을지 상상될 것이다. 그들이 1등에 당첨될 확률은 7분의 5에 불과했다. 그러니까 1등에 당첨되지 않을 확률이 4분의 1을 넘었다.

게다가 조직 동원이 원활해 계획대로 복권 700만 장을 다 샀더라도 여전히 남아 있는 심각한 위험이 있었으니, 그것은 1등 당첨자가 여러 명일 가능성이었다. 1등 당첨자가 한 명만 더 있어도 국제로또펀드는 예상한 1등 당첨금의 절반만 받게 될 것이었다. 실제로 그때까지 버지니아주 로또에서 1등 당첨자가 나온 횟수는 170번이었는데, 당첨자가 두 명 이상이었던 경우가 열 번이었다. 물론 1등 당첨금의 절반만 해도 두둑한 금액이긴 했지만 이 걱정은 현실적이었다.

1992년 2월의 그날, 로또 당첨번호는 8, 11, 13, 15, 19, 20이었다. 적잖은 불안을 느끼며 복권 500만 장을 살펴보았을 국제로또펀드는 자신들이 확보한 복권 한 장에 그 숫자들이 찍혀 있는 것을 발견했다.

그러나 안도의 한숨과 기쁨은 오래가지 않았다. 버지니아주 법은 사람들이 복권을 사서 더 비싼 가격에 되파는 것을 막기 위해서, 복권을 살 때는 복권을 인쇄해주는 판매소에서 직접 돈을 지불하고 사도록 규정하고 있었다. 그런데 국제로또펀드는 복권 300만 달러어치를 프레시팜 슈퍼마켓 체인의 본부에서 사고 판매소에서는 수령하기만 했다. 국제로또펀드는 이 사실을 인정하면서도, 자신들은 1등 당첨 복권의 인쇄처인 체서피크 판매소에서 복권 몇 장을 직접 사기도 했으며, 1등 당첨 복권이 그곳에서 직접 산 것인지 아니면 수령만 한 것인지는 알 길이 없다고 주장했다.

결국 로또 운영자들은 1등 당첨 복권이 그 인쇄처에서 수령되기만 했음을 증명하기가 어려울뿐더러 고집을 부리다가는 결과가 불확실한 소송에 휘말릴 것임을 감안해 당첨금 지불에 동의했다.

주식으로 돈을 벌기

로또에서 복권을 모조리 사는 것은 필연성의 법칙을 이용해 이익을 얻고 큰돈을 버는 방법 중 하나다. 이 법칙을 이용해 돈을 버는 방법들 중에 신뢰할 만한 것은 주식 정보 스캠scam이다. 물론 이 방법을 실행하려면 먼저 윤리적인 문제들을 숙고해야 할 텐데, 이 점은 일단 제쳐두기로 하자. 주식 정보 스캠은 필연성의 법칙과 '선택의 법칙'을 함께 이용한다. 6장에서 자세히 다룰 선택의 법칙은 만일 어떤 결과가 나올 때까지 기다릴 수 있다면, 그 결과가 나오리라고 확신할 수 있다는 것이다.

내가 하려는 (정확하게는 하는 척 하려는) 일은 어떤 주식의 가격이 상승할지 또는 하락할지를 10주 연속으로 제대로 예측하는 것이다. 이것은 어려운 일이다. 만약 누군가가 당신에게 다가와 자신이 그런 일에 성공했다고 말하면, 당신은 귀가 쫑긋 설 테고 어쩌면 그에게 다음 주의 주가 변동에 관한 조언을 구하면서 돈까지 지불할지도 모른다. 한번 생각해보자. 매주 주가가 오르거나 내릴 확률이 같다고 가정하면, 주가의 변동을 단지 우연으로 10주 연속해서 제대로 예측할 확률은 2분의 1을 열 번 곱한 결과와 같다. 즉 1,024분의 1이다.

이제 이런 신묘한 예측을 해내는 방법을 알려주겠다. 우선 주식 하나를 선택한다. 어느 주식이든 상관없다. 다음으로 순진한 잠재적 희생자 1,024명을 선정해서 그들에게 그 주식의 가격이 다음 주에 어떻게 변동할지에 대한 예측을 담은 편지를 보낸다. 그런데 그중 절반에게는 주가가 내릴 것이라는 예측을 전하고 나머지 절반에게는 오를 것이라는 예측을 전한다. 주가는 오르거나 내릴 수밖에 없으므로, 잠재적 피해자들의 절반인 512명은 틀린 예측을 받고 나머지 절반인 512명은 옳은 예측을 전해 받는다.

새로운 한 주가 시작되면 틀린 예측을 받은 사람들은 잊어버리고 옳은 예측을 받은 사람들에게만 집중한다. 그중 절반인 256명에게는 다음 주에 주가가 오를 것이라는 예측을 전하고 나머지 절반에게는 내릴 것이라는 예측을 전한다. 이번에도 주가는 오르거나 내릴 수밖에 없으므로, 잠재적 피해자 256명은 옳은 예측을, 나머지 256명은 틀린 예측을 전해 받는다. 전과 마찬가지로 틀린 예측을 받은 사람들은 제쳐두고 나머지 절반에 집중한다. 이런 식으로 지난주에 옳은 예측을 받은 사람들에게 새로운 편지를 보내는 일을 매주 반복한다.

결국 10주가 지나면, 나는 단 한 명을 상대하게 된다. 나머지 모든 사람은 어느 시점엔가 틀린 예측을 받았고, 나는 그들과 연락을 끊었다. 하지만 마지막으로 남은 이 한 사람은 어떨까? 그는 내가 주가의 변동을 10주 연속으로 예측하는 것을 보았다. 정말 대단한 예측력이 아닐 수 없다. 내가 어떤 놀라운 비법을, 이를테면 주가 변동을 예측하는 알고리즘을 가지고 있다는 생각이 절로 들 것이다. 바로 그 순간, 나는 그에게 다가가 다음 주의 주가 변동을 예측해줄 테니 돈을 달라고 요구한다.

진실은 간단명료하다. 10주 동안 가능한 주가 상승과 하락의 전체 배열 가운데 하나는 반드시 일어난다. 이것이 필연성의 법칙이다. 주가는 10주 내내 오를 수도 있고, 첫 주에 올랐다가 나머지 9주 내내 내릴 수도 있고, 첫째 주, 셋째 주, 일곱째 주에 내리고 나머지 주에 오를 수도 있다. 그러나 10주 동안 가능한 상승과 하락의 배열은 1,024개뿐이고, 나는 이것들 전부를 예측한 셈이다. 내가 한 일은 첫 주에 1,024가지 예측을 각각 다른 사람에게 전한 다음에 틀린 예측을 받은 사람들을 차츰 솎아내고 결국 옳은 예측을 받은 단 한 사람을 남긴 것일 뿐이다.

이 장을 시작할 때 말했듯이, 무슨 일인가는 반드시 일어난다. 가능한 상승과 하락의 배열 1,024개 중에 하나는 반드시 일어난다. 단지 1,024명이 각각 다른 예측을 받았음을 모르는 채로 마지막까지 남은 사람은 내가 주가 변동을 10주 연속으로 예측했다고 여길 뿐이다.

방금 우리는 우연의 법칙의 가닥 두 가지인 필연성의 법칙과 선택의 법칙을 살펴보았다. 후자는 6장에서 자세히 다루기로 하고, 그전에 먼저 셋째 법칙인 '아주 큰 수의 법칙'을 들여다보자.

아주 큰 수의 법칙: 참 많기도 하다

운명은 확률을 비웃는다.

— E. G. 불워-리튼E. G. Bulwer-Lytton

네잎클로버를 찾기

네잎클로버를 발견하려면 운이 무척 좋아야 한다. 거의 모든 클로버 줄기에는 잎이 3개 달려 있으며 잎이 4개 달린 클로버 줄기는 약 1만 분의 1의 비율로만 존재한다. 그런데도 어떤 사람은 이 낮은 확률을 뚫고 네잎클로버를 발견한다. 룰렛에서 검은 숫자가 26번 연속으로 나오는 일은 확률이 더 낮다. 그러나 1913년 8월 18일 몬테카를로의 한 카지노에서 그런 일이 일어났다. 그곳의 룰렛 원반에는 검은 숫자 칸 18개와 빨간 숫자 칸 18개 그리고 0을 뜻하는 녹색 칸이 있었으므로, 검은 숫자가 연거푸 26번 나올 확률은 약 1억 3,700만 분의 1이었다.

이런 행운과 정반대로 당신이 던져 올린 공이 손에 들고 있는 포도주 잔 속에 떨어졌다면, 당신은 운이 아주 나쁜 사람일 것이다. 그러나 이런 일도 일어난다. 1999년 6월 14일 애리조나주에서는 14세의 섀넌 스미스가 공중에 총을 쐈다가 정수리에 떨어진 총탄을 맞고 사망했다(이 사건 이후 애리조나주에서는 공중으로 총을 쏘는 행위를 법으로 금지했다).

앤서니 홉킨스가 저자의 메모가 적힌《페트로브카에서 온 소녀》를 우연히 손에 넣었던 일을 기억하는가? 작가 앤 패리시Anne Parrish가 겪은 일도 그에 못지않다. 그녀는 1920년대에 남편과 함께 파리의 헌책방을 구경하다가《잭 프로스트 외 동화집Jack Frost and Other Stories》을 발견했다. 그녀는 그 책을 남편에게 보여주면서 어릴 적에 자신이 가장 좋아하던 책 중에 하나라고 말했다. 남편은 책을 펼쳤고 책날개에 이런 문구가 적혀 있는 것을 보았다. "앤 패리시, 209 N, 웨버 가, 콜로라도 스프링스, 콜로라도주."

책은 뭔가 특별한 존재인지도 모르겠다. 신문 칼럼니스트 멜라니 레이드Melanie Reid는 스코틀랜드의 자택에서 소장한 책들을 정리하고 있었다. 가장 먼저 손을 댄 책장에서 그녀는 1937년에 출간된 요리책을 발견했다. 이사 올 때 별채에서 주워왔던 책인데, 펼쳐보니 "L. K. 비미시L. K. Beamish"라는 서명이 적혀 있었다. 최근에 작곡가 샐리 비미시가 이웃에 이사왔기에, 그녀는 특이한 그 성을 우연히 만난 것이 재미있어서 그 책을 샐리에게 선물했다. 그리고 루시아 캐서린 비미시Lucia Katharine Beamish가 영국에 살았던 샐리의 할머니임을 알게 되었다. 그 책은 수백 킬로미터를 이동하고 80여 년의 세월을 건너 할머니에게서 손녀에게로 전해진 것이다.

마지막 사례는 비교적 사소하지만 내가 직접 겪은 일이다. 2012년 초 나는 '오래 미루어온 무이르Muir와의 만남'이라는 제목의 이메일을 받았다. 내용은 무이르라는 인물과 만날 날짜를 정하기 위해 의논하자는 것이었다. 그다음 이메일의 제목은 '미우르^{Miur} 판정관 목록'이었다. 나는 첫 단어를 'Muir'의 오타로 여겼다. 그러나 둘째 메일을 열어보니, 발신자가 이탈리아 교육대학 연구부_{Ministero dell'Istruzione, dell'Universita e della Ricerca}였다. 'Miur'는 'Muir'의 오타가 아니라 '교육대학 연구부'의 약자였던 것이다. 이 이메일 두 통이 잇따라 도착한 것은 단지 우연의 일치였다.

이 모든 일은 개연성이 아주 낮아서 보렐의 법칙에 따라 벌어지지 말아야 할 것 같은 사건들이다. 그러나 우리는 그런 사건들을 실제로 목격한다. 우연의 법칙의 셋째 가닥인 '아주 큰 수의 법칙'은 어떻게 이런 일이 일어나는지 알려준다. 이 법칙은 다음과 같다.

아주 많은 기회가 있으면, 아무리 드문 일도 일어날 가능성이 높다.

이 법칙은 '큰 수의 법칙'과 (전혀) 다르다. 3장에서 살펴본 큰 수의 법칙은, 규모가 큰 표본들의 평균은 규모가 작은 표본들의 평균보다 덜 요동친다는 것이다. 평생 동안 단 하나의 클로버 줄기만 보았는데 거기에 잎이 4개 달려 있다면 당신은 깜짝 놀라야 한다. 앞서 언급했듯이 무작위로 선택한 클로버가 네잎클로버일 확률은 약 1만 분의 1이니까. 그러나 클로버잎을 살펴보는 것이 취미라면, 당신은 네잎클로버를 몇 번 보았을 가능성이 높다. 당신이 풀밭에 갈 때마다 네잎클로버를 찾으려고 주위를 꼼꼼이 살피는 사람이라면 말이다. 더 나아가 당신은 네잎클로버를 혼자서만 찾지 않고 같은 취미를 가진 사람들과 함께 찾을 가능성이 높다. 또한 네잎클로버를 찾는 사람은 당신과 당신의 동호회 말고도 당연히 더 있다. 여러 시대에 걸쳐 많은 사람이 세계 곳곳에서 네잎클로버를 찾으려 애써왔다. 이 모든 것을 감안하면, 특정 시간에 어딘가에서 누군가가 네잎클로버를 발견할 가능성은 매우 높다. 아닌 게 아니라 많은 사람이 네잎클로버를 자주 탐색한다고 전제하면, 누군가가 네잎클로버를 발견했다는 사실은 전혀 놀랍지 않다. 이 사실은 거의 당연하다는 생각마저 든다. 이것이 아주 큰 수의 법칙이다.

위에 언급한 다른 예들도 유사한 방식으로 설명할 수 있다. 내가 제목에 '무이르'가 들어간 이메일과 '미우르'가 들어간 이메일을 연달아 받았을 때, 나의 첫 반응은 "참 특이하군!"이었다. 그러나 곧바로 이런 생각이 들었다. 내가 하루에 받는 이메일은 50통에서 100통 정도다. 매일 그만큼의 이메일을 몇 년 동안 받는다면, 이런 우연의 일치도 가끔 일어날 만하다. 마찬가지로 전 세계 수많은 카지노의 직원은 매일 매 게임마다 룰렛 원반을 돌린다. 룰렛 게임이 연거푸 26회 진행된 일은 역사 속에서 무수히 많을 것이다. 적어도 1억 3,700만 번보다 훨씬 더 많았을 것이 틀림없다. 따라서 우리는 언제 어디에선가는 확률이 1억 3,700만 분의 1인 사건(즉 26번 연달아 검은 숫자가 나오는 사건)이 일어나리라고 예상하는 것이 합당하다. 앤 패리시가 겪은 우연의 일치는 1920년대에 일어났다. 시간적 범위를 충분히 길게 설정하고 사건을 탐색할 경우에 특정 사건이 일어날 기회는 정말 많이 제공되는 셈이다. 따라서 어떤 우연의 일치를 발견하더라도 놀라지 말아야 한다.

몇몇 수학자는 아주 큰 수의 법칙에서 불가피하게 도출되는 결론에 주목했다. 19세기에 오거스터스 드 모르간Augustus De Morgan은 "아주 많이 시도한다면, 일어날 수 있는 일은 무엇이든지 일어난다"[1]라고 말했다. 또한 1953년에 J. E. 리틀우드J. E. Littlewood 역시 비슷한 취지의 말을 남겼다. "평생 동안에 확률이 100만 분의 1인 사건이 한 번쯤 일어나는 것은 대수롭지 않다."[2] 인생은 크고 작은 사건들로 가득하다. 그토록 많은 사건이 일어난다면, 놀라운 사건도 몇 번은 일어나리라고 예상할 만하다. 그 놀라운 사건들이 일어날 확률이 지극히 낮다 하더라도 말이다.

로또는 아주 큰 수의 법칙이 현실에서 작동함을 보여준다. 앞에서 소개한 국제로또펀드처럼 엄청나게 많은 복권을 사지 않는 한, 로또 1등에 당첨될 가능성은 지극히 낮다. 그러니 한 사람이 두 번이나 1등에 당첨될 확률은 정말 천문학적으로 낮을 수밖에 없다. 그런데 에벌린 마리 애덤스Evelyn Marie Adam는 뉴저지주 로또에서 4개월 간격으로 두 번이나 1등에 당첨되었다. 1985년과 그 이듬해에 찾아든 그 행운으로 그녀는 총 540만 달러를 거머쥐었다.[3] 그 로또에서 4개월 안에 두 번 1등에 당첨될 확률은 약 1조 분의 1이었다.[4]

이 사례도 아주 큰 수의 법칙으로 설명할 수 있다. 왜냐하면 뉴저지주 로또는 전 세계의 유일한 로또가 아니고, 애덤스 부인은 뉴저지주 로또에 돈을 건 유일한 인물이 아니며, 아마도 그녀는 평생 동안 로또를 두 장만 사지는 않았을 것이기 때문이다. 전 세계에서 영업 중인 로또의 개수, 로또에 참여하는 사람들의 수, 그들이 사는 로또의 개수, 그들이 평생 로또에 참여하는 횟수를 감안하면, 우리는 순식간에 정말 큰 수에 접근한다. 설령 각 사건의 확률이 매우 낮더라도, 충분히 많은 사건 중에서 하나가 일어날 확률은 매우 높다. 따라서 언제 어딘가에서 누군가가 로또 1등에 두 번 당첨된 것은 놀라운 일이 아니다. 어쩌면 그런 일이 일어나리라고 예상해야 마땅하다.

이 말에 동의한다면, 캐나다 브리티시컬럼비아주의 스키 휴양지 휘슬러에 사는 어떤 주민 역시 로또 1등에 두 번 당첨되었다는 사실도 그리 놀랍지 않다. 그는 2년 간격으로 서리 메모리얼 병원 로또에서 100만 달러, 브리티시컬 럼비아주 암재단 라이프스타일 로또에서 220만 달러를 벌었다. 모리스 갈레 피Maurice Garlepy와 자네트 갈레피Jeanette Garlepy 부부도 캐나다 6/49 로또에서 1등 에 두 번 당첨되었다.

2등 이하의 보상은 일부 숫자(이를테면 총 6개 중에 5개)를 맞히면 받는다. 이 것까지 감안하면 당첨 가능성은 더 커진다. 이것은 우연의 법칙의 두 가닥인 아주 큰 수의 법칙과 '충분함의 법칙'이 서로 엮이면서 빚어내는 결과다. 충분 함의 법칙은 8장에서 다룰 것이다.

캐나다 온타리오주 북부 커클랜드레이크에 사는 로버트 홍Robert Hong은 2007년 4월에 캐나다 6/49 로또에서 2등에 당첨되어 34만 달러를 번 뒤, 같 은 해 11월에 1등에 당첨되어 1,500만 달러를 벌었다. 영국 고스포트에 사는 마이크 맥더모트Mike McDermott는 2011년 6월에 숫자 15, 16, 18, 28, 36, 49를 선택해 당첨번호 5개와 보너스 번호를 맞혀 19만 4,501파운드를 상금으로 받았다. 그 후 2012년 5월에 그는 다시 똑같은 숫자들을 선택하고 똑같은 방 식으로 당첨되어 12만 1,157파운드를 벌었다. 버지니아 파이크Virginia Pike는 복 권 두 장을 사서 각각 100만 달러씩을 벌었다. 그 복권 각각에 찍힌 숫자들은 2012년 4월 7일에 버지니아주 로또에서 추첨한 파워볼 당첨 숫자 6개 중 5개 와 일치했다[5](나는 '버지니아'라는 이름을 가진 사람이 버지니아주 로또에서 당첨될 확 률도 따져보고 싶었는데, 이것은 또 다른 문제다).

어떤 사람이 로또에서 두 번 당첨되는 것은 사람들의 관심을 끌 만한 일이 다. 그러나 겉보기에 더 기이한 일들도 일어난다. 다음 절에서 나는 '조합의 법칙 law of combinations'이 어떻게 아주 큰 수의 법칙을 보강해 개연성이 아주 낮은 사건을 발생시키는지 보여줄 것이다.

정말 큰 수로 만들기

특정 사건이 각각 일어날 확률이 아무리 낮더라도, 아주 큰 수의 법칙에 따라 아주 많은 기회가 있을 경우에 그 사건이 일어나리라고 예상할 수 있다. 그러나 우리는 때때로 실수를 범한다. 실은 많은 기회가 있는데도 기회의 개수가 적어 보이는 상황이 종종 있기 때문이다. 이런 경우에는 사건이 일어날 확률을 터무니없이 낮게 추정한다. 즉 개연성이 매우 높고 심지어 거의 확실한 사건을 개연성이 아주 낮은 사건으로 착각하는 것이다. 우연의 법칙의 한 가닥인 '조합의 법칙'은 그런 상황에서 기회의 개수를 폭발적으로 증가시켜 착각을 유발할 수 있다. 잘 알려진 예로 '생일 문제'가 있다.

방 안에 있는 사람들 중에 생일이 똑같은 두 사람이 '있을 가능성'이 '없을 가능성'보다 높으려면 얼마나 많은 사람이 있어야 할까?

정답은 겨우 23명이다. 방 안에 23명 이상이 있으면, 생일이 똑같은 두 사람이 있을 가능성이 없을 가능성보다 높다.

생일 문제를 처음 접하는 경우에는 이 정답이 의외일 것이다. 23명은 너무 적은 것 아닌가? 어쩌면 당신은 이렇게 추론했을 것이다. 어떤 특정한 타인의 생일이 내 생일과 일치할 확률은 겨우 365분의 1이다. 따라서 어떤 특정한 타인의 생일과 내 생일이 불일치할 확률은 365분의 364다. 방 안에 n명이 있다면, 나를 제외한 타인 n-1명의 생일과 내 생일이 모두 불일치할 확률은 다음과 같다.

$$\frac{364}{365} \times \frac{364}{365} \times \frac{364}{365} \times \frac{364}{365} \cdots \times \frac{364}{365}$$

즉 $\frac{364}{365}$ 의 n−1 제곱과 같다. 만일 n=23이라면, 이 제곱의 결과는 0.94다. 이 값은 나와 생일이 같은 타인이 '없을 확률'이므로, 나와 생일이 같은 타인이 적어도 한 명 있을 확률은 1에서 이 값을 뺀 결과와 같다(이는 필연성의 법칙에서 도출된다. 나와 생일이 같은 타인이 없든지 아니면 있든지 둘 중 하나다. 이 두 사건의 확률을 더하면 1이 되어야 한다.) 1 빼기 0.94는 0.06이다. 나와 생일이 같은 타인이 있을 확률은 보다시피 아주 낮다.

그러나 이것은 틀린 계산이다. 방금 얻은 누군가가 당신과 생일이 같을 확률은 생일 문제가 요구하는 답이 아니기 때문이다. 생일 문제는 방 안에 있는 사람들 중에 누구든지 상관없이 그저 자기들끼리 생일이 같은 두 명이 있을 확률에 관한 것이다. 이 확률은 당신과 생일이 같은 타인이 있을 확률을 포함한다. 내가 위에서 계산한 것은 후자다. 그러나 전자는 타인 두 명 이상의 생일이 당신과는 다르지만 자기들끼리는 같을 확률도 포함한다. 그렇기 때문에 조합을 생각할 필요가 있다. 당신과 생일이 같을 가능성이 있는 타인은 n−1 명뿐이지만, 방 안에 있는 사람들 중에 두 명을 뽑아서 만들 수 있는 쌍의 개수는 다음과 같다.

$$\frac{n \times (n-1)}{2}$$

이 개수는 n이 커지면 급격히 증가한다. n=23이면, 이 개수는 253으로, (n−1)=22보다 열 배 넘게 크다. 요컨대 방 안에 23명이 있다면 가능한 쌍은 총 253개인데, 그중에 당신을 포함하는 쌍은 22개뿐이다.

이제 23명의 생일이 제각각 다를 확률을 따져보자. 두 명이 있다면 첫째 사람과 둘째 사람의 생일이 불일치할 확률은 $\frac{364}{365}$다. 다음으로 이 두 명의 생일이 불일치하고 또한 셋째 사람의 생일도 다를 확률은 $\frac{364}{365} \times \frac{363}{365}$이다. 마찬가지로 이 세 명의 생일이 각각 다르고 또한 넷째 사람의 생일도 다를 확률은 $\frac{364}{365} \times \frac{363}{365} \times \frac{362}{365}$다. 이 추론을 계속 이어가면, 23명의 생일이 제각각 다를 확률은 다음과 같다.

$$\frac{364}{365} \times \frac{363}{365} \times \frac{362}{365} \times \frac{361}{365} \cdots \times \frac{343}{365}$$

이 곱셈의 결과는 0.49다. 23명의 생일이 다 다를 확률이 0.49이므로, 이들 중에 생일이 같은 사람들이 있을 확률은 1 빼기 0.49, 곧 0.51이다. 보다시피 2분의 1보다 크다.

조합의 법칙이 작용하는 예를 하나 더 보기 위해 다시 로또로 돌아가자. 2009년 9월 6일, 불가리아 로또에서 무작위로 추첨된 당첨번호는 4, 15, 23, 24, 35, 42였다.

이 숫자들은 특별할 것이 없다. 굳이 특징을 말하자면 낮은 숫자, 1, 2, 3, 4, 5만 등장한다는 점을 지적할 수 있겠지만, 이것은 그다지 이례적이지 않다. 또한 연이은 두 수 23과 24가 있다는 점이 눈에 띄지만, 이런 일은 통념보다 훨씬 더 자주 발생한다(예컨대 1부터 49까지의 수 중에서 6개를 무작위로 선택하라고

하면, 사람들은 연이은 두 수를 진정한 무작위 선택에서 나타나는 빈도보다 훨씬 더 드물게 뽑는 경향이 있다). 놀라운 것은 나흘 뒤에 일어난 일이었다. 2009년 9월 19일, 불가리아 로또 운영자가 무작위로 추첨한 당첨번호는 4, 15, 23, 24, 35, 42로 지난주 당첨번호와 똑같았다. 이 사건은 미디어를 들끓게 했다. "52년 로또 역사에서 처음 있는 일이다. 이 기괴한 우연의 일치 앞에서는 말문이 막힌다. 그런 우연의 일치가 실제로 일어났다"라고 어떤 언론인은 말했다. 불가리아 체육부 장관 스빌렌 나이코프Svilen Neikov는 조사를 지시했다.[6] 어떤 엄청난 사기극이 벌어진 것일까? 누군가가 모종의 조작으로 지난주 당첨번호를 한 번 더 뽑아낸 것일까?

상당히 놀라운 이 우연의 일치는 알고 보면 우연의 법칙의 작용을 보여주는 한 예일 따름이다. 즉 아주 큰 수의 법칙이 조합의 법칙에 의해 강화되어 큰 힘을 발휘한 것이다. 반복적인 설명이지만 첫째, 전 세계에서 수많은 로또가 실행된다는 점을 감안해야 한다. 둘째, 그 많은 로또가 매년, 매주 실행된다. 따라서 똑같은 당첨번호가 반복될 기회는 충분히 많다. 또한 셋째, 조합의 법칙을 감안해야 한다. 이번 주 당첨번호에는 과거 당첨번호에 포함된 숫자들이 들어 있을 수 있다. 생일 문제와 마찬가지로 만일 당신이 로또 추첨을 n번 한다면, 그 n개의 추첨 중에서 임의로 2개를 뽑아서 만들 수 있는 쌍의 개수는 총 2분의 n×(n-1)개다. 다시 말해 과거의 당첨번호와 일치할 가능성이 있는 추첨 쌍이 2분의 n×(n-1)개 있는 셈이다.

불가리아 로또는 6/49 로또이므로, 임의의 숫자 6개 세트가 1등에 당첨될 확률은 1,398만 3,816분의 1이다. 따라서 특정한 추첨과 또 하나의 추첨에서 똑같은 당첨번호가 나올 확률은 1,398만 3,816분의 1이다. 그렇다면 총 3회의 추첨에서 같은 당첨번호가 두 번 나올 확률은 얼마일까? 또는 총 50회의 추첨에서 같은 당첨번호가 두 번 나올 확률은? 추첨이 총 3회라면, 가능한 추첨들의 쌍은 3개다. 반면에 추첨이 총 50회라면, 가능한 추첨들의 쌍은 무려 1,225개다. 이정도면 조합의 법칙이 위력을 발휘하기 시작한다. 더 나아가 추첨이 총 1,000회라면, 가능한 쌍들은 49만 9,500개다. 다시 말해 추첨 횟수에 20을 곱해서 50회를 1,000회로 늘리면, 가능한 쌍들의 개수는 훨씬 더 많이, 거의 408배로 늘어나 1,225개에서 49만 9,500개가 된다. 어느새 정말 큰 수의 영역이 코앞에 다가왔다.

똑같은 당첨번호가 두 번 나올 확률이 2분의 1보다 크려면, 추첨 횟수가 얼마나 많아야 할까? 생일 문제를 풀 때와 똑같은 방법으로 계산하면 정답은 4,404회다. 매주 2회 추첨을 한다면 연간 104회 추첨이 이루어지므로, 4,404회의 추첨에는 43년이 채 안 걸린다. 요컨대 로또가 43년 넘게 운영되었다면, 똑같은 당첨번호가 두 번 나올 가능성이 나오지 않을 가능성보다 높다. 그러므로 이런 사건이 '기괴한 우연의 일치'라는 불가리아 언론인의 논평은 다시 검토될 필요가 있다.

게다가 여기서는 단 하나의 로또만 고려했다. 전 세계의 수많은 로또를 모두 고려할 경우, 똑같은 당첨번호가 반복된 적이 없다면 그것이 오히려 놀라운 일이다. 그러므로 이스라엘의 미팔 하파이스^{Mifal Hapayis} 로또에서 2010년 10월 16일에 뽑힌 당첨번호 13, 14, 26, 32, 33이 몇 주 전인 9월 21일의 당첨번호와 똑같았다는 사실에 당신은 놀라지 않아야 한다. 그러나 당시 이스라엘 라디오 방송국에는 로또가 조작되었다는 항의 전화가 빗발쳤다.

불가리아 로또의 당첨번호 중복은 연이은 두 추첨에서 일어났다는 점에서 이례적이었다. 그러나 아주 큰 수의 법칙과 전 세계의 수많은 로또에서 정기적으로 추첨이 이루어진다는 사실을 감안하면, 그 사건도 대단히 놀라운 것은 아니다. 그러니 그런 사건이 예전에도 있었다는 소식을 듣더라도 크게 놀라지 말자. 노스캐롤라이나주의 캐시 파이브Cash 5 로또에서 2007년 7월 9일에 뽑힌 당첨번호는 11일에 뽑힌 당첨번호와 일치했다.

1980년, 모린 윌콕스Maureen Wilcox는 조합의 법칙이 로또에서 빚어내는 또 다른 유형의 실망스러운 우연의 일치를 경험했다. 그녀는 매사추세츠 로또와 로드아일랜드 로또를 샀다. 당첨일에 확인해보니 그녀의 복권들에는 양 로또의 당첨번호들이 찍혀 있었다. 그런데 무척 아쉽게도 매사추세츠 로또에 로드아일랜드 로또 당첨번호가, 로드아일랜드 로또에 매사추세츠 로또 당첨번호가 찍혀 있었다. 당신이 열 가지 로또를 한 장씩 산다면, 당신이 당첨될 기회는 10회다. 그러나 복권 열 장에서 무작위로 두 장을 뽑는 방식은 45가지다. 따라서 당신의 복권들 중 하나에 열 가지 로또 당첨번호들 중 하나가 찍혀 있을 가능성은 당신이 당첨될 가능성보다 네 배 넘게 높다. 하지만 당연히 이 가능성은 당신에게 득이 될 게 없다. 한 로또에 다른 로또의 당첨번호가 찍혀 있으면 당신은 한 푼도 건지지 못한 채, 우주가 자신을 골탕 먹이는 것 같다는 의심이나 품게 될 테니까.

조합의 법칙은 상호작용하는 사람들이나 대상들이 많을 때 적용된다. 예를 들어 학생 30명으로 구성된 학급을 생각해보자. 학생들은 다양한 방식으로 상호작용할 수 있다. 그들은 각자 공부할 수도 있다. 이 경우에 가능한 학생의 수는 30이다. 학생들은 둘씩 짝지어 공부할 수도 있다. 이 경우에 가능한 학생 쌍의 수는 435다. 또 셋씩 무리지어 공부할 수도 있다. 이 경우에 가능한 3인조의 수는 4,060이다. 이런 식으로 다양한 경우가 있으며, 마지막 경우는 학생 30명이 다함께 공부하는 것이다. 이 모든 경우를 통틀어, 가능한 학생 집단(1인 집단 포함)의 수를 모두 합하면 10억 7,374만 1,823이 나온다. 겨우 30명의 학생을 가지고 만들 수 있는 집단의 수가 10억 개를 넘는 것이다. 일반적으로 집합의 원소가 n개면, 가능한 부분집합은 2^n-1개다. 만일 n=100이면, $2^{100-1} \approx 10^{30}$이다. 이 정도면 누가 봐도 정말 큰 수임에 틀림없다.

10^{30}으로도 성에 차지 않는다면, 인터넷을 생각해보라. 인터넷 사용자는 약 25억 명이며, 누구나 임의의 타인과 상호작용할 수 있다. 따라서 가능한 사용자 쌍의 수는 약 3×10^{18}이며, 가능한 사용자 집단의 수는 약 $10^{750,000,000}$이다. 보렐은 초우주적 규모에서 무시할 수 있는 확률을 정의했다. 그러나 그 정의를 재고할 필요가 있지 않을까. 사건이 일어날 기회가 아주 많다면, 확률이 낮은 사건도 거의 확실한 사건이 된다.

주사위의 비밀

앞서도 말했지만, 나는 주사위를 많이 가지고 있다. 내 주사위 중 하나는 똑같은 면 10개를 가졌고 전체적으로 대칭이어서 꽤 특별하다. 하지만 입체기하학에 정통한 사람이라면 내가 거짓말을 한다고 의심할지도 모르겠다. 똑같은 면 10개를 가진 대칭적인 3차원 도형은 존재하지 않으니까 말이다. 그러므로 신뢰를 회복하기 위해 그 주사위가 실은 십각 기둥 모양이라는 점을 밝히겠다. 그 주사위는 횡단면이 정십각형이고 양끝이 둥글게 처리된 기둥의 형태다. 그래서 그 주사위를 던지면 동일한 옆면 10개 중 하나가 나온다. 각 면에는 0부터 9까지의 숫자가 매겨져 있다(내가 열 가지 결과 중 하나를 고른 확률로 산출하는 주사위를 갖고 있다는 것을 여전히 의심하는 독자가 있을지 몰라서 덧붙이자면, 나는 정이십면체 주사위도 여러 개 갖고 있다. 그 주사위들에는 크기와 모양이 동일한 면이 20개 있다. 내가 한 숫자를 두 면에 매긴다면, 그 주사위들도 0, 1, 2, 3, 4, 5, 6, 7, 8, 9를 고른 확률로 산출하는 주사위가 된다).

내가 이 주사위를 두 번 던졌는데 똑같은 숫자가 거듭 나왔다고 해보자. 당신은 약간 놀랄지언정 뒤로 자빠지지는 않을 것이다. 이런 일은 종종 일어난다.

나는 그 십각 기둥 주사위를 총 여섯 번 던지려 한다. 처음 두 번의 던지기에서 똑같은 숫자가 나올 확률은 10분의 1이다. 처음에 어떤 숫자가 나오든지, 두 번째 던지기에서 또 그 숫자가 나올 확률은 10분의 1이다. 이 논증을 더 진행하면, 여섯 번의 던지기에서 모두 같은 숫자가 나올 확률은 $1 \times 10 \times 10 \times 10 \times 10 \times 10(10^5)$분의 1이라는 결론이 나온다. 이 확률은 10만 분의 1, 즉 0.00001이니 아주 낮은 편이다. 만일 당신이 주사위 던지기에서 똑같은 숫자가 연거푸 여섯 번 나오는 것을 목격한다면, 무언가 속임수가 있지 않을까 의심할지도 모른다. 어쩌면 주사위가 특수해서 항상 똑같은 숫자가 나오게 되어 있는지도 모른다(2장에서 언급한 나의 '초보자용 주사위'를 상기하라. 그 주사위의 여섯 면에는 모두 6이 새겨져 있다). 아무튼 당신은 어떻게 이런 결과가 나왔는지 알고자 할 것이다.

이 사태를 다른 관점에서 볼 수도 있다. 주사위 던지기에서 특정한 수열이 다른 수열보다 더 자주 나오리라고 예상할 근거는 없다. 따라서 숫자 6개로 된 수열 786543은 225648, 111654 등과 똑같은 빈도로 나와야 한다. 더 나아가 수열 000000도 다른 모든 수열과 똑같은 빈도로 나와야 한다. 수열 111111, 222222 등도 마찬가지다. 숫자 6개로 만들 수 있는 수열은 모두 몇 개일까? 곰곰이 따져보자. 우선 첫째 자리에 10개의 숫자 중 하나가 들어갈 수 있다. 둘째 자리에도 10개의 숫자 중 하나가 들어갈 수 있다. 따라서 처음 두 숫자를 선택하는 방식의 수는 10×10으로 100개다. 이렇게 많은 방식 중에서 두 숫자가 같은 경우는 00과 11부터 99까지 총 10개다. 100개 중에 10개면, 비율로 10분의 1이다. 따라서 십각 기둥 주사위 던지기를 두 번 해서 똑같은 숫자가 거듭 나올 확률은 10분의 1이다. 마찬가지 방법으로 십각 기둥 주사위 던지기 여섯 번에 대한 계산을 해보면, 나올 수 있는 수열의 수는 10^6개, 그중에서 한 숫자로만 이루어진 수열(000000부터 999999까지)은 겨우 10개 뿐이다. 따라서 수열의 모든 숫자가 같을 확률은 10^6분의 10, 곧 10만 분의 1이다. 이것 역시 위에서 본 값이다.

이론은 이 정도로 충분하다. 중요한 것은, 만일 내가 십각 기둥 주사위를 여섯 번 던져서 매번 똑같은 결과를 얻는 것을 당신이 목격한다면, 어떤 관점이든 상관없이 내가 어떻게 그런 결과를 얻었는지 궁금해하리라는 점이다.

이제 다음과 같이 상황을 바꿔보자. 나뿐 아니라 10만 명이 각자 십각 기둥 주사위를 여섯 번 던진다고 상상해보자. 더 나아가 10만 명이 주사위 여섯 번 던지기를 계속 반복한다고 해보자. 어떤 경우에는 한 숫자로만 이루어진 수열을 얻는 사람이 10만 명 중에 한 명도 안 나올 테고, 또 어떤 경우에는 여러 명 나올 것이다. 이를테면 두 명이 777777을 얻고, 한 명이 111111을 얻을 수도 있다. 한 숫자로만 이루어진 수열을 얻을 확률은 0.00001이므로, 평균적으로 10만 명 중에 한 명은 그런 수열을 얻는다. 하지만 평균적으로 그렇다는 점을 명심해야 한다. 10만 명 중에서 그런 수열을 얻는 사람은 경우에 따라 없을 수도 있고 정확히 한 명일 수도 있고 두 명 이상일 수도 있다. 그러니 그런 사람이 나오더라도 놀랄 필요는 없다. 아주 큰 수의 법칙이 말해주는 대로 주사위를 던지는 사람들이 굉장히 많으면 그런 사람도 나오리라고 예상해야 마땅하다.

한편으로 현실에서 일어날 법한 일을 상상해보자. 거대한 강당에 10만 명이 모여서 주사위 여섯 번 던지기를 한다. 대다수의 사람은 주목받지 못할 정도로 별로 흥미롭지 않은 수열을 얻는다. 그러나 000000이나 111111, 222222 등 한 숫자로만 이루어진 수열을 얻은 사람은 어떨까? 확실히 관심을 끌 것이다. 그가 신비로운 능력을 발휘해서 그런 결과를 얻은 것처럼 보일 수도 있다. 텔레비전 촬영 팀이 그의 주위로 몰려들고, 그가 얻은 결과에 관한 추측이 난무할 것이다. 기적일까? 속임수를 쓴 것은 아닐까? 인간은 호기심이 많은 동물이므로 설명을 만들 것이다.

그런 인상적인 결과를 얻지 못한 다른 참가자들은 강당에 머물 이유가 없어서 떠난다고 상상해보자. 그러면 오직 이 하나의 결과만 발생한 듯한 상황이 연출되고, 사람들은 대단히 이례적인 일이 일어났다고 생각한다. 신문, 텔레비전, 블로그, 트위터는 그 유일한 이례적 결과를 (틀림없이 확률이 '10억 분의 1'이라고 과장하면서) 떠벌릴 것이다. 겉보기에 '무작위한' 수열을 얻은 나머지 9만 9,999명은 잊힐 것이다(일부 결과에 대한 선택적 망각은 우연의 법칙을 이루는 또 하나의 가닥인 선택의 법칙과 관련이 있다).

갑자기 미디어 스타로 떠오른 그의 주사위 던지기 기술을 과학적으로 검증한다고 해보자. 그에게 주사위 여섯 번 던지기를 다시 해보라고 요청하는 것이다. 어떤 결과가 나오겠는가? 사실 그는 10만 명 중에서 행운을 만난 한 명일 뿐이다. 그는 순전히 우연으로 그 이례적인 결과를 얻었으므로 정답은 뻔하다. 그가 새로 시도한 주사위 여섯 번 던지기에서 가능한 모든 수열은 각각 똑같은 확률로 나온다. 따라서 그가 한 숫자로만 이루어진 수열을 얻지 못할 확률이 압도적으로 더 높다. 그 확률은 정확히 0.99999다. 반면에 그가 한 숫자로만 이루어진 수열을 얻을 확률은 0.00001이다. 이런 일을 일컬어 '평균으로의 회귀regression to the mean'라고 한다. 주사위 여섯 번 던지기를 다시 하면 그는 고만고만한 참가자들의 무리 속으로 되돌아가 보이지 않을 가능성이 훨씬 더 크다. 이것이 평균으로의 회귀가 말하는 바다. 평균으로의 회귀는 선택의 법칙의 한 측면이다.

이 예가 비현실적이라고 생각하는 사람도 있겠지만, 뒤에 이와 아주 유사한 초감각지각 실험들을 제시할 것이다. 아무튼 지금은 현실적인 예를 하나 살펴보려 한다. 이 예는 주사위 던지기처럼 극단적이지 않으면서도 생사를 좌우할 만큼 중요하다.

2차 세계대전에서 독일군은 V-1 비행폭탄을 무기로 사용했다. '두들버그doodlebug'로도 불린 이 무기는 제트 엔진으로 추진되는 소형 무인비행체로, 내부에 폭발물을 가득 탑재한 채 영국해협을 건너 런던으로 날아왔다. 그런데 이 비행폭탄들은 무리 지어 대개 한 곳에 떨어지는 것 같았다. 영국인들에겐 그것들이 정확한 조준이 가능한 무기인지 아닌지 의문이었다. 사실 비행폭탄이 아주 많이 떨어진다면, 일부 폭탄이 우연히 서로의 근처에 떨어질 수도 있다. 아주 큰 수의 법칙이 작용하니까 말이다. V-1 비행폭탄은 조준된 지점에 정확히 떨어진 것일까 아니면 탄착 지점이 우연히 결정된 것일까?

1946년, 보험계리사협회의 회원 R. D. 클라크R. D. Clarke는 면적이 144제곱 킬로미터인 런던의 지도를 0.25제곱킬로미터 면적의 정사각형 576개로 구획하고, 각각의 정사각형에 떨어진 V-1 비행폭탄의 개수를 세는 방법으로 이 문제에 도전했다. 만일 그 폭탄들이 무작위한 장소에 떨어졌다면, 폭탄이 0개 떨어진 정사각형의 개수, 1개 떨어진 정사각형의 개수, 2개 떨어진 정사각형의 개수 등을 (시메옹—드니 푸아송의 이름을 따서 명명된 통계적 분포인 '푸아송 분포Poisson's distribution'에 기초해) 대략 예측할 수 있어야 한다. 클라크는 탄착 지점의 의도적 집중은 없었고 따라서 V-1 비행폭탄은 정확히 조준되지 않았다고 결론 내렸다.[7] 사람들의 눈에 띈 탄착 지점 집중은 순전히 폭탄의 수가 많은 것에서 비롯된 현상이었고 우연의 법칙으로 설명할 수 있었다.

신용카드부터 비행기 사고까지

앞에서 십각 기둥 주사위 여섯 번 던지기를 했을 때 여섯 번의 던지기 모두에서 똑같은 숫자가 나올 확률은 겨우 10만 분의 1이었다. 이제 스케일을 좀 더 키워보자. 나는 주사위 던지기를 여섯 번에서 그치지 않고 계속 이어갈 생각이다. 여섯 번이 아니라, 열 번, 1,000번, 나아가 60만 번 계속 주사위를 던지려 한다(나는 한가한 사람이다). 이 작업을 통해 얻은 60만 자리 수열의 어딘가에 동일한 숫자 6개가 연속될 확률은 얼마일까?

이런 유형의 질문—거대한 데이터 집합의 어딘가에서 특정 패턴이 나타날 확률은 얼마일까?―은 다양한 맥락에서 등장한다. 신용카드 부정 사용, 컴퓨터 연결망 침입, 심장 이상, 엔진 결함 등 다양한 문제를 탐지할 때 이런 질문을 던진다. 다만 아주 큰 수의 법칙에 따라 특이한 패턴은 우연하게도 발생한다. 따라서 핵심 질문은 이것이다. 긴 수열에서 특정한 패턴이 순전히 우연일 확률은 얼마일까? 이어지는 질문은 다음과 같다. 그런데 특정 패턴이 그 확률보다 더 많이 발견되는가? 만일 그렇다면 무언가 원인이 있다고 의심할 만하다.

저 위에서 던진 질문에 답하기 위한 첫걸음은 숫자 60만 개짜리 수열을 연이은 숫자 6개로 된 구간 10만 개로 구분하는 것이다. 예컨대 수열이 98837777770322611287…이라면, 숫자들을 6개씩 묶어서 988377, 777703, 226112, 87… 등의 구간을 만드는 것이다. 앞에서 확인했듯 총 10만 개의 구간 중에는 한 숫자만으로 이루어진 구간도 있을 것이다. 그런 구간은 총 10만 개의 구간 가운데 평균적으로 하나 정도 존재하기 때문이다.

그러나 이런 식으로 수열을 쪼개서 고찰하는 방법은 심각한 문제를 안고 있다. 똑같은 숫자가 6개 이어지더라도, 그 숫자 중 일부는 앞 구간에 속하고 나머지는 다음 구간에 속하면 연속된 6개의 숫자로 포착되지 않기 때문이다. 실제로 위의 예에는 7이 6개 이어지는 부분이 있지만, 그 일부는 첫 구간에 속하고 나머지 일부는 둘째 구간에 속한다. 숫자 60만 개로 이루어진 수열의 어딘가에 동일한 숫자 6개가 이어지는 구간이 있을 확률을 따지기 위해 우리가 채택한 방법은 이런 연속성을 포착하지 못하므로 그 확률을 심각하게 과소평가할 것이다. 바꿔 말해 똑같은 숫자 6개가 이어지는 부분이 두 구간에 걸쳐 있을 가능성도 추가로 고려하면, 확률 계산 결과는 훨씬 더 커질 것이다. 왜냐하면 그런 연속성이 존재할 기회가 훨씬 더 많다.

똑같은 숫자 6개가 이어지는 부분이 수열 속 어딘가에 존재하는지 점검하기 위한 기본 전략은 다음과 같다. 숫자 6개를 둘러쌀 길쭉한 프레임을 만들어서 수열에 대고 처음부터 끝까지 훑으면서 프레임 안에 똑같은 숫자 6개가 들어오는 경우가 있는지 확인하는 것이다. 통계학자들은 무작위한 숫자 60만 개로 이루어진 수열을 대상으로 이 작업을 할 때 그런 경우가 얼마나 있을지 계산하는 방법을 개발했다. 이 방법은 데이터 위에 프레임을 놓고 훑는 작업과 관련이 있기 때문에 '스캔 통계scan statistics'라 불린다.

1996년 2월 23일,《유에스에이투데이USA Today》에는 'F−14기 사고 재발로 즉각 비행중지 결정'이라는 표제의 기사가 실렸다. 25일 동안 F−14 전투기 세 대가 추락해 미국 해군이 동종 전투기의 비행을 당분간 중지한다는 내용이었다. 미국 해군의 2인승 초음속 전투기 F−14 톰캣F-14 Tomcat은 1970년부터 2006년까지 운항되었고 총 712대가 제작되었다. 사고 통계를 보면, 1970년 12월 30일에 일어난 사고를 시작으로 총 161대가 추락했다. 평균 70일에 한 번 꼴로 추락 사고가 일어난 셈이다.

이런 비행기가 종종 추락한다는 것은 놀라운 일이 아니다. 생각해보라. 전투기는 예측 불가능한 환경에서 성능을 한계까지 발휘하는 일이 잦다. 그러나 25일이라는 짧은 기간에 추락 사고가 세 번이나 일어난 것은 예사롭지 않아 보인다. 그 사고들에는 무언가 심층적인 원인이 있었을지도 모른다.

이 문제를 탐구하기 위해 1970년부터 2006년까지의 기간을 한 달 단위로 구분하고, 한 달 안에 순전히 우연으로 추락이 세 번 일어날 확률을 앞처럼 푸아송분포를 이용해 계산할 수 있다. 이 방법은 무척 훌륭하지만 주사위 던지기 결과 분석과 마찬가지로 짧은 시간 간격으로 일어난 사고 두 건이 두 달에 걸쳐 있는 경우를 간과할 수 있다. 따라서 더 좋은 방법은 한 달 길이의 프레임을 만들어서 1970년부터 2006년까지의 기간 위에 대고 훑으면서 그 안에 들어오는 사고의 건수를 세는 것이다. 그리고 그 결과를 '순전히 우연으로 사고가 일어날 때의 건수'와 비교해 특정한 시기에 예상보다 더 많은 사고가 일어났는지 확인한다. F-14기 사고 데이터를 대상으로 실제 이런 분석을 실시한 결과, 문제의 사고를 전후한 5년의 기간 동안 1개월 내에 사고가 3번 일어난 경우의 비율은 2분의 1을 너끈히 넘었다. 미국 해군은 특별한 원인을 의심하며 F-14기의 비행을 중단했지만, 단기간에 발생한 그 세 건의 사고가 우연이 아닌 어떤 원인에서 비롯되었다고 생각할 근거는 없었던 것이다.

주사위 던지기와 F-14기 사고는 1차원적 예로 시간상에 배열된 사건들과 관련이 있다. 그러나 똑같은 추론을 2차원 이상의 예에도 적용할 수 있다.

특정 질병에 걸린 모든 환자의 거주지를 보여주는 지도를 상상해보자. 환자 중 오염 물질 같은 외부 요인 때문에 병에 걸린 일부는 그 거주지가 어딘가에 몰려 있음 직하다. 실제로 있었던 끔찍한 사례로 일본의 미나마타 만 사건을 들 수 있다. 치소 주식회사가 약 36년 동안 미나마타 만에 방류한 폐수 속에 들어 있던 메틸수은은 조개와 어류에 침투했고 뒤이어 그것을 먹은 동물과 인간의 몸속에 축적되었다. 수천 명이 수은중독으로 인한 끔찍한 병에 걸렸고, 심한 경우 목숨까지 잃었다.

이런 환경성 질환의 위험은 유병 사례들의 공간적 집중도를 살피면 쉽게 파악할 수 있다.

미국의 온라인 매체 《허핑턴포스트Huffington Post》가 질병 집중 지역에 대해 보도한 적이 있다. 그 기사의 내용은 다음과 같다. "오하이오주 클라이드시로부터 반경 12마일 이내의 지역에서 지난 14년 동안 보고된 암 진단 사례는 2010년 12월 현재 35건에 달한다. 해당 주민들은 단순한 기침에도 겁을 먹는다. 부모들에게는 한낱 축농증이나 복통도 걱정거리다 … 천연자원보호협의회와 전국질병집중지역동맹은 3월 29일에 미국 13개 주에 분포한 질병 집중 지역 42곳을 발표했다.[8]

좋은 기사이기는 한데, 곤란한 점이 하나 있다. 앞서 본 1차원적 예와 마찬가지로, 순전히 우연으로 환자들이 한 지역에 집중될 가능성을 감안해야 한다. 이 경우에도 환자들의 집중이 우연인가 아니면 그 바탕에 어떤 원인이 있는가 하는 질문에 직면한다. 답은 역시나 스캔 통계에서 나온다. 스캔 통계는 지목된 집중 지역의 개수가 순전히 우연에 의해 발생하리라고 예상되는 개수와 같은지 보여준다.

이 문제는 2차원적이므로, 길쭉한 프레임 대신에 2차원적 프레임을 만들어야 한다. 가로세로 16킬로미터 크기의 정사각형을 만들어 미국 지도 위에 놓고 훑는다고 해보자. 그러면서 정사각형 안에 들어오는 유병 사례의 개수를 센다. 이 개수는 정사각형이 이동함에 따라 달라질 것이다. 만일 우연에 의해 발생하리라 예상되는 최댓값보다 훨씬 더 많은 유병 사례를 특정 위치에서 발견한다면, 그 사례들의 바탕에 (일본에서의 조개류 오염과 같은) 공통 원인이 있다고 의심할 수 있다.

《허핑턴포스트》의 암 진단 관련 기사에서 보듯 때로는 지리적 위치와 시간이 함께 연루되어 문제가 3차원으로 확장되기도 한다. 이 경우에는 작은 지리적 면적과 제한된 시간 간격 안에 과도하게 많은 유병 사례가 있는지 조사해야 한다. 이런 조사는 유행병의 초기 확산을 추적할 때 특히 중요하다.

예컨대 2002~2003년에 유행한 중증급성호흡기증후군^{SARS}에 걸린 환자는 8,000명 이상이었고, 그중 700명 이상이 사망했다. 또 다른 예로 2009년에는 신종플루^{H1N1}가 유행했다. 이런 유행병이 발생하면 조기에 질병 집중 지역을 찾아내고 그 집중이 그저 우연에 의한 것이 아니라 공통 원인에 의한 유행병의 징후인지 판단하는 일이 대단히 중요하다.

마지막 예로 거대한 규모의 최첨단 물리학을 살펴보자. 이 분야에서는 방대한 데이터 전체에서 이례적으로 밀도가 높은 구역들을 찾는 작업이 종종 진행된다. 그런 집중 구역이 있을 만한 곳을 안다면 분석은 간단히 끝난다. 그러나 집중 구역의 위치를 예상할 수 없으면 연구자들은 방금 살펴본 예들과 유사한 상황에 처한다. 힉스 보존을 발견하기 위한 연구가 바로 그랬다. 이 연구는 방대한 데이터를 샅샅이 뒤져서 증거를 찾아내는 작업이 필요했다. 연구자들은 일련의 실험에서 관찰된 입자들의 개수를 입자의 질량별로 나타낸 '질량 스펙트럼'을 작성해 그 결과를 이론과 비교한다. 특정한 질량에서 이례적으로 많은 입자, 일명 피크^{peak}가 나타나리라는 예측이 있으면 분석 작업이 비교적 수월해진다. 그러나 어디에서 피크가 나타날지 예측할 수 없을 때도 있다. 그러면 연구자들은 주어진 질량 범위를 훑으면서 입자의 개수가 피크를 이루는 지점을 찾아야 한다. 따라서 질병 집중 지역이나 V-1 비행폭탄의 탄착 지점 집중을 조사할 때와 마찬가지로, 순전히 우연으로 형성된 피크에 현혹될 위험이 있다.

입자물리학자들은 귀에 쏙 들어오는 이름을 아주 잘 짓는다. 그들은 순전히 우연으로 발생한 집중에 현혹되는 현상을 '다른 데 보기 효과$^{the look elsewhere}$ ^{effect}'라고 부른다.

성서에 암호가 숨겨져 있다?

앞서 다룬 것과 유사한 유형의 사례는 곳곳에서 찾을 수 있다. 특정 지역이나 기간에 자살 사건들이 집중된 것, 사진 필름의 특정 위치에 반점들이 집중된 것, 스웨덴 염증성 장질환 환자들의 생일이 특정 기간에 집중된 것, 광물결정이 지닌 결함의 집중, 통신망에서의 통화 집중, 천문 데이터에 나타난 은하들의 집중 등이 그 예다.

이 모든 예는 사건들의 집중과 관련이 있지만, 그 외 다른 패턴에도 똑같은 아이디어를 적용할 수 있다. 많은 기회가 주어지면 어떤 패턴이라도 결국 나타난다. 이것이 아주 큰 수의 법칙이다.

비슷한 예로 이른바 '성서 암호Bible code'가 있다. 히브리어 성서에 미래 사건들을 예언하는 메시지가 숨어 있다는 주장이다. 예컨대 어떤 사람은 히브리어 '토라torah'의 철자들이《창세기Genesis》에 처음 나오는 t와 그다음 50번째 철자 또 그다음 50번째 철자 또 그다음 50번째 철자 또 그다음 50번째 철자를 모은 결과라고 주장한다. 이 주장은 오래됐으며, 기독교와 이슬람교의 경전뿐 아니라 다른 종교 경전에 대해서도 유사한 주장들이 제기되었다. 1990년대 후반에 마이클 드로스닌Michael Drosnin의《바이블 코드The Bible Code》가 출판되면서 이런 주장에 대한 관심이 치솟기도 했다. 하지만 드로스닌이 섭섭할지 몰라도, 아주 큰 수의 법칙은 성서에 숨어 있는 메시지 따위는 없음을 시사한다. 단지 우연의 법칙이 작동할 따름이다.

성서는 아주 많은 철자로 이루어졌으므로 그 철자들을 배열해 유의미한 문구를 만드는 방법은 엄청나게 많다. 성서에 나오는 임의의 철자를 출발점으로 삼아서 온갖 패턴의 배열을 만들 수 있는 것이다. 가령 '등거리 철자열 Equidistant Letter Sequence, ELS'을 만들려면 같은 거리만큼 떨어진 철자들을 모아 배열해야 할 텐데, 같은 거리를 가로 방향으로 따질 수도 있고 세로 방향이나 대각선 방향으로 따질 수도 있다. 이때 시도해볼 수 있는 패턴과 배열의 수는 무제한이다. 유의미한 철자 배열이 발견되지 않는다면 그것이 오히려 이상한 일이다.

찰스 디킨스Charles Dickens의 장편소설 《픽윅 페이퍼스The Pickwick Papers》의 4장에는 "the most awful and tremendous discharge that ever shook the earth(이제껏 지구를 뒤흔든 가장 무시무시하고 엄청난 방전)"라는 문구가 나온다. 나는 저자가 이 문구 속에 세 철자(공백도 철자로 간주함) 간격으로 f, a, t, e를 배치해 fate(운명)라는 단어를 숨겨놓은 것이 아닌지 의심스럽다. 5장에 나오는 문구 "closed upon your miseries(너의 비참함에 직면해 닫혔다)" 속에는 doom(파멸)이라는 단어가 숨어 있는 것 같다.

이 책에서도 help라는 숨은 메시지를 발견할 수 있다. 2장의 '공시성, 형태 공명, 기타 개념들'에 관한 절에 나오는 문구 "than he could explain by chance"에 철자 4개 간격으로 h, e, l, p가 들어 있다. 또 같은 장 바로 앞 절에 나오는 문구 "that we would expect to see"에도 역시 철자 4개 간격으로 help가 들어 있다. 요컨대 'help, help(도와줘, 도와줘)'라는 메시지다. 내 책 속에 누군가가 숨어서 애타게 구조를 요청하는 것이 분명하다!

고대(또는 심지어 현대) 문헌에서 숨은 패턴을 발견하는 것은 이른바 '비밀 메시지를 발견하는' 방법 중 하나다. 다른 방법은 '수비학numerology'에 의지하는 것이다.

수비학이란 수의 신비적 혹은 마술적 속성에 대한 연구다. 그러나 이런 연구는 안타깝게도 부질없다. 다들 알다시피 수는 그런 속성을 가지고 있지 않기 때문이다. 실제로 수는 그 정의에 따라서 오직 크기만을 속성으로 가진다. 따라서 수에 대해서 할 이야기는 크기에 관한 것이 전부다. 수 3은 양 세 마리, 시간 3분, 함성 3회 등의 공통점을 표현할 뿐이다. 그럼에도 예나 지금이나 사람들은 수에 신비적 의미를 부여한다. 우리 주위에는 여전히 행운의 수를 거론하는 사람이 많다.

수비학의 상당 부분은 동일한 수가 반복되는 우연을 바탕으로 한다. 그러나 이미 살펴보았듯이, 당신이 충분히 오랫동안 열심히 탐색한다면 충분히 그런 우연의 일치를 발견하리라.

수비학이 터무니없음을 보여주는 예를 하나 제시하겠다. 2장에서 소개한 유리 겔러는 수열 '11, 11'을 몹시 좋아했다. 그는 자신의 삶에서 이 수열이 끊임없이 등장한다는 사실을 수많은 예를 통해 강조했다.[9] 그런데 그는 유명인으로서 분주히 활동하기 때문에, 아주 큰 수의 법칙이 작동할 기회가 엄청나게 많았다. 그는 이렇게 말한다. "최근 몇 년 동안 나는 정확히 똑같은 현상을 주목하는 타인들에 관한 이메일을 어마어마하게 많이 받았다. 예컨대 한 친구는 번호 '111'이 찍힌 비행기표의 사진을 첨부한 이메일을 나에게 보냈다. 그런데 그저 우연의 일치로 그의 앞에 대기 중인 비행기의 몸통에 '11:11'이라는 부호가 있었고, 그 비행기로 통하는 탑승구의 번호는 '11'이었다. 이 모든 일이 키프로스로 가는 길에 일어났다." 당신은 이런 숫자 배열이 발생할 기회의 수가 엄청나게 많음을 알아채리라 믿는다. 또한 유리 겔러의 친구들이 그에게 보내는 이메일에는 이 패턴에 맞는 숫자 배열들에 관한 이야기만

들어 있으리라는 점도 짐작할 수 있다.

뉴욕 세계무역센터에 대한 테러 공격은 9월 11일에 일어났다. 유리 겔러는 이 날짜를 소재로 또 다른 수비학을 펼친다(그는 "이 참혹한 비극을 숫자 11이 둘러싸고 있다는 사실은, 나로 하여금 비극적으로 목숨을 잃은 희생자들이 헛되이 죽은 것은 아닐 수도 있다는 희망을 품게 한다"라고 했는데, 나는 이 말이 무슨 뜻인지 잘 모르겠다). 유리 겔러는 다음과 같은 사항에 주목했다.[10]

- 테러 날짜: 9월 11일. 9 + 1 + 1 = 11
- 9월 11일 이후 연말까지 남은 날의 수: 111일
- 9월 11일은 그 해의 254번째 날: 2 + 5 + 4 = 11
- 9월 11일 테러 공격 후 1년, 1개월, 1일이 지나서 발리 폭탄 테러가 일어남.
- 쌍둥이 빌딩에 처음 부딪힌 비행기는 아메리칸 항공 11편기. 아메리칸 항공의 약자는 AA. A는 알파벳의 첫째 철자이므로 AA = 11. 따라서 수열 '11, 11'이 만들어짐.
- 아메리칸 항공 11편기의 승무원은 11명임.
- 쌍둥이 빌딩 공격에 쓰인 또 다른 비행기인 아메리칸 항공 175편기의 탑승 인원 65명: 6 + 5 = 11
- 뉴욕주는 미합중국에 11번째로 포함된 주임.
- 미국 국방부 건물은 1941년 9월 11일에 착공됨.

이 우연의 일치들은 유리 겔러의 말마따나 '기묘하고, 불가사의하고, 믿기 어렵다'. 그는 이렇게 덧붙인다. "이 모든 암시를 보고도 호기심을 느끼지 않

는 사람이 있다면 나는 당황스러울 따름이다." 그러나 숫자들을 조합하는 방식과 특정 숫자가 등장할 수 있는 상황은 얼마든지 찾아서 들이댈 수 있으므로 여기에는 아주 큰 수의 법칙 정도가 아니라 무제한으로 큰 수의 법칙이 작동한다. 방금 열거한 것들과 같은 예를 하나도 발견하지 못한다면, 그것은 단지 상상력이 부족한 탓이다. 당신이 한가하다면, 당신 역시 임의의 다른 숫자들을 선택해서 유리 겔러와 똑같은 분석을 할 수 있다. 이런 일에 쓸 만한 이상적인 도구로 구글을 권장한다.

잠깐 동안 수비학적 환상의 영역을 둘러보았으니 이제 균형을 되찾기 위해 파이(π)를 소수로 표현할 때 나오는 숫자들을 살펴보자.

파이는 특이한 수다. 처음부터 끝까지 파이만 다루는 책도 여러 권이다. 여기서는 파이의 소수 전개를 0부터 9까지의 숫자 10개의 무작위 수열로 간주하자.[11] 맨 앞 숫자 100개는 아래와 같다.

3.141592653589793238462643383279502884197169399375105820974944592307816406286208998628034825342117067

주어진 숫자 열 다음에 어떤 숫자가 나올지 예측할 수 없다는 의미에서 이 수열은 무작위한 듯하다. 따라서 특정 숫자가 연속되는 열이 어딘가에서 나올 확률은 0이 아니다. 물론 그런 숫자 열을 발견하려면, 특히 그 숫자 열이 길다면 오랫동안 탐색해야 할 수도 있다. 실제로 길이가 t인 특정 숫자 열을 파이의 소수 전개 중 앞부터 숫자 1억 개 이내에서 발견할 확률을 계산할 수 있다. 길이 t=5인 임의의 연속되는 숫자 열을 파이의 소수 전개의 숫자 열 중 앞쪽 1억 개 안에서 발견할 확률은 1이다(연속되는 숫자 5개가 나올 수 있는 모든 열이 그 첫 부분에 있는 것이다). 이와 유사하게 그 앞부분에는 길이 t=8인 모든 숫자 열의 63퍼센트가 들어 있다. 따라서 임의의 연속되는 숫자 8개짜리 열이 그 부분에서 발견될 확률은 0.63이다.

파이의 소수점 아래 첫째 자리를 위치 1, 둘째 자리를 위치 2 등으로 표시하면, 내 생일 DDMMYYYY(D는 날짜, M은 달, Y는 연도)는 위치 60,722,908에서 나온다.[12]

틀림없이 수비학자들을 흥분시키겠지만 우리에게는 아주 큰 수의 법칙이 지닌 힘을 보여줄 뿐이다. 더 미묘한 현상은 이른바 '자체 위치 지정self-locating' 숫자 열이다. 앞에 제시한 위치 정의를 그대로 사용하면, '자체 위치 지정' 숫자 열이란 파이의 소수 전개에 등장하는 숫자 열 가운데 자신과 그 위치가 일치하는 숫자 열이다. 다음은 자체 위치 지정 숫자 열의 예들이다.

1(파이는 3.14159…이므로)

16470(숫자 열 16470은 파이의 소수 전개의 위치 16470에서 나온다.)

44899

79873844

10장에서 우주의 기원과 본질을 논하면서 수와 관련한 우연의 일치를 다시 다루겠지만, 우선 여기에서는 수와 관련한 우연의 일치가 유의미할 수 있음을 보여주는 예를 제시하려 한다. 수와 관련한 우연의 일치는 때때로 심층적인 구조를 반영한다.

수학에는 '군론group theory'이라는 분야가 있는데, 이 분야의 주요 관심사는 대칭성이다. 다시 말해 군론 연구자는 대상을 어떻게 변화시키면 처음 상태와 구분되지 않는 최종 상태가 나오는지 탐구한다. 예컨대 정사각형을 90도 회전시키면, 최종 정사각형은 원래 정사각형과 똑같아 보인다. 마찬가지로 정사각형을 대각선을 축으로 삼아 뒤집어도 최종 결과는 원래 정사각형과 구분되지 않는다. 군론은 이런 대칭성의 개념을 확장해 다양한 수학적 대상에 적용한다. 군론에서 다루는 대상 중 하나는 '괴물군the Monster'이라는 기발한 이름을 가졌다. 이 수학적 대상은 약 8×10^{53}개(목성을 이루는 기본입자들의 개수와 대략 같다)의 성분들 사이에서 성립하는 대칭성과 관련이 있다. 1978년에 이 기이한 구조의 대상은 아주 높은 차원, 정확히 19만 6,883차원에 존재할 것임이 예측됐다.

괴물군을 연구해온 수학자 존 맥케이John McKay는 '정수론number theory'에 관심을 기울이고 있었다. 정수론은 수비학과 다르지만 정수를 연구 대상으로 삼는다. 정수론은 군론과 전혀 다른 분야이므로, 맥케이는 정수론에서 196,883이라는 수와 마주치자 깜짝 놀랐다. 서로 전혀 다른 그 두 분야 사이에 무언가 예상치 못한 연관성이 있는 듯했다. 그의 발견은 이 우연의 일치를 설명하기 위한 수학적 보물찾기를 촉발했다.

연관성이 존재하더라도 그것을 밝혀내기는 어려웠다. 이 보물찾기에 동참한 수학자 존 콘웨이John Conway는 당시의 사정을 표현하기 위해 '달빛Moonshine'이라는 명칭을 고안했다(밀주 또는 관용적으로 헛소리를 뜻하기도 한다-옮긴이). "신비로운 달빛 광선이 춤추는 아일랜드 꼬마 요정들을 환히 비추는 느낌이었다(수학자는 시적 감성이 없다고 말하는 자 누구인가!)."

수학자 마크 로넌^{Mark Ronan}은 괴물군의 발견에 뒤이어 진행된, 겉보기에는 별개인 군론과 정수론의 연관성에 대한 탐구를 다룬 책을 썼다. 그의 설명에 따르면 "괴물군의 발견을 가져온 방법은 물론 대단한 것이었지만, 괴물군의 놀라운 속성들에 대한 단서를 전혀 제공하지 않았다. 괴물군과 정수론 사이에 성립하는 기이한 우연의 일치에 관한 최초 단서들은 나중에야 나왔고, 군론과 정수론은 끈이론^{string theory}과 연결되었다. 괴물군과 정수론 사이의 연관성은 이제 더 큰 이론 안에 자리를 잡았다. 그러나 우리는 이 심오한 수학적 연관성이 기초 물리학에서 가지는 의미를 아직 파악하지 못했다. 우리는 괴물군을 발견했지만, 괴물군은 여전히 수수께끼로 남아 있다. 괴물군의 본성을 완전히 이해하면 우주의 근본 구조에 관한 통찰을 얻을 가능성이 높다".[13]

우연의 일치는 때때로 특정한 원인에서 비롯된다. 오염 물질이 질병 집중 지역을 발생시키고, 이례적인 입자 개수가 힉스 보존의 존재를 드러내고, 무언가가 괴물군을 낳는다. 그러나 아주 큰 수의 법칙은, 충분히 많은 장소를 살피다가 발견한 기이한 일치는 '심층적인 원인'에서 비롯된 것이 아니라 우연의 법칙의 귀결일 때가 더(경우에 따라서는 훨씬 더) 많다고 말해준다.

벼락, 골프, 초능력 동물

벼락은 자연의 위력을 보여주는 두렵고 놀라운 현상이지만, 실제로 벼락을 맞을 확률은 아주 낮으며 벼락을 맞아 죽을 확률은 더 낮다. 기상학자들의 추정에 따르면 1년 동안 지구 전체에서 벼락을 맞아 사망할 확률은 약 30만 분의 1이다. 이 정도면 아주 낮은 확률이다. 그러나 지구의 인구는 약 70억 명이다. 70억은 큰 수, 어쩌면 정말 큰 수다. 그래서 아주 큰 수의 법칙이 끼어들여지가 생긴다.

벼락을 맞아 죽을 확률이 30만 분의 1인 사람이 70억 명이나 있다면, 아무도 벼락을 맞아 죽지 않을 확률은 약 10^{-10133}으로, 보렐이 말한 우주적 규모에서 무시할 수 있는 확률보다 낮다. 아무도 벼락을 맞고 죽지 않을 확률이 이토록 낮으므로, 누군가 죽으리라고 예상해야 마땅하다. 추정된 통계에 따르면 매년 약 2만 4,000명이 벼락을 맞아서 죽으며, 이보다 열 배 많은 사람이 벼락 때문에 부상을 당한다.[14]

7장에서 '확률 지렛대의 법칙law of the probability lever'을 설명하면서 벼락과 벼락을 맞아 죽을 확률을 다시 다룰 것이다. 우연의 법칙의 또 다른 가닥인 이 법칙은 상황이 조금만 달라도 확률이 크게 달라질 수 있다는 점과 관련이 있다. 확률 지렛대의 법칙은 벼락과 관련해서 특히 중요하다. 왜냐하면 앞서 제시한 30만 분의 1이라는 수치는 전 지구적인 평균이기 때문이다. 다시 말해 이 평균 확률은 도시 인구와 시골 인구, 지하 탄광에서 일하는(벼락을 맞을 일이 사실상 없는) 사람, 탁 트인 벌판에서 가축을 키우는 사람을 아우른다. 또한 어느 나라 사람인지도 따지지 않는다. 비교적 발전한 미국의 국민이 벼락을 맞아 죽을 확률은 약 400만 분의 1에 불과하다. 평균을 이야기하다 보면 '발이 오븐 안에 있고 머리가 냉장고 안에 있으면 평균 체온은 정상이다'라는 오래된 농담이 떠오른다.

로또, 벼락과 마찬가지로 기적에 관한 이야기가 많은 또 다른 분야는 골프다. 이미 1장에서 연거푸 홀인원을 기록한 두 골퍼의 예를 보았다. 그러나 로또, 벼락과 골프 사이에는 차이점이 하나 있다. 골프에서 홀인원은 목표라고 할 수 있다. 그래서 사람들은 홀인원을 할 능력을 키우려고 훈련한다. 즉 홀인원 성공 확률을 높이려고 애쓴다. 따라서 홀인원할 확률이 사람마다 달라진다. 예컨대 타이거 우즈가 홀인원을 기록하는 것은 그리 놀라운 일이 아니겠지만, 내가 홀인원을 기록한다면 그것은 확실히 동네방네 자랑할 일이다. 실제로 우즈는 홀인원을 18회 기록했다. 또한 잭 니클라우스Jack Nicklaus는 통산 21회, 아놀드 파머Arnold Palmer와 게리 플레이어Gary Player는 19회 기록했다. 이 최고의 프로 골퍼들이 기록한 홀인원의 횟수가 비교적 적은 것에서도 드러나듯 홀인원은 드문 사건이다. 워낙 드물다 보니 미국 프로골퍼협회는 홀인원 기록을 상세히 모아 관리하는 기록보관소를 '운영할 가치가 있다'고 판단하기까지 했다.[15] 또한 홀인원 관련 웹사이트는 최소 2개가 있다.[16]

홀인원할 확률은 약 1만 2,750분의 1이다. 만일 이 확률이 맞다면 아주 큰 수의 법칙에 따라 홀인원이 일어날 것이라 예상해야 마땅하다. 전 세계에 수많은 골프장이 있고 매일 수많은 사람이 골프를 치며 그들이 매 라운드에서 티샷을 18번이나 날리니까. 이 모든 것을 감안하면 홀인원이 발생할 기회는 정말 엄청나게 많고, 따라서 아주 큰 수의 법칙에 따라 홀인원의 발생을 시시한 일상사와 다를 바 없는 것으로 예상해야 마땅하다.

실제로 홀인원은 숱하게 일어났다. 홀인원을 기록한 최고령 골퍼는 캘리포니아주 치코 출신인 102세의 엘시 맥클린Elsie Mclean, 최연소 골퍼는 1998년에 미시시피에서 홀인원을 기록한 5세의 케이스 롱Keith Long인 듯하다.[17] 이 글을 쓰는 현재, 최다 홀인원 기록자로 자처하는 인물은 무려 59회나 홀인원을 기록했다는 미국의 아마추어 골퍼 노먼 맨리Norman Manley다.

아주 큰 수의 법칙은 홀인원보다 개연성이 더 낮은 사건도 일으킨다. 가령 한 사람이 연이틀 홀인원을 기록할 수도 있다. 다음은 《타임스Times》의 워싱턴 통신원 팀 레이드Tim Reid가 쓴 2006년 8월 2일 자 기사의 일부다.

어제 미국의 골프장에서는 텍사스에서 열린 대회에서 이틀 연속 똑같은 홀에서 홀인원을 기록한 한 아마추어 골퍼가 화제가 되었다. 53세의 대니 리크Danny Leake는 토요일에 6번 홀에서 5번 아이언으로 친 174야드짜리 샷으로 첫 홀인원을 기록한 후, 일요일에 똑같은 홀에서 똑같은 클럽으로 178야드짜리 샷을 날려 두 번째 홀인원을 기록했다.[18]

다음은 '헌스탠턴 골프클럽'의 웹사이트에 게재된 글의 일부다.

헌스탠턴에서는 확률을 계산할 수조차 없는 사건이 일어난 적도 있다. 1974년, 아마추어 골퍼 밥 테일러Bob Taylor는 이스턴 카운티스 포섬스 대회 연습 라운드에서 홀인원을 기록했다. 이튿날 실제 경기에서 그는 다시 홀인원을 기록했다. 그리고 다음 날 역시 같은 대회에서 한 번 더 홀인원을 기록했다. 사흘 연속 홀인원 정도는 놀랍지 않다는 사람도 다음 얘기를 들으면 깜짝 놀랄 것이다. 테일러의 홀인원은 세 번 다 16번 191야드 파 3홀에서 나왔다.[19]

아주 큰 수의 법칙이 발휘하는 힘은 초능력 동물psychic animal에게서도 예증된다. 미래를 예측할 수 있거나 어떤 사건이 일어난 것을 아는 듯한 동물 말이다.

2010년 월드컵 기간, 독일 오버하우젠에 위치한 시 라이프 센터 수족관의 문어 '파울Paul'은 독일 대표팀의 경기 7회와 결승전의 결과를 성공적으로 예측했다. 예측은 파울이 상자 둘 중 하나를 선택하는 방식으로 이루어졌다. 상자 겉면에는 대결할 두 나라의 국기가 그려져 있었고, 그 속에는 먹이가 들어 있었다. 파울이 아무렇게나 하는 예측이 모두 맞을 확률은 $256(2^8)$분의 1이다. 보다시피 그렇게 낮은 확률은 아니다. 더구나 아주 큰 수의 법칙을 감안하면, 파울의 업적은 더욱 더 시시해진다. 실제로 이 경우에는 256분의 1이라는 확률이 그리 낮은 것도 아니기 때문에, 정말 큰 수까지도 필요하지 않다. 그럼에도 파울이 보여준 '능력'은 녀석을 순식간에 미디어 스타로 만들었다. 녀석은 스페인 어느 도시의 명예시민이 되고 영국의 2018년 월드컵 유치를 위한 홍보대사로 임명되었다. 그러나 파울은 안타깝게도 2010년 10월 26일 화요일 아침에 수족관 안에서 죽은 채로 발견되었다. 다가올 월드컵을 보지 못하게 된 것이다. 시 라이프 센터 경영자 슈테판 포르볼Stefan Porwoll은 "우리는 파울이 행복한 삶을 누렸다는 것에서 위로를 얻는다"라고 말했고, 파울의 '대리인' 크리스 데이비스Chris Davies는 "슬픈 날이다. 파울은 상당히 특별했다. 하지만 다행히 우리는 그가 이 지상을 떠나기 전에 그를 촬영했다"라고 전했다.

스포츠 경기의 결과를 예측한 동물은 파울 말고도 많다. 그 동물들을 살펴보는 것은 아주 큰 수의 법칙으로 통하는 문을 여는 것과 같다.

믹 파워Mick Power라고도 일컬어지는 싱가포르의 잉꼬 마니Mani는 경기 결과를 일곱 번이나 성공적으로 예측했지만 여덟 번째 예측에는 실패했다(파울보다 한 수 아래인 셈이다).[20] 아주 큰 수의 법칙이 일으키는 부수적 효과 하나는 모든 예측에서 성공하는 동물보다 일부 예측에서 실패하는 동물이 훨씬 더 많다는 점이다. 독일 헴니츠 동물원에 사는 산미치광이 레온Leon, 난쟁이하마 페티Petty, 페루산 기니피그 지미Jimmy, 타마린(마모셋원숭이과의 동물—옮긴이) 안톤Anton은 모두 안타깝게도 결승전의 결과를 잘못 예측했다. 중국 문어 시아오게Xiaoge와 네덜란드 문어 파울리네Pauline, 에스토니아 침팬지 피노Pino, 덤불멧돼지 압셀린Apselin, 오스트레일리아 악어 해리Harry 역시 결승전 결과를 예측하는 데 실패했다.

이런 유형의 이야기가 끝이 없는 것을 보면 어떤 심리학적인 매력이 있는 것이 분명하다. 《선데이타임스The Sunday Times》 2012년 5월 27일 자에는 다음과 같은 기사가 실렸다.

이스트 서섹스 애시다운에 사는 어떤 라마는 첼시 팀이 FA컵과 챔피언스리그에서 모두 우승하리라는 것을 예측한 바 있다. 그러나 녀석은 다음 달의 유로 2012 대회를 앞두고 경쟁자를 만났다. 개최 도시들 중 하나인 키예프가 텔레파시 능력을 가진 돼지 한 마리를 공개한 것이다. 관계자에 따르면, 그 돼지는 토종 우크라이나 돼지로 '유일무이한 예언자 돼지'이자 '축구의 신비를 아는 초능력 동물'이다. 이 돼지는 매일 오후 4시에 다음 날 경기 결과를 예측한다 … 공동 개최국 폴란드는 코끼리 시타Citta를 더 신뢰한다. 시타는 원숭이, 앵무새, 또 다른 코끼리를 제치고 선발되었다. 시타는 챔피언스리그 결승전 참가국의 색깔이 칠해진 사과를 집어 드는 방식으로 예측을 보여주었는데, 녀석의 예측은 정확했다. 지난해 슬로바키아에서 열린 세계 아이스하키 대회에서는 머리가 둘인 '초능력' 거북 막달레나Magdalena가 아이스하키장의 축소 모형을 돌림으로써 경기 결과를 예측했다.

나는 코끼리 시타의 이야기가 그나마 마음에 든다. 그 이야기는 4장에서 서술한 주식 정보 스캠을 연상시킨다. 충분히 많은 동물을 동원해 각각 다른 예측을 하게 하라. 그러면 한 동물의 예측은 실제로 맞을 것이다. 시타는 우연히 그 운 좋은 동물이 되었던 것이다.

초능력 동물이 스포츠 예측에만 등장하는 것은 아니다. 인터넷을 잠깐만 검색해도, 지진이 일어나기 전에 기이한 행동을 보인 동물부터 주인이 곧 집에 돌아올 것을 알고 기다리는 개까지 유사한 사례를 수천 건 발견할 수 있다.

동물들이 지진에 앞서 발생하는 모종의 지반 진동을 감지할 수 있다는 추측이 제기되어 왔지만, 시민 보호를 위한 국제지진예보위원회는 그런 예측력이 존재한다는 신뢰할 만한 증거가 없다고 결론 내렸다.[21] 위원회에는 아주 큰 수의 법칙의 존재와 미디어는 사람들의 관심을 끄는 이야기를 필요로 한다는 사실을 조언할 수 있을 것이다.

개와 관련해서는 검증 실험이 이루어진 사례가 극히 드물다. 테리어 '제이티Jaytee'의 주인은 자신이 언제 집에 돌아올지를 제이티가 예측할 수 있다고 주장했다. "매튜Matthew와 팸Pam은 … 난수 발생기를 이용해 귀가 시각을 저녁 9시로 결정했다. 그 사이에 나는 제이티가 가장 좋아하는 창가를 계속 촬영했다. 녀석이 그곳에서 어떤 행동을 하는지를 온전히 기록하기 위해서였다. 팸과 매트가 돌아왔을 때, 우리는 촬영된 필름을 되감아 재생하며 제이티의 행동을 열심히 살폈다. 흥미롭게도 제이티는 정해진 귀가 시각에 그 창가에 나타났다. 그러나 필름의 나머지 부분을 살펴보자, 제이티가 지닌 듯한 놀라운 능력의 실체가 드러나기 시작했다. 녀석은 그 창을 정말 좋아했는지 실험 시간 동안 무려 13번이나 창가에 다가왔다. 이튿날 진행된 두 번째 실험에서 제이티가 창가에 접근한 횟수는 12회였다."[22] 이렇게 되면 아주 큰 수의 법칙이 작동하기 시작한다. 그 개가 창가에 머무는 시간이 얼마나 긴지 생각해보라. 만일 녀석이 거기에 그렇게 오래 머문다면, 주인이 돌아올 때 녀석이 거기에 없는 것이 오히려 이상한 일이다.

착각하기 쉽지만…

아주 큰 수의 법칙에 따라 만일 어떤 사건이 일어날 기회가 충분히 많다면, 설령 각각의 상황에서 그 사건이 일어날 확률이 극히 낮더라도 그 사건이 일어나리라고 예측해야 한다. 더구나 생일 문제에서 확인했듯 종종 기회의 수는 얼핏 드는 생각보다 훨씬 더 크다. 따라서 아주 큰 수의 법칙은 예상 밖의 결과를 빚어낼 수 있다.

물론 기회의 수가 '정말 크지' 않은데도 아주 큰 수의 법칙의 효과가 나타나는 상황이 있다. 문어 파울이 예측에 성공할 확률은 256분의 1이었다. 따라서 만약에 동물 256마리를 동원해 제각각 다른 예측을 내놓게 했다면, 옳은 예측을 내놓는 동물이 반드시 한 마리는 있었을 것이다. 이것이 필연성의 법칙이다. 바꿔 말해 256마리에 가까운 동물만 있으면 그중 한 마리가 옳은 예측을 내놓을 확률이 높다. 256은 상당히 작은 수다.

결국 중요한 것은, 우리가 바라는 결과가 전체 결과 중에서 차지하는 비율이다. 만일 우리가 전체 결과의 개수를 잘못 알고 있다면, 아주 큰 수의 법칙이 일으키는 충격은 더욱 증폭된다. 얼핏 보니 가능한 결과가 10억 개인데 바라는 결과는 100개뿐이라면, 바라는 결과가 나올 경우 깜짝 놀랄 것이다. 그러나 가능한 결과는 1,000개뿐이고 바라는 결과는 여전히 100개라면, 그를 통해 얻게 된 결과는 덜 놀라울 것이다. 10분의 1의 확률과 1,000만 분의 1의 확률은 사뭇 다르니까.

가능한 결과의 수를 틀리게 추정했을 때 발생할 수 있는 일의 예로 1997년 스페인 F1 그랑프리 대회를 들 수 있다. 이 대회의 예선(퀄리파잉) 경주에서 미하엘 슈마허$^{Michael\ Schumacher}$, 자크 빌르너브$^{Jacques\ Villeneuve}$, 하인츠-하롤트 프렌첸$^{Heinz-Harold\ Frentzen}$은 모두 1분 21.072초의 기록으로 결승선을 동시에 통과했다.[23] 얼핏 보면 대단한 우연의 일치인 듯하다. 그러나 우승권 선수들의 기록 분포를 감안해 예선 1, 2, 3위의 기록 차이는 0.1초 이내일 가능성이 매우 높다고 전제하면, 또한 1분 21.072초라는 기록은 0.001초까지만 정확하게 측정한 것임을 고려하면, 언급한 세 선수가 똑같은 기록으로 결승선을 통과할 확률은 겨우 $\frac{1}{100} \times \frac{1}{100}$, 곧 1만 분의 1이다. 보다시피 어마어마하게 낮은 확률은 아니다. 매년 열리는 F1 경주 수와 자동차 경주가 스포츠로 자리 잡은 햇수를 따진다면, 이 정도의 일은 얼마든지 일어날 만하다. 아주 큰 수의 법칙이 작동하기에 충분할 만큼 많은 기회가 있는 셈이다.

지구에는 70억 명이 산다

당신이 열차 사고를 당할 확률은 낮다. 그러나 그 확률은 당신이 얼마나 자주 열차를 타느냐에 따라 확실히 달라진다. 1년에 한 번 열차를 타는 사람은 매일 열차로 통근하는 사람보다 열차 사고를 당할 가능성이 현저히 낮다. 마찬가지로 당신의 가족이 많다면, 가족 중 한 명이 열차 사고를 당할 확률은 더 높아진다. 더 긴 기간을 고려할 경우에도 마찬가지다. 3장에서 본 빌 쇼와 지니 쇼 부부는 15년 간격으로 열차 사고를 당했다.

마찬가지로 어떤 불행한 사건이 당신에게 또는 지구상의 어떤 특정한 개인에게 일어날 확률은 낮을지 몰라도, 지구에 현재 약 70억 명이 산다는 사실을 상기할 필요가 있다. 각각이 특정한 날에 사고를 당할 확률이 p라면 또한 사고가 각각 독립적으로 일어난다면, 그날 인구 N명 가운데 사고를 당하는 사람이 없을 확률은 (1−p)를 N번 곱한 값과 같다. N이 지구의 인구 70억이고 p가 100만 분의 1이라면, 그날 아무도 사고를 당하지 않을 확률은 약 $10^{3,040}$ 분의 1로 그야말로 지극히 미미하다. 어딘가에서 누군가가 사고를 당할 개연성이 압도적으로 더 높다는 말이다. 보렐의 법칙을 감안하면, 사고는 어디에선가 반드시 일어난다.

선택의 법칙:
과녁을 나중에 그린다면

네가 주머니에서 검은 공을 꺼내든 흰 공을 꺼내든 누가 신경 쓰겠어?
… 우연에 맡기지 마. 그 빌어먹을 주머니 속을 들여다보고 네가 원하는 색깔의 공을 꺼내.
– 스테파니 플럼. 자넷 에바노비치Janet Evanovich의 소설 《하드 에이트Hard Eight》 중

호두 단지에 숨겨진 비밀

어릴 적 나는 식료품 가게에서 단지에 온전한 호두 속살을 가득 채워서 파는 것이 무척 신기했다. 어떤 묘수를 썼는지 그 가게 주인은 늘 속살을 온전히 유지하면서 껍데기를 깰 수 있는 듯했다. 내가 호두를 깰 때는 대부분 껍데기와 속살을 함께 부쉈고 열 번에 한 번쯤만 온전한 속살을 얻을 수 있었는데 말이다. 나중에 나는 그들 역시 (비록 성공률이 나보다 더 높긴 했지만) 자주 껍데기와 속살을 함께 부순다는 것을 알게 되었다. 그리고 그들의 '묘수'도 배웠다. 그들은 결과물을 '선택'했다. 그들은 시도가 성공적일 경우에만 호두의 온전한 속살을 단지에 넣고 '온전한 호두 속살'이라는 딱지를 붙였다. 반대로 시도가 실패할 경우에는 속살 조각들을 골라내 단지에 넣고 '호두 속살 조각'이라는 딱지를 붙였다(껍데기를 말랑하게 만드는 비법으로 온전한 속살을 보다 효과적으로

얻는 사람도 있지만 이 부분은 내가 하려는 이야기의 요점과 무관하다).

중요한 것은 내가 그림 전체를 보지 못했다는 점이다. 나는 '온전한 호두 속살' 단지가 그들이 얻은 결과에서 선택한 부분집합이 아닌 전체라고 생각했다. 알고 보면 설령 성공률이 1,000분의 1 정도로 아주 낮더라도 성공적인 결과만을 선택해 온전한 속살 단지에 넣는다면 원하는 결과물을 만들어낼 수 있다.

이 이야기는 선택의 법칙이 무엇인지 보여준다. 선택의 법칙이란 만일 사건이 일어난 뒤에 선택할 수 있다면, 확률을 원하는 만큼 높일 수 있다는 것이다. 호두 속살 단지를 만드는 사람은 껍데기를 부순 다음에 온전한 속살만 선택함으로써 확률을 1로 만들었다.

똑같은 이치를 보여주는 오래된 이야기를 하나 더 들려주겠다. 어떤 사람이 시골길을 걷다가 헛간 앞을 지나쳤다. 헛간 벽에는 활쏘기 표적이 여러 개 그려져 있었는데, 각 표적의 정중앙마다 화살이 꽂혀 있었다. "우아! 누군지 몰라도 정말 대단한 궁사인걸!" 그는 감탄하며 헛간을 지나쳐 계속 걸었다. 그러다가 고개를 돌려 헛간의 다른 벽을 바라보니, 거기에도 많은 화살이 꽂혀 있었다. 그리고 한 남자가 각 화살을 중심으로 부지런히 활쏘기 표적을 그리고 있는 것을 목격했다. 이 이야기 역시 사후에 데이터를 선택한다면 확률을 원래와 전혀 다르게 보이도록 만들 수 있음을 보여준다.

표적 이야기는 실제 주식 세계에서 일어나는 일과 무척 유사하다. 회사 경영자에게 보수를 지급할 때 널리 쓰는 방법 하나는 스톡옵션을 주는 것이다. 스톡옵션은 제공될 때 그 가격이 정해진다. 따라서 나중에 주식 가격이 오르면 옵션의 가치는 더 높아진다. 2006년 3월 18일 자《월스트리트저널 Wall Street

Journal》에 실린 찰스 포렐Charles Forelle과 제임스 밴들러James Bandle의 기사에서는 스톡옵션이 부여된 직후에 주식 가격이 극적으로 오른 회사 여섯 곳을 지목했다. 일부를 살펴보자.[1]

1999년에 (윌리엄 맥과이어William McGuire에게) 스톡옵션을 부여한 날은 유나이티드헬스 주식이 연중 최저가를 기록한 날이었다. 1997년과 2000년에 맥과이어 박사가 스톡옵션을 받은 날도 주식 종가가 연중 최저를 기록한 유일한 날이었다. 2001년의 스톡옵션 부여 또한 급락한 주가가 바닥에 이를 즈음에 이루어졌다. 이런 식으로 스톡옵션 수령자에게 유리한 패턴이 우연히 발생할 확률은 2억 분의 1 이하일 것이다.

(콤버스 테크놀로지의 사장 코비 알렉산더Kobi Alexander는) 1996년 7월 15일에 주식 분할을 감안한 권리 행사 가격 7.9167달러에 스톡옵션을 부여받았다. 이 가격은 그 주식의 가격이 급락한 날의 최저가였다. 그날 13퍼센트 떨어진 주가는 이튿날 다시 13퍼센트 올랐다 … 2001년 10월 22일에 또 다른 스톡옵션이 부여되었는데, 이날은 종가 기준 주가가 2001년 중 두 번째로 최저치일 때였다. 다른 스톡옵션 부여 건들도 주가 저점과 상응했다. 이런 패턴이 우연히 발생할 확률은《월스트리트저널》의 분석에 따르면 약 60억 분의 1이다.

1995년부터 2002년까지 어필리에이티드 컴퓨터 서비스에서 최고경영자 제프리 리치Jefferey Rich에게 스톡옵션 여섯 건을 부여한 것은 모두 주가가 오르기 직전, 주가가 바닥에 이르렀을 때였다 …《월스트리트저널》의 분석은 이런 일이 일어날 확률이 약 3,000억 분의 1임을 시사한다.

2000년, 브룩스 오토메이션은 … 최고경영자 로버트 테리언[Robert Therien]에게 23만 3,000주에 대한 스톡옵션을 부여했다. 승인일인 5월 31일은 옵션 행사의 최적일이었다. 브룩스의 주식 가격은 그날 20퍼센트 넘게 떨어져 39.75달러에 이르렀고, 바로 다음 날 30퍼센트 넘게 급등했다.

이런 사건들이 일어날 확률을 가늠하려면, 4장에서 살펴본 로또를 생각해 보라. 6/49 로또에서 1등에 당첨될 확률은 약 1,400만 분의 1이다.

개연성이 이렇게 지극히 낮은 사건들에 대해서 다양한 설명이 가능하다. 첫 번째 설명은 그런 사건이 그냥 일어났다는 것이다. 기회가 10억 번 있다면 확률이 10억 분의 1인 사건도 일어나리라. 그러나 스톡옵션 10억 회 부여는 상식선에서 너무 많다.

위에 언급한 미미한 확률들이 틀렸을 수도 있다. 어쩌면 그런 큰 보수를 받을 확률이 실제로는 생각보다 훨씬 더 높을지도 모른다. 그러나 보다 확실한 사실은 제시된 스톡옵션 부여와 극적인 주가 상승이 일치하는 사례는, 《월스트리트저널》이 조사하는 시기에 이루어진 수천 건의 스톡옵션 부여 중에서 골라낸 것이라는 점이다. 만일 회사 사장들에게 무작위로 스톡옵션을 부여한다면, 어떤 사장은 주가가 치솟기 직전에 스톡옵션을 받은 덕분에 횡재를 하리라. 그리고 위 기사는 다른 모든 사례는 무시하고 실제로 주가가 치솟은 사례들만 부각한다. 따라서 겉보기에 개연성이 낮은 그 사건들은 실은 선택의 법칙이 작용한 결과일 수 있다. 기사를 쓴 포렐과 밴들러가 '사후에' 극적으로 값이 오른 스톡옵션들만 선택한 결과일 수도 있다는 뜻이다. 하지만 이 효과가 확률이 2억 분의 1, 60억 분의 1 또는 3,000억 분의 1인 사건을 일으킬 수 있는지는 여전히 의문이다.

아이오와대학교의 에릭 리Erik Lie는 또 다른 설명을 내놓았다.[2] 그의 설명도 선택의 법칙을 기초로 삼지만 내용은 전혀 다르다. 리는 이렇게 분석했다. "경영자들이 수익의 실현을 위해 시장 전반의 미래 동향을 미리 알아내는 기적적인 능력을 가지고 있지 않은 한, 이 결과들은 적어도 일부 스톡옵션에서는 승인일이 사후에 매겨졌음을 시사한다." 여기에서 선택은 기자들이 기사에서 다룰 주식들을 선택하고 나머지 주식들은 무시한다는 뜻이 아니다. 이사회가 이미 부여된 스톡옵션의 승인일을 나중에 극적인 주가 상승 직전의 날짜로 선택한다는 뜻이다. 쉽게 말하면 경영자들이 스톡옵션의 수익을 최대화할 가능성이 있는 날짜로 결정했다는 뜻이다.

이 경우에 선택의 법칙이 하는 역할은 헛간 벽에 그려진 표적이 하는 역할과 유사하다. 당신이 화살을 쏜 다음에 표적을 그린다면, 표적의 정중앙에 화살을 쉽게 꽂을 수 있다. 또한 당신이 과거의 주가를 돌이켜본다면, 언제 주가가 치솟았는지 쉽게 알 수 있다. 주가가 치솟을 미래 날짜를 예측하는 것보다 훨씬 쉽다. 위대한 물리학자 닐스 보어Niels Bohr에 따르면 "예측은 매우 어렵다. 특히 미래에 대해서는". 미래를 내다보며 무슨 일이 일어날지 알아내려 애쓰는 대신에 과거를 돌아보며 실제로 일어난 일을 살피면 성공적으로 예측할 확률을 0에서 1로 바꿀 수 있다. 이런 행동을 '예측prediction'과 대비해 '사후예측postdiction'이라고 한다.

예측과 사후예측의 극명한 대비는 도처에서 나타난다. 한 예로 큰 재난을 당한 뒤 사람들은 "왜 우리는 재난을 예상하지 못했을까?"라고 물으면서 처음부터 징후가 있었다고 주장한다. 실제로 9·11 참사가 일어났을 때도 그랬다. 문제는 위험 징후가 대체로 수많은 다른 조짐과 사건 사이에 숨어 있다는 점이다. 사후에 조각들을 맞춰 그것들이 연속적인 사슬을 이루어 참사로 이어졌음을 보여주기는 쉽다. 그러나 사전에는 수많은 조각과 잠재적 사슬이 존재한다. 어떤 사건이 서로 관련이 있는지 알아내기란 불가능하다. 조각이 너무 많기 때문이 아니다. 그보다는 조각들을 맞출 수 있는 방식의 수가 엄청나게 많으며 또한 어느 한 방식을 선택할 이유가 없기 때문이다. 사람들에게는 새로운 정보가 입수됨에 따라 기억을 소급해서 조정함으로써 재난에 이른 사슬을 확인하고는 사후에 "자, 이걸 보라고. 위험 징후가 우리 눈앞에 있었어!"라고 말하는 본능적인 경향이 있다. 이를 '사후 과잉확신 편향hindsight bias'이라고 한다. 이것은 오래된 개념이며 선택의 법칙이 나타나는 한 방식이다.

우연의 법칙의 다른 가닥들과 마찬가지로 선택의 법칙은 예상 밖의 온갖 방식으로 우리 삶에 스며든다. 어떤 사람이 기차역에 도착해 현지의 지도가 그려진 대형 입간판을 살펴본다고 하자. 그 지도의 한 곳에는 '당신의 위치'라는 빨간 점이 찍혀 있다. 이를 확인한 그는 자신이 지금 그곳에 있음을 기차역 직원들이 안다는 사실에 감탄한다. 그와 비슷한 내 친구가 떠오른다. 이 친구는 성기 크기에 열등감을 느끼는 남성에게 확대 수술을 권하는 스팸메일을 받고선 나에게 이렇게 물었다. "그 자식들이 어떻게 알았을까?" 약간 초현실적인 예를 하나 더 들자면, 이런 질문을 던지는 사람이 있다. "내가 전화를 잘못 걸었을 때는 대관절 어떻게 통화 중일 때가 한 번도 없을까?" 지도를 보고 감탄한 사람은 바로 그 자리에 있는 사람들만 그 지도를 볼 수 있다는 사실을 간과했다. 내 친구는 다른 남성 수백만 명도 똑같은 스팸메일을 받았다는 사실을, 전화를 잘못 건 사람은 상대방이 전화를 받고 잘못 걸렸음을 알려줘야만 자신이 잘못 걸었음을 알게 된다는 사실을 간과했다.

이 이야기들은 선택의 법칙이 작용하는 사소한 사례다. 보다 중요한 예를 하나 들자면, 진화 과정에서의 '자연선택natural selection'이 있다. 자연선택은 후손을 점진적으로 선택해 새로운 세대를 형성한다. 또 다른 예로 '인류 원리anthropic principle'를 들 수 있다. 이것은 왜 우주가 '지금 이 모습인가'에 대답하는 한 방식이다. 자연선택과 인류 원리는 10장에서 자세히 다룰 것이다.

2장에서 소개한 미국의 심령술사 진 딕슨은 예측이 적중한 경우가 많기로 유명했다. 그러나 그녀의 예측 중 적중하지 않은 것이 더 많다는 사실은 덜 알려졌다. 그녀의 묘수는 적중한 예측에만 관심을 집중시키고 잘못된 예측에 대해서는 간편하게 잊어버리는 것이었다. 이 같은 '진 딕슨 효과' 역시 선택의 법칙이 작용하는 방법이다. 4장에서 서술한 주식 정보 스캠의 배후에도 똑같은 원리가 있다. 이 방법은 모든 패턴을 각각 다른 사람에게 하나씩 제시하는 것이므로, 필연성의 법칙에 따라 예측한 패턴 중 하나는 반드시 맞을 수밖에 없다. 그런 다음에 선택의 법칙을 적용해 들어맞은 예측을 '증거'로 내놓으면 된다. 적어도 그 패턴을 예측으로 받은 당사자에게는 설득력 있는 증거일 것이다.

이미 언급했다시피 우연의 일치란 사건들이 예상 외로 함께 일어나는 것이다. 이를테면 홀인원이 연거푸 일어나는 것은 우연의 일치다. 그러나 우연의 일치를 이루는 각 사건의 개연성이 매우 낮을 필요는 없다. 2장에서 보았듯 칼리굴라와 링컨은 둘 다 암살당하는 꿈을 꾸었고 실제로 암살당했다. 오늘날 과학자들은 사람들이 보통 하룻밤에 적어도 4회에서 6회의 꿈을 꾸며 그 대부분을 망각함을 안다. 낮에 일어난 어떤 일이 어젯밤의 꿈을 연상시킬 때, 꿈을 기억할 가능성은 훨씬 더 높아진다. 이것은 단순히 뇌가 작동하는 방식 때문이다. 뇌는 별개의 사건들을 연결하고 접합한다. 어젯밤에 꾼 그 꿈이 오늘 일어난 특정 사건의 전조였던 게 아니다. 우리는 많은 꿈을 꾸고 이튿날 많은 사건을 겪는다. 그렇지만 우연히 일치하는 꿈과 사건을 주목하면서, 나머지는 망각하는 경향이 있다. 따지고 보면 그 모든 것을 기억할 필요는 없지 않은가? 그것들은 꿈, 기억, 사건들로 이루어진, 주목할 이유가 없는 무작위한 배경일 뿐이다. 그런데 사람들은 꿈에서 일어난 일이 실제로 일어나면 충격을 받는다.

칼리굴라는 기원후 37년부터 41년까지 로마의 황제였다. 그의 실제 이름은 가이우스 율리우스 카이사르 아우구스투스 게르마니쿠스^{Gaius Julius Caesar} ^{Augustus Germanicus}였다. 칼리굴라는 그의 아버지의 병사들이 붙인 별명으로 '작은 군화^{軍靴}'를 뜻한다. 그는 여러 번 암살의 표적이 되었으나 살아남았다. 그런 경험 때문에 그는 암살당하는 꿈을 더 자주 꾸었을 것이 틀림없다. 칼리굴라가 암살당하는 꿈을 꾼 다음 날 암살당하지 않은 적이 몇 번인지에 대한 역사 기록은 당연히 없다(선택의 법칙). 칼리굴라의 측근들은 그가 꿈에 대해서 이야기한 후에 정말로 암살당한 사실만 기억했다. 그러나 암살당하는 꿈을 꾼 다음에 암살당하지 않은 일은 당연히 대단한 이야깃거리가 아니다. 선택의 법칙이 작용한 결과는 죽는 꿈을 꾸고 실제로 암살당한 사람들과, 그런 꿈을 꾸고도 암살당하지 않은 (아마도 수백만 명에 달하는) 사람들을 비교해도 드러난다.

링컨의 사례도 마찬가지다. 그가 과거에 아마도 꾸었겠지만 굳이 측근들에게 말하지 않았거나 그들이 망각한 암살 꿈의 횟수를 염두에 두어야 한다. 그런 꿈을 꾼 다음 날 링컨은 대부분 무사했다. 그가 암살당하기 전날 밤에 꾼 꿈만 부각되는 것은 역시나 선택의 법칙이 작용했기 때문이다.

이런 유형의 '예지몽'은 우연의 법칙의 다른 가닥들을 보여주는 예이기도 하다. 칼리굴라의 꿈은 애매했다. 칼리굴라는 자신이 신들의 왕인 주피터의 왕좌 앞에 서 있는 모습을 보았다. 그 뒤 그는 지상으로 내던져졌다. 그리고 그는 이 꿈을 임박한 죽음에 대한 경고로 해석했다. 그러나 내가 보기에 이 꿈은 칼리굴라가 아직 죽을 때가 아니니 지상으로 내려가 삶을 이어가라는 뜻으로도 충분히 해석할 수 있다. 2장에서 설명한 예언의 원리를 돌이켜보라. 그릇된 개연성 평가의 핵심에는 대개 애매성이 놓여 있다. 더 나아가 애매성은 내가 '충분함의 법칙'이라고 부르는, 우연의 법칙의 또 다른 가닥의 핵심이기도 하다. 8장에서 논할 이 법칙을 간단히 설명하면, 말하는 바와 사건이 정확히 일치하지는 않더라도 크게 어긋나지만 않으면 양쪽이 일치한다고 간주할 수 있다는 것이다. 예컨대 링컨은 암살당하기 사흘 전에 자신의 꿈을 워드 힐 라몬^Ward Hill Lamon 등에게 이야기하면서 "한 열흘쯤 전에…"라고 운을 뗐다.[3] 자, 꿈이 실제 사건의 예언으로 간주되려면 꿈과 사건 사이의 시간 간격이 얼마나 짧아야 할까? 하루, 일주일, 일 년? '충분히 가깝다'는 말을 폭넓게 이해하면, 언제든지 일치한다고 말할 수 있다. 바로 이것이 충분함의 법칙의 핵심이다.

예지몽은 아주 큰 수의 법칙과도 관련이 있다. 즉 전 세계 모든 사람이 매일 밤 꾸는 꿈을 다 세면 얼마나 많을지 따져봐야 한다. 만약에 그 많은 꿈 중에 이튿날의 사건과 일치하는 것이 하나도 없다면, 오히려 그것이 정말 기이한 일이다.

선택의 법칙이 그릇된 판단을 유발한다는 사실은 예전부터 알려져 있었다. 400년 전인 1620년에 프랜시스 베이컨은 《신기관》에서 재미있는 예를 들었다(이 책은 2장에서 확증 편향을 논할 때 언급한 바 있다). "사람들이 어떤 사람에게 교회 벽에 걸린 그림을 보여주었다. 그림에는 신 앞에 신앙을 고백한 덕에 난파를 당하고도 살아남은 사람들이 그려져 있었다. 사람들은 그에게 이제 신의 능력을 인정하겠느냐고 물었다. 그러자 그는 '그럼요, 당연합죠'라고 답하면서 이렇게 반문했다. '그런데 고백하고도 빠져 죽은 사람들은 어디에 그려져 있나요?' 훌륭한 대답이었다."[4] 오직 난파를 당하고 살아남은 자들만이 자기네가 신 앞에 신앙을 고백했다고 증언할 수 있다.

로또 번호 고르기

이제껏 본 예들에서 선택의 법칙은 사건이 일어난 다음에 어떤 데이터를 사용할지 '선택하는 단계'가 있기 때문에 힘을 발휘했다. 호두 단지를 만드는 사람은 껍데기를 깬 다음에 단지에 넣을 온전한 속살을 선택했다. 그러나 선택의 법칙은 다른 방식으로도 힘을 발휘할 수 있다. 다음 예는 선택의 법칙의 작용으로 어떻게 로또 당첨금이 당신의 눈앞에서 사라질 수 있는지 보여준다. 중요한 것은 당신이 로또에 당첨될 확률이 얼마인가가 아니라 실제로 얼마를 벌 수 있는가다.

만일 로또에서 1등이 수천 명 나온다면, 당신이 1등에 당첨된 것은 큰 행운이 아닐 것이다. 당신의 복권에 1등 당첨번호가 찍혀 있음을 확인하는 순간 눈앞에 떠오른 수백만 달러의 환영은, 당신이 1등 당첨자 1,000명 중 하나라는 것을 알게 되는 순간 물거품이 되어 사라진다. 그러나 1등에 당첨될 확률이 (예컨대 6/49 로또에서는 1,400만 분의 1로) 무척 낮다면, 수천 명은 말할 것도 없고 두 명이 똑같이 그 당첨번호를 선택할 확률은 틀림없이 상상하기 어려울 정도로 낮다.

단 두 가지를 간과하지 말아야 한다. 첫째, 아주 큰 수의 법칙이다. 만일 아주 많은 사람이 로또를 산다면 당신이 선택한 번호를 다른 누군가도 똑같이 선택할 확률이 높아진다. 둘째, 사람들이 번호를 선택하는 방식도 문제가 된다. 왜냐하면 사람들은 보통 숫자를 무작위로 선택하지 않는다. 사람들은 주로 생년월일처럼 무언가 특별한 의미가 있는 숫자들을 선택한다. 예컨대 1948년 6월 18일에 태어난 사람이라면 세 숫자를 6, 18, 48로 선택한다. 이를테면 부부의 생년월일을 이용해 6/49 로또에 필요한 숫자 6개를 고를 수도 있다. 그런데 날짜는 기껏해야 31일이 끝이고 달은 12월이 마지막이니, 만일 생년월일을 이용하는 방식으로만 숫자들을 선택한다면 선택지는 전체 49개의 숫자로 만들 수 있는 모든 조합보다 좁아진다. 이 경우에는 33, 36, 37, 45, 48, 49나 1, 4, 18, 35, 38, 43 따위는 절대로 선택할 수 없다.

사람들이 선택할 수 있는 번호의 범위가 제한되면 두 명 이상이 똑같은 번호를 선택할 확률은 올라간다. 이는 선택지가 줄어들기 때문이기도 하고, 당신이 따르는 규칙을 타인들도 따를 가능성이 높기 때문이다.

어떤 사람은 번호를 무작위로 선택할 요량으로 복권에 찍힌 숫자들의 배열을 선택의 기준으로 삼는다. 예컨대 대각선으로 배열된 숫자들을 고르거나 가장자리에 놓인 숫자들을 배제한다. 또 다른 사람은 1부터 계속 3을 더함으로써 얻는 수열 1, 4, 7, 10, 13, 16을 선택하거나 제곱수들인 1, 4, 9, 16, 25, 36을 선택하는 등의 방법을 쓴다. 그러나 거듭되는 말이지만 이런 패턴은 어느 것이든지 다른 로또 구매자들도 선택할 가능성이 높다. 따라서 당신의 선택이 누군가의 선택과 일치할 확률이 또다시 높아진다.

인기 있는 또 하나의 전략은 지난번 당첨번호를 선택하는 것이다. 그러면 확실히 무작위로 변화하는 번호를 선택할 수 있지만, 이 전략 역시 다른 사람들도 채택할 만하다. 앞서 언급했듯이 2009년 9월 6일의 불가리아 로또 당첨번호는 나흘 뒤에 또 당첨번호가 되었다. 그런데 그 두 번째 로또에서 1등 당첨자가 무려 18명이나 나왔다! 1등 당첨금 총액 13만 7,574달러는 당첨자에게 각각 7,643달러씩 분배되었다. 이것만 해도 짭짤한 금액이지만 인생역전을 운운할 수준은 아니다.

놀랄 만큼 많은 사람이 갖가지 패턴으로 로또 번호를 선택한다. 예컨대 1986년 6월 7일 뉴욕주 로또에서 1만 4,697명이 6개의 숫자 8, 15, 22, 29, 36, 43을 똑같이 선택했다. 1988년 10월 29일 캘리포니아 6/49 로또에서 가장 인기 있는 번호는 7, 14, 21, 28, 35, 42였다. 무려 1만 6,771명이 이 숫자 조합을 선택했다. 이 수열들의 규칙성(두 수열에서 수들 사이의 간격은 항상 7이다)을 볼 때, 그들은 아마도 복권에 찍힌 숫자들의 배열과 관련된 규칙에 따라 숫자들을 선택한 것으로 짐작된다. 1994년 8월 27일 핀란드 7/39 로또에서는 5,066명이 1, 2, 3, 4, 5, 6, 7을, 3,225명이 5, 10, 15, 20, 25, 30, 35를 선택했다. 만일 그들이 어느 수열이든 당첨 확률은 똑같다고 생각했다면, 그들의 생각은 옳았다. 다만 이 수열들은 다른 로또 구매자들도 선택할 가능성이 높다는 점이 문제다.

이 장을 시작하며 제시한 호두와 화살의 예에서 식품업자와 헛간 벽의 남자는 사후에 결과들을 선택함으로써 특정한 결과가 나올 확률에 대한 오해를 유발했다. 방금 살펴본 로또 사례에서는 선택의 법칙이 다른 방식으로 작용한다. 이 경우에 선택의 법칙은 결과 자체를 왜곡한다. 특정 번호가 당첨될 확률은 변함이 없지만, 당신이 그 번호를 선택해서 받을 수 있는 당첨금의 액수는 극적으로 변할 수 있다.

여담 삼아 모든 로또 애용자에게 한마디 조언하겠다. 당첨 확률을 높이는 유일한 길은 복권을 더 많이 사는 것뿐이지만, 만약 당첨되었을 때 당첨금이 높으려면 다른 사람들이 선택할 가능성이 낮은 번호를 선택해야 한다. 그러니 어떤 규칙에 따라 숫자들을 선택하는 것을 삼가라. 사람들이 생각해낼 만한 규칙을 모두 예측해서 배제할 수는 없으므로, 타인과 똑같은 번호를 선택할 확률을 낮추는 전략은 무작위로 숫자들을 선택하는 것이다. 로또 판매점에는 대개 이 전략을 쉽게 실행할 수 있도록 도와주는 장치가 있다.

과속 단속용 카메라

과속 단속용 카메라가 미국에 처음 도입된 곳은 1986년 텍사스주 프렌즈우드였다. 영국에는 1990년대에 도입되었다. 이제는 과속 단속용 카메라가 없는 곳이 없다. 위치가 고정된 카메라는 대개 밝은 색으로 칠해져 있어서 운전자들이 카메라를 보고 (필요할 경우) 속도를 줄일 수 있다. 이런 반응을 유도

하는 것은 합리적이다. 일반적인 믿음과 달리 과속 단속용 카메라의 목적은 과속 차량 적발보다는 차량들의 속도를 줄이는 것이기 때문이다. 오해가 생기는 것은 '비용 회수'를 생각하는 사람들이 많기 때문일 것이다. 적어도 카메라 설치와 운영을 위한 비용의 일부는 뽑아야 할 것 아니냐는 생각 말이다. 사실 과속 단속용 카메라는 세금을 거두는 하나의 방편으로 보일 수 있다. 과속 단속용 카메라가 실제로는 안전 운전을 유도하는 수단인데도 여전히 논란을 일으키는 이유다.

과속 단속용 카메라가 논란을 일으키는 이유는 이 외에도 많다. 또 다른 이유는 그 카메라가 실제로 사고를 줄이는 효과가 있느냐 하는 근본적인 질문이다. 이 질문에 대한 대답은 선택의 법칙과 얽혀 있다. 선택의 법칙은 과속 단속용 카메라가 사고를 줄이는 효과를 과장한다. 5장에서 이런 작용을 잠깐 살펴보면서 '평균으로의 회귀'라는 개념을 접한 바 있다. 선택의 법칙과 관련이 있는 이 현상에 대해 프란시스 골턴은 19세기에 '평균으로의 회귀'라는 표현으로 언급했다.[5]

골턴은 근대과학의 창시자 중 하나로 특출한 인물이었다. 찰스 다윈Charles Darwin의 사촌이었으며, 과학이 오늘날처럼 여러 분야로 나뉘지 않았던 당대에 걸맞게 통계학, 기상학, 범죄학, 심리측정학, 인류학, 유전학을 비롯한 다양한 분야에서 큰 족적을 남겼다.

골턴은 부모에게 극단적으로 나타나는 특징이 자식에게는 덜 극단적으로 나타날 가능성이 높음을 발견했다. 예컨대 어머니와 아버지의 키가 모두 매우 크면, 자식의 키는 크기는 해도 부모보다는 평균에 더 가까운 경향이 있었다. 마찬가지로 키가 작은 부모는 평균보다 작지만, 자신들보다는 큰 자식을 낳는 경향이 있었다. 골턴은 다른 유전적 특징들에서도 똑같은 현상이 나타난다고 보았다. 마치 어떤 생물학적 메커니즘이 세대들을 끌어당겨 평균 키에 가까워지게 만드는 듯했다. 골턴의 천재성은, 이렇게 대상들을 다시 평균 쪽으로 끌어당기는 외견상의 힘이 단지 통계적 선택 현상의 결과, 다시 말해 (비록 그는 이 용어를 사용하지 않았지만) 선택의 법칙의 발현일 뿐임을 깨달은 데 있다.

평균으로의 회귀를 이해하기 위해 추상적인 예를 살펴보기로 하자. 행동의 심리적 의미, 교통안전 관련 수치들의 변화, 생물학적 메커니즘 따위는 몽땅 잊어버리자.

표준적인 정육면체 주사위 3,600개를 던졌다고 해보자. 순전히 우연으로 결과들이 나온다면, 600개 정도는 1이 나오고, 다른 600개 정도는 2가 나오고, 마지막으로 6이 나온 주사위도 600개 정도 되리라고 예상할 수 있다. 이제 6이 나온 주사위들만 골라낸다고 해보자. 골라낸 주사위들에서 나온 결과가 모두 6이므로, 그 결과들의 평균도 당연히 6이다. 이제 이 주사위를 모두 다시 던진다. 이번에도 우연적인 결과가 나온다면, 100개 정도는 1이 나오고, 또 다른 100개는 2가 나오고, 마지막으로 6이 나온 주사위도 100개 정도 되리라고 예상할 수 있다. 그럼 이 두 번째 던지기에서 나온 결과들의 평균은 얼마일까? 약 3.5([100×1+100×2+ … + 100×6]/600)다. 이 600개의 주사위들을 처음 던졌을 때 나온 평균은 6이었는데, 두 번째로 던지니 평균이 3.5로 떨어졌다. 이 같은 평균의 하강을 어떻게 설명할 수 있을까?

설명은 더할 나위 없이 간단명료하다. 1부터 6까지의 결과 각각이 나올 확률은 애당초 동일했다. 첫 번째 던지기에서 6이 나온 약 600개의 주사위를 골라냈을 때는 순전히 우연히 6이 나온 주사위들을 골라낸 것이었지, 그 주사위들은 전혀 특별하지 않았다. 따라서 다음 던지기에서 그것들은 평범한 주사위들의 행동 방식대로 약 3.5의 평균 결과를 산출했다.

이것은 선택의 법칙이 발현하는 한 방식이다. 6이 나왔다는 우연한 결과에 기초해 그 주사위들을 선택했지만, 그것들을 다시 던졌을 때 그 우연한 결과가 다시 나오리라고 예상할 근거는 없다.

이 예를 과속 단속용 카메라에 맞게 번안해보면 그 현실성이 드러난다. 일단 교통사고들이 순전히 우연으로 발생한다고 가정해보자. 주사위 3,600개 각각을 카메라 설치 후보지로, 주사위 던지기의 결과를 각 후보지에서 발생한 사고 건수(1부터 6까지)로 간주한다. 이때 확보한 카메라는 600대뿐이라고 가정하자. 따라서 후보지 3,600곳 중에서 실제로 카메라를 설치할 장소로는 당연히 사고가 가장 빈번히 발생하는 장소들을 선택할 것이다. 사고가 거의 안 일어나는 장소에 카메라를 설치하는 것은 누가 봐도 낭비가 아닌가. 따라서 사고 건수가 6인 장소 약 600곳에 카메라를 설치한다.

이듬해 카메라 설치 장소 각각에서의 사고 건수가 어떻게 달라졌는지 조사한다. 이 조사는 원래 6이 나온 주사위 600개를 다시 던지고 그 결과들을 조사하는 것과 마찬가지다. 이미 보았듯이, 순전히 우연으로 100곳쯤에서는 사고가 한 건, 또 100곳쯤에서는 두 건이 발생했을 테고, 마지막으로 여섯 건이 발생한 장소도 100곳쯤 나올 것이다. 따라서 카메라 설치 장소 600곳의 이듬해 사고 건수 평균은 (주사위 던지기 사례와 똑같은 계산에 따라) 약 3.5일이다. 자, 어떤가? 사고 빈도가 6에서 3.5로 대폭 감소한 것처럼 보인다! 그러나 이 감소는 카메라의 효과 유무와 아무 관련이 없다. 이것은 단지 선택의 법칙에서 비롯된 평균으로의 회귀 현상일 뿐이다.

　지금까지 살펴본 단순한 모형과 마찬가지로 현실에서도 과속 단속용 카메라는 가장 필요한 듯한 곳, 즉 사고 빈도가 가장 높은 곳에 설치된다. 그러나 현실에서는 그런 장소에서 사고가 빈번히 발생하는 것이 단지 우연이 아니다. 과속을 유발하는 긴 직선 구간 같은 장소는 본래 위험하다. 따라서 그런 장소에 카메라를 설치한 뒤 사고 건수가 줄었다면, 그것은 차량들의 속도를 낮추는 카메라의 효과와 평균으로의 회귀가 조합된 결과일 수도 있다.

　과속 단속용 카메라의 효과는 또 다른 까다로운 요인들과도 얽힌다. 교통량 증가, 운전면허 시험 개선, 차량 안전성의 지속적 향상(예컨대 잠김 방지 브레이크), 음주운전 예방 캠페인 등을 감안해 교통사고 데이터를 통계적으로 세심하게 분석해보면, 카메라 설치가 선택의 법칙을 뛰어넘는 효과를 발휘함을 알 수 있다. 카메라 216대에 대한 한 연구에 따르면, 카메라 설치 전후 연간 사망 및 중상 사고의 평균 건수는 226건에서 103건으로 감소했다. 연간 평균 123건이 줄어든 셈이다.[6] 그러나 그 연구는 이 감소량 중 약 78건이 선택의 법칙과 평균으로의 회귀에서 비롯되었음을 보여주었다. 그 밖에 21건도 교통 조건의 변화와 기타 조치에서 비롯된 사고 감소 경향을 반영한 것으로 보였다. 따라서 연간 사고 감소량 123건 중에 카메라의 효과로 돌릴 수 있는 것은 겨우 24건뿐이었다.

　이것만큼은 확실하다. 카메라는 사고 건수를 줄이고 생명을 구하지만, 만일 선택의 법칙의 작용을 간과한다면 카메라의 효과를 과대평가하게 된다.

　평균으로의 회귀 형태를 띤 선택의 법칙은 예상 밖의 온갖 상황에서 튀어나온다. 예를 들면 영화 제작사는 당연히 성공한 작품에 대해서만 속편을 만든다. 그러나 영화의 성공 여부는 영화의 내재적 가치뿐 아니라 무작위한 조건들에 의해 결정된다. 설령 속편이 전편에 못지않은 내재적 가치를 지녔더라도, 전편이 누린 무작위한 긍정적 조건들을 속편도 누릴 가능성은 낮다. 따라서 속편은 전편보다 성공할 가능성이 낮다.

칼 융은 《공시성》 1장에서 초심리학자 J. B. 라인이 수행한 초감각지각 실험 몇 건을 살펴보면서 이렇게 논평했다. "이 모든 실험에서 일관되게 나타나는 것 하나는 피실험자의 성적이 첫 시험 이후 감소하는 경향이다." 당신도 마찬가지겠지만, 나는 이 사실이 지극히 당연해서 따로 언급할 필요가 있나 싶다. 평균으로의 회귀는 바로 그런 성적 감소가 일어나야 한다고 말한다.

평균으로의 회귀 효과는 시간에 따라 위중한 정도가 오락가락하거나 시간이 지나면 자연적으로 치유되는 질병을 치료하는 과정에서 혼란을 일으키기도 한다. 의사들은 증상이 평소보다 위중해지면 처방을 내린다. 그 뒤에 증상이 호전되었다면 그것은 과연 처방 덕분일까? 만일 환자가 걸린 병이 시간에 따라 증상이 오락가락하는 유형의 질병이라면, 심각한 상황일 때 아무 치료 없이 기다리기만 해도 그의 증상이 개선되리라고 예상해야 한다. 그런데 숱한 돌팔이 의사와 사이비 치료사는 바로 그런 환자들을 상대로 떼돈을 번다. 당신도 할 수 있다. 환자의 증상이 나빠지기를 기다린 다음에 약을 주어라. 곧이어, 짜잔! 증상이 완화된다. 돌팔이는 이것이 전부 자신이 제공한 약의 효과라고 주장한다.

이 때문에 무작위 대조 실험randomized controlled trial이 매우 중요하다. 무작위 대조 실험에서는 동등한 환자들을 두 집단으로 나눠놓는 작업이 필수다. 한 집단은 효과를 검증할 필요가 있는 약을 받고, 다른 집단은 가짜 약을 받거나 아무 약도 받지 않는다. 어느 집단이 전자이고 어느 집단이 후자인지는 환자들도 모르고 연구자들도 모른다. 이때 증상 완화가 순전히 약의 효과가 아니라 평균으로의 회귀 때문이라면, 두 집단은 같은 속도로 회복된다.

아서 쾨슬러Arthur Koestler의 《우연의 일치의 뿌리The Roots of Coincidence》에는 평균으로의 회귀를 인식하지 못한 경우, 예상 가능한 일을 설명하기 위해 갖가지 이야기를 꾸며낼 수 있음을 보여주는 우스꽝스러운 사례가 등장한다. "심지어 가장 열정적인 피실험자들도 각 시험 회기의 막바지에 이르면 성적이 현저히 떨어졌고, 몇 주나 몇 달 동안 집중적인 실험을 하고 나면 대다수의 피실험자가 특별한 재능(초감각지각 능력)을 완전히 상실했다. 그런데 이런 (한 시험 회기 동안 일어나는) '하락 효과'마저도 단순한 우연으로 간주되지 않고, 어떤 인간적인 요인이 성적에 영향을 미친다는 또 하나의 증거로 여겨졌다."[7]

평균으로의 회귀 효과는 어디에나 있다. 일단 이 현상에 대한 경계심을 품고 나면, 어디에서나 이 현상을 볼 수 있다. 점수, 결과, 반응에 무작위성이 섞여 있는 경우라면 언제나 평균으로의 회귀가 일어난다. 예컨대 시험, 검사, 직장, 스포츠 경기 등에서 거둔 성적(실적)을 생각해보자. 진정한 실력, 성실성, 기타 요인들이 성적을 좌우한다는 사실은 명백하다. 그러나 성적은 또한 어느 정도 우연에 의해 결정된다. 우수한 성적을 거둔 것은 시험 당일에 기분이 특히 좋았거나 시험 문제가 우연히 예상과 맞아떨어졌기 때문일 수 있다. 우수한 실적을 올린 것은 유망한 거래처의 대표가 알고 보니 고교 동창이기 때문일 수도 있다. 우수한 성적에 끼어 있는 우연의 몫은 다음번에는 줄어들 개연성이 높은데, 그때는 마치 퇴보한 것처럼 보인다. 평균으로의 회귀가 주는 교훈은 결과를 보이는 대로 덥석 받아들이지 말라는 것이다. 극단적으로 좋은 성적은 주로 우연의 산물일 가능성이 높다. 나아가 극단적으로 좋은 성적이 어느 정도는 '유리한' 우연에서 비롯된다면, 극단적으로 나쁜 성적도 어느 정도는 '불리한' 우연에서 비롯된다.

이 모든 이야기에서 거의 모든 유형의(스포츠 팀, 외과의사, 학생, 대학교 등의) 순위에 적용되는 명확한 메시지를 읽어낼 수 있다. 만일 높은 순위에 우연의 몫이 많이 끼어 있다면, 다음번 순위는 낮아질 개연성이 높다.

심리학자 대니얼 카너먼^{Daniel Kahneman}은 2002년 노벨경제학상 수상 직후 쓴 자전적 에세이에서 이에 대해 다음과 같이 말했다.

> 나는 비행 교관들에게 기술 학습을 촉진시키려면 벌보다 칭찬이 더 효과적이라는 점을 가르치려 애쓰다가 내 경력을 통틀어 가장 만족스러운 깨달음을 얻었다. 내가 열정적인 강연을 마치자, 청중 가운데 가장 경력이 많은 축에 드는 교관 하나가 손을 들더니 나름의 짧은 연설을 했다. 그는 긍정적인 강화가 새들에게는 좋을 수도 있을 거라며 말문을 열더니 곧이어 조종사 후보생들에게는 긍정적인 강화가 최적의 방법이 아니라고 반발했다. 그는 말했다. "곡예비행을 완벽하게 해낸 후보생을 제가 많이 칭찬해봤습니다. 그런데 그렇게 칭찬을 해주면 대개 다음번에는 더 못하더라고요. 반면에 형편없는 비행을 한 후보생에게 고함을 지른 적도 많습니다. 그러면 대개 다음번에는 더 잘해요. 그러니 우리 교관들에게 강화는 효과적이고 벌은 효과가 없다는 얘기는 하지 말아주세요. 진실은 정반대거든요."[8]

진실은 조종사 후보생들의 성적에서도 평균으로의 회귀가 일어난다는 것이다!

보고 싶은 것만 보기

선택의 법칙은 과학에서 이른바 '선택 편향'으로 나타난다. 이미 2장에서 선택 편향을 언급한 바 있다. 18세기 후반에 윌리엄 위더링William Withering은 '디기탈리스foxglove'라는 식물이 당시에 '수종dropsy'(조직 내에 조직액이 과다한 상태-옮긴이)으로 불린 증상을 완화하는 효과가 있음을 발견했다. 그는 〈디기탈리스의 의학적 효능에 관한 설명An Account of the Foxglove and Some of Its Medical Uses〉에서 이렇게 썼다. "치료가 성공적으로 이루어진 사례들만 선택해서 제시했다면 일이 수월했을 것이다. 그렇게 했다면 그 약을 옹호하는 데도 큰 도움이 되고 어쩌면 나 자신의 평판도 높아졌을 것이다. 그러나 진실과 과학은 그런 행동을 저주한다. 그러므로 나는 적절했건 부적절했건, 그 결과가 성공적이었건 그렇지 않았건 관계없이 디기탈리스를 처방한 모든 사례를 언급했다."[9] 위더링은 사례의 선택이 오류를 유발할 수 있음을 알고 이를 피하기 위해 애썼던 것이다.

나는 《정보 세대: 데이터는 어떻게 우리의 세계를 지배하는가Information Generation: How Data Rule Our World》[10]에서 과학사에서 아주 유명한 인물들이 자신의 선입견을 뒷받침하기 위해 실험 결과들을 선별한 것으로 보이는 사례를 여러 건 서술했다. 대다수 감염병이 미생물에 의해 유발됨을 발견한 루이 파스퇴르Louis Pasteur나 전자의 전하량을 측정해낸 로버트 밀리컨Robert Millikan 등이 그런 인물이다. 밀리컨은 데이터 선별에 대한 입장이 매우 노골적이었다. "질 낮은 데이터가 다른 관찰 결과들과 일치하지 않았다면 나는 그 데이터를 버렸을 것이다."[11] 그가 굳이 이런 말을 한 것은 어쩌면 그 자신도 데이터 선별의 위험성을 알았기 때문이리라 짐작된다.

실험 결과들을 선별하는 것 외에 결론을 왜곡하는 또 다른 방법은, 검증하려는 가설이 무엇인지를 실험과 데이터 수집을 행한 다음에 결정하는 것이다. 이런 행동을 일컬어 '하킹 HARKing'이라고 한다. '하킹'은 '결과를 안 다음에 가설을 정하기 Hypothesizing After the Results are Known'를 축약해 만든 단어다. 말할 필요도 없겠지만, 만일 당신이 하킹을 한다면 데이터에 의해 뒷받침된 가설을 쉽게 얻을 수 있다. 이런 식으로 표현하면 하킹의 위험성은 자명할 테지만, 하킹의 효과는 대개 미묘하게 나타난다. 예를 들어 과학자는 원천 데이터에서 일부를 선별하고, 선별된 데이터에서 특정한 경향의 단서를 포착한 다음 동일한 원천 데이터를 놓고 더 정밀한 통계학적 분석과 검증을 수행해 그 경향이 유의미한지 확인한다. 그러나 애당초 어떤 경향의 단서를 포착하는 순간, 결론의 왜곡은 불가피해진다.

선택 편향의 또 다른 버전은 출판 편향이다. 이것 역시 2장에서 언급한 바 있다. 출판 편향이란 과학 저널이 어떤 현상을 보여주는 데 실패했다는 내용의 논문보다 성공했다는 내용의 논문을 더 선호하는 경향이 있다는 것이다. 이 경향은 '서류함 효과 file drawer effect'로도 불린다. 일부 연구 결과는 논문으로 완성되었으나 과학 저널에 실리지 못하고 끝내 서류함 속에 머문다는 뜻이다.

출판 편향은 충분히 납득할 만하다. 어떤 약이 유효하다고 결론짓는 논문은 그 약이 무효하다고 결론짓는 논문보다 본질적으로 더 흥미롭다. 따라서 논문 저자들은 후자의 논문보다 전자의 논문을 투고하기를 선호할 테고, 편집자들도 저널에 전자의 논문을 실을 가능성이 더 높다. 생각해보라. 약이 무효하다는 내용의 논문들로 자신의 저널을 채우고 싶은 편집자가 어디 있겠는

가. 문제는 출판 편향으로 인해 대중에게 약의 효과에 대한 그릇된 인상이 유포되는 것이다.

안타깝게도 상황은 갈수록 악화되고 있다. 약효를 검증할 때는 대개 실험이 여러 번 실시된다(복수의 임상실험은 의약품 규제 당국의 요구 사항이다). 그러나 간과하지 말아야 할 것은 증상의 정도가 시간에 따라 바뀔 수 있다는 사실이다. 설령 약이 무효하더라도 일부 환자는 순전히 우연으로 증상이 완화되기에 일부 실험에서는 실제로 무효한 약도 유효하다는 결과가 나올 수 있다. 이 대목에서 출판 편향이 끼어든다. 실험 결과를 서술하는 논문이 작성되어 저널에 투고되어야 한다. 그런데 이미 살펴보았듯 약효가 '없다는' 논문보다 '있다는' 논문이 작성되고 투고되고 출판될 가능성이 더 높다. 일종의 선택 과정이 진행되고, 그 와중에 순전히 우연으로 일어난 효과를 부각하는 논문들이 과도하게 많이 투고되고 출판된다. 반면에 반대 취지의 논문들은 찬밥 신세가 된다.

출판 편향의 흥미로운 귀결은 출판된 '발견'이 나중에 반박되는 것이다. 주사위 던지기나 교통사고의 예와 마찬가지로 이 경향은 평균으로의 회귀에서 비롯된다. 만일 어떤 치료법이 발휘하는 듯한 효과를 우연의 덕으로 돌릴 수 있다면, 나중에 그 치료법을 다시 쓰거나 효과 검증 실험을 다시 할 때 그 효과가 사라지리라고 예상할 수 있다. 스탠퍼드의과대학교의 유행병학자 존 요아니디스John Ioannidis는 이 문제에 대해 "현재 출판되는 연구 결과의 대다수가 거짓이라는 우려가 점점 더 커지고 있다"라고 강하게 비판했다.[12]

선택의 법칙이 유발하는 왜곡의 또 다른 예로 대중 언론과 웹사이트가 실시하는 수많은 자기선택적 설문조사self-selected survey를 들 수 있다. 어떤 설문조사든 신뢰할 만한 결과를 도출하려면 표본 응답자들을 신중하게 선택해야 한다. 그래야만 설문조사 결과가 표본 집단의 일반적 견해를 대표할 수 있다. 특히 특정한 대답을 할 가능성이 높은 사람이 표본 집단에 들어올 가능성이 높게 설문조사를 설계하는 것은 금물이다. 이는 누구라도 고개를 끄덕일 만한 만한 사실이다. 그런데도 수많은 잡지와 신문과 인터넷이 그런 엉터리 설문조사 결과로 넘쳐난다. 그런 설문조사의 불합리성을 생생히 느끼기 위해 다음과 같은 극단적인 경우를 상상해보자. 잡지가 독자들을 상대로 설문조사를 하는데, 질문은 딱 하나다. "당신은 잡지의 설문조사에 응하십니까?" 이런 식으로 설문조사를 하면 "예"라고 답변하는 응답자가 "아니요"라고 답변하는 응답자보다 압도적으로 많을 수밖에 없다. 따라서 하나 마나 한 설문조사가 되어버린다.

내가 가장 좋아하는 예는 월간지 《보험계리사 The Actuary》 2006년 7월호에 실린 것이다. 거기에 이런 짧은 '공고'가 실려 있다. "두 달 전에 본지는 독자 여러분, 총 1만 6,245명에게 보험계리사 자녀의 성생활에 관한 온라인 설문조사에 응해줄 것을 요청했습니다 … 고맙게도 일부 독자가(실은 13명) 설문조사에 응했습니다." 《보험계리사》는 이렇게 작은 표본에 근거해 어떤 결론을 내리는 것은 불합리함을 인정했다. 그러나 애당초 이런 자기선택적 설문조사를 실시하는 것 자체가 위험하다는 점은 인정하지 않는 듯했다. 공고의 결론은 이랬다. "이 결과에서 얻을 수 있는 결론 하나는 보험계리사들은 온라인 설문조사에 응하지 않는다는 것입니다."

우리는 선택의 법칙이 일으키는 왜곡을 경계할 필요가 있다. 특히 그런 왜곡 때문에 사건의 개연성이 실제보다 더 낮게 보일 가능성을 경계해야 한다.

선택의 법칙이 미묘한 방식으로 발현하는 예를 몇 개 더 보기로 하자. 첫 번째 예는 큰 불확실성이 유리할 수 있음을 보여준다.

가장 유능한 사람을 채용하기 위해 구직자들을 상대로 시험을 실시한다고 해보자. 그런데 시험 성적은 능력의 척도로 완벽하지 않다(학생 시절에 쳤던 시험들을 생각해보라. 어떤 문제들이 나왔는지, 간밤에 잠을 잘 잤는지 등에 따라 성적은 때로는 기대 이상이었고 때로는 이하였을 것이다). 구직자 20명이 찾아왔으며 그들의 능력은 동등하다고 가정하자. 시험을 여러 번 실시한다면 그들의 평균 점수는 대체로 비슷할 것이다. 그런데 구직자 열 명은 다른 열 명보다 점수의 변동 폭이 훨씬 더 크다면 어떻게 될까?

예컨대 열 명의 점수는 45점에서 55점 사이인 반면, 다른 열 명의 점수는 20점에서 80점 사이일 수 있다. 어느 쪽 집단에 속한 사람이든 평균 점수는 50점으로 똑같지만, 둘째 집단에 속한 사람들은 점수의 변동 폭이 훨씬 더 크다. 만일 우리가 시험에서 최고 점수를 얻은 구직자를 채용하기로 한다면, 가변성이 더 큰 둘째 집단에 속한 사람이 채용될 가능성이 훨씬 더 높다. 요컨대 구직자들의 평균 능력이 동등하더라도, 아무래도 높은 점수를 받은 구직자를 선호하는 편향이 작용한다. 고용주에게 이것은 명백히 불리한 편향이다. 왜냐하면 시험 성적이 직무 능력을 제대로 반영한다면, 뽑힐 가능성이 가장 높은 직원은 직무 실적에서도 가변성이 클 가능성이 높기 때문이다.

다음 예로 열 가지 약을 비교하기 위해 환자 30명으로 이루어진 서로 다른 10개의 집단에 처방한다고 해보자. 설령 약의 효과가 모두 같다 하더라도, 치유 효과가 가장 잘 나타나는 집단이 분명 있다. 그런데 만약 그 집단에서의 성과를 해당 약의 미래 효과로 예상한다면 우연을 근거로 삼는 셈이다. 최고 치유 성과는 실제 약효를 과장할 가능성이 높다. 만일 그 약을 또 다른 집단에 처방한다면, 평균으로의 회귀가 일어나 치유 성과가 처음보다 하락할 가능성이 높다.

임상실험에서 작동하는 선택의 법칙의 또 다른 예로 '탈퇴 편향dropout bias'이 있다. 임상실험에서는 원래 참여했던 환자들이 중도에 그만두어 참여 환자의 수가 점점 줄어드는 일이 종종 일어난다. 환자들이 실험에서 빠지는 이유는 이사하거나 사망하거나 단순히 실험 참여가 지겨워졌기 때문일 수 있다. 그러나 일부 환자가 증상의 완화를 느껴 더는 병원에 올 이유가 없어졌기 때문에(즉 약이 효과를 발휘하기 때문에) 이 같은 환자 수 감소가 일어난다고 가정해보자. 그렇다면 임상실험에 끝까지 남는 환자들은 주로 치유 효과를 보지 못한 환자일 것이다. 따라서 중도 탈퇴자들을 어떤 식으로든 분석에 포함하지 않는다면 실은 약효가 있는데도 없다는 결론이 내려진다.

'기간 편향length-time bias' 역시 선택의 법칙에서 기인한 또 다른 왜곡이다. 이 왜곡은 선택의 확률이 시간의 길이에 의존할 때 일어난다. 예컨대 평범한 감기가 평균적으로 얼마나 오래 가는지 조사한다고 해보자. 이를 위해 1월 1일에 감기를 앓고 있는 (그래서 병원에 온) 사람들을 상대로 언제부터 증상이 시작되었는지 묻고 그들의 증상이 언제 사라지는지 추적한다. 문제는 감기를 오래 앓는 사람들이 조사에 포함될 가능성이 더 높다는 점이다. 작년 언젠가부터 무려 1년 동안 감기를 앓고 있는 사람은 이 조사에 확실히 포함된다. 그러나 작년 언젠가에 딱 하루 감기를 앓은 사람은 이 조사에 포함될 가능성이 낮다. 사람들이 감기에 걸릴 확률이 날짜와 상관없이 어느 날이나 동일하다면, 감기를 딱 하루 앓은 사람이 조사에 포함될 확률은 겨우 365분의 1이다.

따라서 이 조사는 잠깐 동안만 감기를 앓은 사람의 수를 극적으로 과소평가한다. 바꿔 말해 이런 식의 조사를 통해 감기 증상의 평균 지속 기간을 계산하면, 실제보다 훨씬 더 긴 값이 결과로 왜곡되어 나온다.

이 밖에도 무수한 예를 들 수 있지만, 마지막으로 나는 누구나 경험했음직한 예를 들고자 한다. 바로 새로운 단어를 처음 배운 뒤 금세 다시 그 단어와 마주치는 상황이다. 이런 일이 일어나는 이유는 다양한데(나중에 다른 이유 몇 가지를 살펴볼 것이다), 그중 하나가 바로 선택의 법칙이다. 당신이 읽는 글 속에서 겨우 10년에 한 번 정도 출현할 만큼 드물게 쓰이는 단어들을 생각해보자. 이 출현 빈도는 평균이다. 즉 어떤 단어는 당신이 이제껏 읽은 모든 글에서 딱 한 번 출현했을 수도 있다. 그러나 당신이 평균적으로 10년에 한 번 출현하는 단어를 처음 접하고 나면, 10년보다 훨씬 더 짧은 시간 안에 다시 그 단어와 마주칠 가능성이 높다. 그러면 당신은 그 단어가 또 출현했다며 놀랄 것이다. 바로 이것이 선택의 법칙이다.

선택의 법칙은 다양한 관점에서 바라볼 수 있다. 이 법칙은 사후 선택을 통해 확률을 바꿀 수 있고 결과를 알 때까지 기다림으로써 예측의 실현을 보장할 수 있음을 보여준다. 비록 로또에 당첨될 확률을 높이는 법을 알려주지는 않지만 선택의 법칙은 로또에 당첨될 경우 당첨금을 늘리는 법을 알려준다. 선택의 법칙의 다른 얼굴인 평균으로의 회귀 법칙은 올라간 놈은 반드시 내려온다고 말해준다. 만일 당신이 우연의 도움으로 무언가를 아주 잘했다면, 다음번에는 그 성적이 덜 좋으리라고 예상해야만 한다. 이 법칙은 어디에서나 작동한다. 이 법칙에 익숙해지면 이 법칙의 예를 거의 매일 발견할 것이다.

다음 장에서는 선택의 법칙과 성격이 전혀 다른 '확률 지렛대의 법칙'을 살펴본다. 이 법칙은 생각의 미세한 차이가 확률에 엄청난 영향을 끼칠 수 있음을 보여준다.

확률 지렛대의 법칙: 나비의 날갯짓

우연은 준비된 정신만을 돕는다.

– 루이 파스퇴르

마치 시소처럼

당신은 자동차를 몰고 고속도로를 달리는 중이다. 경로는 이미 정해져 있다. 여기까지 오는 동안 당신은 눈여겨본 여러 지형지물을 지나쳤다. 그런데 문득 무언가 잘못되었다는 생각이 든다. 지도에서 저 마을의 이름을 본 기억이 없다. 당신은 계속 달리지만 낯선 지명들과 갈수록 많이 마주친다. 이제 당신은 여기가 어딘지 전혀 모른다. 온통 낯선 것들뿐이다(당신은 진작 내비게이션을 샀어야 한다는 후회가 들기 시작한다). 이 장의 핵심 개념은 이런 삐걱거리는 어긋남이 발생하는 원인인 세계 모형과 우연이다.

헤지펀드의 역사를 다룬 《신보다 더 많은 돈을 More Money Than God》에서 저자 세바스천 말라비 Sebastian Mallaby는 이렇게 썼다. "(1987년) 10월 19일에 S&P 500 선물 계약 가격이 그토록 급락할 확률은 10^{160}분의 1이었다. 10^{160}은 1 다음에 0이 160개 나오는 숫자다. 그 확률이 의미하는 바를 쉽게 설명하면, 설령 우주의 남은 수명 예상치의 상한선인 200억 년 동안 주식 시장이 계속 열려 있더라도, 이에 더해 우주가 종말을 맞은 후 다시 빅뱅이 일어나 새 우주가 200억 년 동안 존속하기를 20번 반복할 동안 계속 열려 있더라도 그 대폭락과 같은 사건은 일어나지 않으리라는 것이다.”[1] 보렐의 법칙에 따르면, 말라비가 제시한 예처럼 개연성이 낮은 사건들은 아예 일어나지 말아야 한다. 발생 확률이 아주 작은 사건은 결코 일어나지 않기 때문이다. 그리고 10^{160}분의 1은 누가 봐도 '아주 작은' 확률이다. 그런데 이게 웬일인가? 우리는 그토록 개연성이 낮은 사건을 1987년 10월 19일에 목격했다.

수수께끼의 해답은 내가 '확률 지렛대의 법칙'으로 명명한, 우연의 법칙의 한 가닥에 들어 있다. 역학에서 지렛대의 법칙은 무게가 다른 두 물체를 (마치 시소에 탄 두 사람처럼) 막대 위에 올려놓고 균형을 잡는 방법을 알려준다. 더 가벼운 사람이 균형점에서 더 멀리 떨어져 앉으면, 균형점에 가까운 곳에 앉은 더 무거운 사람과 대등한 힘을 발휘할 수 있다. 만일 더 무거운 사람이 약간 더 먼 곳에 앉거나 그의 무게가 약간 더 증가하면, 지렛대가 기울어져 더 가벼운 사람이 위로 솟구친다. 확률 지렛대 법칙의 요점은 이와 유사하게 상황이 미세하게 바뀌면 확률이 엄청나게 달라질 수 있다는 것이다. 즉 상황의 미세한 변화로 미미한 확률이 엄청나게 높은 확률로 바뀔 수 있다.

논의를 더 진행하기에 앞서 내가 방금 인용한 말라비의 글에서 의도적으로 한 대목을 누락했음을 고백해야겠다. 그 글의 맨 첫 부분에는 '정규확률분포를 감안할 때'라는 단서가 붙어 있다. 앞서 3장에서 정규분포를 살펴본 바 있다. 정규분포는 몇몇 상황에서 우리가 관찰이나 측정을 했을 때 특정한 값을 얻을 확률이 얼마인지 보여준다.

말라비의 견해를 온전히 전달하면 다음과 같다. 만일 주가가 요동치는 규모가 정규분포를 따른다고 전제하면, 1987년 10월 19일에 일어난 S&P 500 선물 계약 가격 급락이 발생할 확률은 10^{160}분의 1이다. 자, 이제 생각해보자. 과학 이론이 관찰 데이터와 일치하지 않는다면, 그 이유는 여러 가지다. 첫째, 데이터에 문제가 있다. 즉 측정에 모종의 오류가 있을 수 있다. 둘째, 이론 자체에 어떤 오류가 있다(말하자면 이론이 발 디딘 전제가 옳지 않은 것이다).

시장 가격의 요동이 정규분포를 따른다는 전제는 매력적이다. 정규분포는 아주 깔끔한 수학적 속성들을 지녔기 때문에, 정규분포를 이용한 이론과 예측은 쉽게 완성할 수 있다. 게다가 이미 언급했듯이 측정값들은 흔히 근사적으로 정규분포를 따른다. 그러나 '근사적으로'라는 단서가 중요하다. 실제로 오늘날 금융 전문가들은 금융시장의 요동이 정규분포를 근사적으로는 따르지만 정확히는 따르지 않음을 인정한다. 그리고 확률 지렛대의 법칙은 그 같은 정규분포로부터의 미세한 이탈을 증폭시켜 거대한 효과를 산출할 수 있으며, 그 결과는 말라비가 서술한 사례처럼 극적일 수 있다.

확률 지렛대의 법칙이 어떻게 작용하는지 이해하기 위해 우선 정규분포를 더 자세히 들여다볼 필요가 있다.

정규분포

3장에서 나는 정규분포의 모양이 흔히 '종'과 유사하다고 언급했다. 하지만 수학자들은 그 모양을 더 정확하게 정의한다. 평균값을 입력하고 그 값을 중심으로 다른 값들이 얼마나 넓게 퍼져 있는가를 입력하면 정규분포의 모양을 알려주는 명확한 공식이 있다. 평균값('평균'으로도 부름)을 알고 값들이 퍼진 정도('표준편차')를 알면, 무작위로 선택한 값이 특정한 구간 안에 놓일 확률을 정규분포 공식을 통해 정확히 계산할 수 있는 것이다. 예컨대 무작위로 선택한 값이 0과 1 사이 또는 −1과 +2 사이에 놓일 확률을 정확히 계산할 수 있다.

이 정규분포들을 아동 집단 셋의 시험 점수로 생각해보자. 서로 다른 세 가지 방법으로 교육받은 아동들의 점수라고 하면 적절할 듯하다. 정규분포 각각의 중앙에는 평균값이 위치한다. 임의의 점수에서 곡선의 높이는 그 점수 근처의 값을 얻을 확률을 보여준다. 알다시피 그 확률은 각 분포의 중앙 근처에서 가장 높다. 따라서 임의의 집단에서 무작위로 아동 한 명을 고른다면, 그 아이의 점수는 그 집단의 평균 근처일 가능성이 가장 높다. 동시에 그 아동의 점수가 극단적으로 높거나 낮을 확률은 낮다. 정규분포 곡선들의 높이는 중앙에서 멀어질수록 '좌우 대칭'으로 점점 더 낮아진다. 이는 무작위로 고른 학생의 점수가 예컨대 평균보다 3점 높을 확률과 3점 낮을 확률이 같음을 의미한다.

[그림7.1]은 세 가지 정규분포를 보여준다. 정규분포 A는 평균이 10, 퍼진 정도가 1이다. 정규분포 B도 평균은 10이지만 퍼진 정도는 2로 더 크다. 더 많이 퍼졌기 때문에, 평균에서 멀리 떨어진 위치에서는 B 곡선의 높이가 A 곡선의 높이보다 더 높다. 예컨대 측정값 6과 14에서 A의 높이는 사실상 0인 반면, B의 높이는 비교적 높다. 따라서 정규분포 A에 비해 정규분포 B에서는 극

단적인 값이 나올 확률이 더 높다.

이 그림이 세 아동 집단의 시험 점수의 정규분포라고 생각하면, B 집단의 아동들은 A 집단의 아동들보다 더 극단적인 점수를 얻는 경향이 있다(이런 차이는 단지 상상 속에만 있지 않다. 기이한 사실이지만, 몇몇 심리학적 검사에서 남자아이들의 점수는 여자아이들의 점수보다 더 넓게 퍼지는 특징을 보인다. 즉 남자아이들 중에는 평균 근처의 점수를 얻는 아이들이 비교적 적고 아주 높거나 아주 낮은 점수를 얻는 아이들이 비교적 많은 경향이 있다).[2]

분포 C는 A와 퍼진 정도는 같지만 평균이 다르다. 평균적으로 C 집단에 속한 아이의 점수는 A나 B에 속한 아이의 점수보다 더 높다. 그러나 분포 C에서 값들이 평균을 중심으로 퍼진 정도는 분포 A와 같다. C 집단에 속한 아이

그림7.1 | 세 가지 정규분포. A는 평균이 10, 퍼진 정도가 1이다. B는 평균이 10, 퍼진 정도가 2다. C는 평균이 16, 퍼진 정도가 1이다.

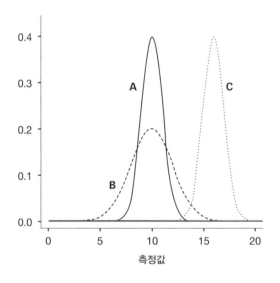

가 자기 집단의 평균보다 3점 높은 점수를 얻을 확률은 A 집단에 속한 아이가 자기 집단의 평균보다 3점 높은 점수를 얻을 확률과 같다.

반드시 기억해야 할 핵심은 이것이다. [그림7.1]이 보여주는 세 가지 정규 분포는 서로 다르다. C는 오른쪽으로 옮겨져 있고, B는 눌려 찌그러진 듯하 다. 그러나 이런 차이에도 불구하고 그 정규분포는 모두 똑같은 기본 모양을 가졌으며, 이 모양은 명확한 수학 공식에 의해 정해진다. 그리고 정규분포란 바로 이 모양을 의미한다.

10-시그마 사건

이제 정규분포에 대한 기본 지식을 갖췄으니, 1987년 10월 19일에 일어난 주가 폭락으로 돌아가자. '검은 월요일Black Monday'로 명명된 그날, 다우존스 산 업평균지수는 22.6퍼센트 떨어져 사상 최대의 하락폭을 기록했다. 그리고 그 달의 마지막 날, 전 세계 주가는 극적으로 떨어졌다. 미국 주가는 23퍼센트, 영국은 26퍼센트, 오스트레일리아는 42퍼센트 하락했다.

그로부터 약 10년 뒤인 1998년, 헤지펀드 운용회사 롱텀 캐피털 매니지먼 트가 망했다. 로저 로웬스타인Roger Lowenstein은 그런 사건이 일어날 확률에 대해 이렇게 말했다. "그 회사가 지속적으로 불운을 맞을, 이를테면 한 달 동안 자 본금의 40퍼센트를 잃는 일이 거듭될 확률은 상상할 수 없을 정도로 낮다 … 실제 계산 값에 따르면 그 회사가 1년 안에 자본금 전체를 잃으려면 이른바 '10-시그마 사건ten-sigma event'이 일어나야 했다."[3]

'10-시그마 사건'이란 개연성이 극단적으로 낮은 사건을 의미한다. 이 용어는 정규분포가 퍼진 정도를 바탕으로 한다. 그 퍼진 정도, 즉 정규분포의 표준편차는 대개 그리스어 철자 'σ(시그마)'로 표기된다. 10-시그마 사건이란 정규분포에서 평균보다 표준편차가 열 배 이상 큰 값을 의미한다. 때로는 양쪽 방향을 모두 고려하기도 한다. 이 경우 10-시그마 사건이란 평균보다 표준편차가 열 배 이상 크거나 열 배 이상 작은 값을 의미한다. 정규분포는 좌우 대칭이므로 평균보다 표준편차가 열 배 이상 크거나 작은 값을 발견할 확률은 평균보다 표준편차가 열 배 이상 큰 값을 발견할 확률의 두 배다. 정규분포의 모양을 보면 알 수 있듯이, 평균에서 멀리 떨어진 극단적인 값이 발견될 확률은 낮다. 그리고 평균에서 멀리 떨어진 값일수록 발견될 확률은 더 낮다. 따라서 10-시그마 사건의 확률은 5-시그마 사건의 확률보다 훨씬 더 낮다. 구체적으로 얼마나 낮은지는 [표7.1]에서 확인할 수 있다. 이 표는 5-시그마, 10-시그마, 20-시그마, 30-시그마 사건이 일어날 확률을 보여준다. 5-시그마 사건(정규분포에서 평균보다 표준편차의 다섯 배 이상 큰 값)의 확률은 약 2.867×10^{-7}, 약 350만 분의 1이다. 10-시그마 사건의 확률은 약 130,000,000,000,000,000,000,000분의 1이다.

롱텀 캐피털 매니지먼트가 망하고 약 10년이 지난 2007년 8월, 또 다시 금융위기가 닥쳤다. 골드만삭스의 최고재무책임자는 그 사건을 "25-표준편차 사건들이 여러 날 동안 연달아 일어난 것"으로 묘사했다. 빌 보너Bill Bonner는 《머니위크MoneyWeek》에 기고한 글에서 이렇게 말했다. "10만 년에 한 번 정도만 일어난다고 여겨진 일들이 지금 일어나고 있다."[4]

이런 금융 충격들은 이제 익숙한 재난이 되어가고 있다. 2007년부터 3년

표7.1 | 정규분포에서 5−시그마, 10−시그마, 20−시그마, 30−시그마 사건의 확률

5−시그마 사건의 확률	350만 분의 1
10−시그마 사건의 확률	1.3×10^{23}분의 1
20−시그마 사건의 확률	3.6×10^{88}분의 1
30−시그마 사건의 확률	2.0×10^{197}분의 1

뒤인 2010년 5월 7일 금요일, 데니스 가트먼$^{Dennis\ Gartman}$은 《가트먼레터^{The} $^{Gartman\ Letter}$》를 통해 이렇게 말했다. "우리는 어제 전례가 전혀 없는 수준의 변동이 연속되는 것을 목격했다. 6−표준편차, 7−표준편차, 8−표준편차만큼 정상을 벗어난 통화 가격 변동들이 일어났다 … 심지어 들어보지도 못한 12−시그마 사건까지…. 우리는 종 모양 곡선의 가장자리에 해당하는 그런 엄청난 가격 변동은 수천 년에 한 번만 일어날 수 있다고 배웠다."[5]

아마 당신도 동의하겠지만, "전례가 전혀 없다"는 가트먼의 말과 정반대로 그런 사건들은 전례가 '더할 나위 없이 뚜렷하게' 있는 사건이 되어가는 중이다. 더구나 내가 언급한 사건들은 금융위기들의 기나긴 연쇄에서 최근에 일어난 것들에 불과하다. 경제학자 카르멘 라인하트$^{Carmen\ Reinhart}$와 케네스 로고프$^{Kenneth\ Rogoff}$가 연구한 금융위기 역사는 800년에 걸쳐 있다.[6] 사정이 이렇다면, 그런 사건들의 우연성(적어도 위에 인용한 저자들에 따르면 그런 사건들이 일어날 개연성은 극도로 낮다는 사실)과 그런 사건들이 계속 일어난다는 사실은 어떻게 조화시킬 수 있을까?

빌 보너는 10만 년에 한 번 정도만 일어나야 할 일들이 일어나고 있다는

언급에 덧붙여 이렇게 말했다. "그 사실이 틀렸거나 … 골드먼의 모형이 틀렸거나 둘 중 하나였다." 정확히 말하자. 그 모형은 틀렸다. 실제로 그 모형은 가격 변동이 정규분포를 따른다고 전제했다. 말라비 덕분에 우리가 주목하게 된 그 분포 말이다. 만일 그 전제가 틀렸다면, 가격 변동들이 정규분포가 아닌 다른 분포를 이룬다면, 어쩌면 그런 금융위기들을 예상해야만 했을지도 모른다. 이것이 확률 지렛대의 법칙의 핵심이다. 모형을 약간 바꾸거나 우리의 믿음이 약간만 부정확해도, 확률에 엄청나게 큰 영향을 끼칠 수 있다.

정말 '예외'인가

시장의 요동들이 정규분포를 이루지 않는다면 어떤 모양의 분포를 이룰까? [그림7.2]는 정규분포와 미묘하게 다른 또 하나의 분포를 보여준다. 그림에서 실선은 평균이 10, 퍼진 정도가 1인 정규분포를 나타내고, 점선은 이른바 '코시분포Cauchy distribution'를 나타낸다(이 명칭은 프랑스 수학자 오귀스탱 코시 Augustin Cauchy 에게서 유래했다. 코시는 수학 개념들에 자신의 이름을 어느 누구보다 많이 남겼다).[7] 코시분포와 정규분포는 서로 다르다. 다른 공식으로 기술되고, 각각의 값에 다른 확률을 부여한다. 그러나 보다시피 두 분포는 크게 다르지 않다. 두 분포는 아주 쉽게 혼동될 만하다. 코시분포 곡선을 보면서 정규분포 곡선이라 생각하기 십상이다.

이런 미묘한 차이가 과연 중요한지 보기 위해 정규분포를 비슷한 모양의 코시분포로 바꾸면 20보다 큰 값들의 확률이 어떻게 달라지는지 살펴보자.

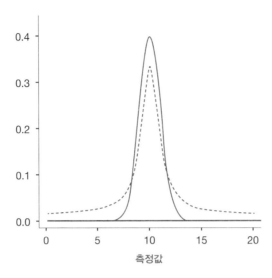

그림7.2 | 정규분포(실선)와 코시분포(점선)의 비교

이것이 아동들의 시험 점수 분포에 대한 것이라면 지금 아동이 '천재' 점수를 받을 확률을 살펴보는 셈이다.

[표7.1]에서 보았듯이 [그림7.2]의 정규분포에서 20점이 넘는 점수가 나올 확률은 겨우 1.3×10^{23}분의 1이다. 이 확률은 동전 던지기에서 77번 연속으로 앞면이 나올 확률과 엇비슷하다. 어마어마하게 작은 확률인 것이다. 보렐의 법칙에 따르면 확률이 이 정도로 작은 사건의 발생은 기대하지 말아야 한다.

반면에 코시분포에서 20점이 넘는 점수가 나올 확률은 31분의 1이다. 이 확률은 동전 던지기에서 다섯 번 연속으로 앞면이 나올 확률과 엇비슷하다. 상당히 큰 확률인 셈이다. 따져 보면 아동 100명 중에 약 세 명이 그런 점수를 받을 것이다(그 아동들은 천재 수준은 아니더라도 영리할 가능성이 있다). 만일 시험 점

표7.2 | 정규분포와 코시분포에서 5-시그마, 10-시그마, 20-시그마, 30-시그마 사건의 확률

	정규분포	코시분포
5-시그마 사건의 확률	350만 분의 1	16분의 1
10-시그마 사건의 확률	1.3×10^{23}분의 1	32분의 1
20-시그마 사건의 확률	3.6×10^{88}분의 1	63분의 1
30-시그마 사건의 확률	2.0×10^{197}분의 1	94분의 1

수가 코시분포를 이루는데 그 분포를 정규분포로 전제한다면, 천재 점수가 나올 확률을 실제보다 약 4.2×10^{21}배, 즉 4,200,000,000,000,000,000,000배 낮게 추정하게 된다. 이 정도면 어마어마한 과소평가다!

이 차이는 확률 지렛대의 법칙이 발휘하는 힘을 보여준다. 분포 모양을 [그림7.2]의 한 곡선에서 다른 곡선으로 조금만 바꿔도, 믿기 어려울 정도로 작았던 확률이 익숙한 사건들의 확률만큼 커질 수 있다. 당신이 탈 열차가 연착할 확률, 당신이 연필을 떨어뜨릴 확률 또는 소나기를 맞고 감기에 걸릴 확률만큼 말이다. 어떤 전제 아래에서 20점이 넘는 점수가 나오는 것은 우주의 역사를 통틀어 한 번도 일어나지 않을 것으로 예상될 만큼 개연성이 낮은 사건이다. 반면에 차이가 거의 느껴지지 않는 또 다른 전제 아래에서 그 사건은 매일 일어나리라고 예상해도 괜찮을 정도로 흔한 일이다.

[표7.2]는 [표7.1]의 확장이다. 정규분포에서의 확률 옆에 코시분포에서의 확률을 덧붙였다. 기억하겠지만, 5-시그마 사건이란 평균보다 표준편차가 다섯 배 이상 큰 값을 얻는 것을 말한다. 보다시피 코시분포를 전제하면 그런 '드문' 사건이 꽤 자주 일어나리라고 예상할 수 있다.

왜 그럴까?

앞서 확률 지렛대의 법칙에 대한 논의를 금융위기에 대한 언급으로 시작했다. 그러나 이 법칙과 관련해 금융 영역이 특별한 것은 아니다. 어느 영역에서나 분포에 미세한 변화가 생기면 결과의 어마어마한 차이가 발생한다. 확률의 분포는 흔히 정규분포로 전제되지만, 3장에서 지적했듯 정규분포는 자연에 존재하지 않는다. 관찰된 분포가 정확히 정규분포인 경우는 절대로 없다. 그리고 방금 살펴보았듯 정규분포와 약간 다른 분포를 정규분포로 전제하면 엄청난 결과를 불러온다.

실제 분포가 정규분포를 벗어나는 흔한 방식 하나는 오염^{contamination}이다. 오염은 다양한 방식으로 발생한다. 이를테면 한 집단이라고 여기던 것이 실은 서로 다른 부분 집단들의 합일 경우, 오염이 발생한다. 빵 덩어리들의 무게 분포를 생각해보자. 제빵사는 목표 무게를 맞추려 하지만 그 무게를 정확히 맞출 가능성은 낮다. 그가 만드는 빵 덩어리들은 때로는 약간 더 무겁고 때로는 약간 덜 무겁다. 그러나 목표 무게를 크게 벗어나는 경우는 드물며, 제빵사가 만든 빵 덩어리들의 무게는 정규분포를 근사적으로 이룬다. 그러나 제빵사의 조수가 빵 덩어리 몇 개를 만들었는데, 그는 빵에 들어가는 밀가루의 양을 과소평가하는 경향이 있다. 이제 빵집에서 생산되는 빵 덩어리들의 무게 분포는 제빵사가 만든 덩어리들의 무게 분포와 조수가 만든 덩어리들의 무게 분포의 조합이다. 제빵사의 빵 덩어리들이 이룬 정규분포는 조수의 빵 덩어리들이 이룬 분포에 의해 오염되어 왜곡된다.

또한 선택의 법칙 때문에 정규분포로부터의 이탈이 일어날 수도 있다. 가령 별들이 지닌 어떤 속성이 이론적으로 정규분포를 이룬다고 해보자. 그런데 현실에서는 가깝거나 밝은 별보다 멀거나 어두운 별을 관찰할 가능성이 더 낮다. 멀거나 어두운 별은 포착하기 어렵기 때문이다. 따라서 관찰 데이터의 분포에서 (평균보다 작은 값에 해당하는) 왼쪽 절반에는 더 적은 관찰 빈도가 기록된다. 결국 관찰 데이터의 분포는 대칭성을 잃고 정규분포를 벗어난다. 이 이탈은 데이터 수집 과정에서는 거의 느껴지지 않을 만큼 작더라도 확률 지렛대의 법칙 때문에 확률 추정에 엄청난 영향을 끼친다.

파국, 나비, 도미노

확률 지렛대의 법칙이 작동하는 현상은 그 밖에도 많다. 한 예로 돌발 이론catastrophe theory을 들 수 있다. 시스템을 약간 건드렸을 때 그 상태가 조금밖에 변하지 않으면 그 시스템은 안정 상태에 있다. 반면에 조건이 약간 달라지면 갑자기 큰 변화를 겪으면서 전혀 다른 상태로 되는 시스템도 있다. 예컨대 물 한 컵을 가열했다가 섭씨 10~20도로 식힌다고 상상해보라. 그러면 물의 온도가 높아졌다가 낮아지는 변화와 더불어 느끼기 어려울 정도로 작은 부피 변화만 일어난다. 이번에는 온도 변화의 폭을 넓혀 물을 섭씨 −4도로 냉각한다고 해보자. 온도가 0도를 통과할 때 극적인 변화가 일어난다. 즉 물이 언다. 0도 근처에서 일어난 온도의 미세한 변화는 물을 액체 상태에서 고체 상태로 바꿔놓는다. 돌발 이론은 이런 극적인 변화가 다양한 방식으로 발생할 수 있음을 보여준다.

또 다른 관련 현상으로 '도미노 효과domino effect'가 있다. 이 현상에서 시스템은 본래 불안정하다. 그래서 최초의 작은 변화가 작은 중간 사건들을 연속적으로 거쳐 거대한 변화를 유발한다. '도미노 효과'라는 명칭은 당연히 늘어선 도미노들에서 나왔다. 도미노들의 열에서 첫째 도미노가 쓰러지면 나머지 도미노들도 차례로 쓰러진다.

앞에서 카오스와 나비 효과를 살펴볼 때 시스템 초기 상태의 불확실성 또는 미세한 변화가 증폭되어 나중에 거대한 결과를 산출할 수 있음을 확인했다. 저명한 물리학자 마이클 베리Michael Berry는 나비 효과에 대해 설명한 바 있다.[8] 그는 우주에 있는 모든 물체가 중력으로 연결되어 있어서 한 물체를 건드리면 원리적으로 다른 모든 물체가 영향을 받을 것임을 지적했다. 물론 멀리 떨어진 물체들은 극히 미세한 영향만 받는다. 베리는 우주의 끄트머리에 있는(약 10^{10}광년 떨어져 있는) 전자 하나를 제거하는 것을 상상했다. 그리고 이 변화가 지구상에서 산소 분자 2개가 서로 충돌해 편향되는 각도에 어떻게 중력적 영향을 끼치는지 따져보았다.

베리는 산소 분자들이 약 56번 충돌하고 나면 그 편향 각도가 우주 끄트머리에 전자가 있을 때의 편향 각도와 전혀 달라질 수 있음을 보여주었다. 이제 공기 속에서 돌아다니면서 서로 충돌하고 다른 물체들이나 벽과도 충돌하는 산소 분자들의 경로를 추적해보자. 어떤 산소 분자라도 충돌이 채 60번도 일어나기 전에 우주의 끄트머리에 전자 하나가 있느냐 없느냐에 따라 전혀 달라질 것이다. 공기 속에서 기체 분자 각각은 평균적으로 약 100억 분의 2초마다 한 번씩 충돌하므로, 분자 하나는 매초 약 50억 회의 충돌을 겪는다. 따라서 우주의 끄트머리에서 전자 하나를 제거할 경우 그 변화의 중력적 영향이 지구에 도달한 뒤 1억 분의 1초만 지나도 내가 호흡하는 공기 속 산소 분자들의 경로가 완전히 달라진다.

마이클 베리는 당구를 치는 두 사람의 질량이 발휘하는 중력이, 당구대 위의 당구공들이 9번 충돌한 뒤의 편향 각도를 완전히 바꿔놓기에 충분하다는 사실도 증명했다. 두 사람이 당구대 주변에서 이동하면, 공들이 특정한 경로를 따를 확률이 극적으로 달라진다. 이것이 확률 지렛대의 법칙이다.

확률 지렛대 법칙의 원리를 이해하고 나면 이것이 적용되는 다른 예들도 쉽게 발견할 수 있다. 이 법칙은 초감각지각 실험들에서도 작동한다.

어느 초감각지각 실험

알리스터 하디Alister Hardy, 로버트 하비Robert Harvie, 아서 쾨슬러Arthur Koestler가 쓴 《우연의 도전The Challenge of Chance》에는 초감각지각에 관한 대규모 실험이 소개되어 있다.[9] 이 실험은 다음과 같다. 피실험자 200명이 큰 강당에 앉아 있다. 180명은 '발신자', 20명은 '수신자'이며, 수신자들과 발신자들은 격리되었다. 연구자들이 발신자들에게 그림을 제시하면 발신자들은 정신력을 집중해 그 그림을 수신자들에게 전달했다. 수신자 각각은 종이 한 장과 펜을 받았고, 그림이나 사진이 화면에 나타났음을 알리는 벨소리가 들릴 때 무엇이든 떠오르는 것을 대충 그리거나 짧은 말로 묘사하라는 지시를 받았다. 화면 속 그림이나 사진은 미리 준비한 집합에서 무작위로 선정했다. 그 책에는 그 실험에 쓰인 그림이 여러 장 실려 있다.

실험은 정교했다. 자발적인 피실험자 200명 모두가 발신자와 수신자의 역할을 번갈아 맡았으며, 매 시도에서 20명을 수신자로 선정하고 총 10회의 '시도'를 했다. 실험은 7주에 걸쳐 총 7일간 했으며 2회는 저녁에 진행되었다. 수신자 20명은 앞과 옆이 칸막이로 막혀 있고 전체적으로는 마치 교실 책상처럼 4행 5열로 배치된 작은 방 안에 앉았다. 발신자들은 수신자들의 방 앞과 옆에 앉았으므로 강당 끝 화면에 나타나는 그림과 사진을 볼 수 있었다. 반면에 수신자는 발신자도 화면도 볼 수 없었다.

매 회기를 시작할 때 알리스터 하디는 실험 과정을 설명하고 실험이 진행되는 동안 모든 사람이 반드시 침묵해야 함을 강조했다. 예컨대 한숨, 놀랐을 때 나오는 짧은 숨소리, 약간의 웃음처럼 화면 속 그림이나 사진에 대한 정보를 제공할 가능성이 있는 소리를 본의 아니게 내지 않도록 주의시켰다.[10] 또한 하디의 조수들은 수신자들 뒤에서 마치 시험감독관처럼 어슬렁거리며 수신자들 간이나 수신자와 발신자 간에 공모가 이루어지지 않도록 감시했다.

모든 과학 연구에서 직면하는 문제는 당신이 포착하는 현상이 원래 생각한 원인에서 기인한다고 100퍼센트 확신할 수는 없다는 점이다. 어쩌면 다른 무언가가 그 현상을 일으켰을지도 모른다. 이 문제를 극복하기 위해 과학자들은 대조군을 이용한다. 6장에서 약효 시험과 관련해서 대조군을 이미 접한 바 있다. 약효 시험에서 환자들은 두 집단(군)으로 나뉘며, 한 집단은 효과를 검사할 약을 받고 다른 집단은 가짜 약을 받는다는 점을 빼면 두 집단은 동등했다. 이렇게 두 집단이 오직 한 측면에서만 다르기 때문에 반응에서 차이가 나타난다면 그 차이는 한 집단이 효과를 검사할 약을 받았기 때문일 수밖에 없다.

하디는 이 문제를 잘 알았다. 그는 대조군을 두는 것(예컨대 발신자들에게 그림이나 사진 대신에 빈 화면을 보여주는 것)을 고려했지만 그러기에는 문제가 너무 많다고 판단했다. 납득할 만한 판단이었다. 피실험자 200명을 데리고 7일 동안 실험하는 것만으로도 충분했다. 빈 화면을 가지고 똑같은 작업을 한 번 더 할 필요는 없었다. 대신에 그는 '순열 검정$^{permutation\ test}$'이라는 정교한 통계학적 기법을 채택했다. 순열 검정에서 표적 이미지들은 다른 시도들에서 나온 반응들과 무작위로 짝지어진다. 이 짝짓기의 결과는 직접적인 초감각지각에서 비롯된 것일 수 없다. 따라서 그 결과가 일치하는 비율은 순전히 우연으로 짝짓기가 이루어질 때 나오리라 예상되는 일치 비율과 같다. 만일 실험 결과로 이 비율보다 월등히 높은 일치 비율이 나온다면, 그 결과는 초감각지각의 존재를 시사한다고 판단할 수 있다.

연구진은 이 실험을 설계하고 통제되지 않은 영향을 배제하기 위해 숙고에 숙고를 거듭했다. 그러나 이미 보았듯 확률분포가 조금만 달라져도 이른바 드문 사건들의 확률에 큰 변화가 생길 수 있다. 그리고 확률분포의 작은 변화는 미세한 영향만 있어도 생겨날 수 있다.

처음에 하디의 실험에서 나온 결과는 고무적이었다. 실험에서 나온 일치 비율이 이미지와 반응을 무작위로 짝지었을 때 나오는 일치 비율보다 더 컸다. 그러나 단지 크다는 것만으로는 부족하다. 보다 심층적인 질문을 던져야 한다. 이 정도의 비율 차이가 우연에 의해 쉽게 발생할 수 있을까? 내가 동전을 열 번 던져서 앞면이 여섯 번 나온다 해도, 당신은 내게 염력이 있어서 동전의 앞면이 나오는 데 영향을 미쳤다고 확신하지 않을 것이다. 이때 당신은 앞면이 뒷면보다 많이 나온 것을 우연의 탓으로 돌릴 가능성이 높다. 통계학자 퍼시 다이어코니스와 프레드 모스텔러는 하디와 동료들이 관찰한 차이를 순전히 우연으로 얻을 가능성이 얼마나 높은지 알아내는 통계학적 검사법을 서술했다.[11] 그들의 결론에 따르면 "그 실험은 초감각지각이나 어떤 미지의 동시적 힘synchronous force을 옹호하는 강력한 증거를 제공하지 못했다".

하디와 동료들의 실험에서 조수들이 시험감독관의 역할을 맡아 어슬렁거렸다는 사실은 내게 '영리한 한스Hans'를 떠올리게 했다. 한스라는 말이 신기한 능력을 갖췄다고 착각했던 사건 말이다. 사람들은 한스에게 질문을 던졌다. "4 빼기 2는 얼마냐?"처럼 간단한 것부터 "어느 달의 여덟째 날이 화요일이라면, 곧 이은 금요일의 날짜는 무엇이냐?"처럼 꽤 어려운 것까지, 질문을 들은 한스는 발굽으로 바닥을 치는 동작을 반복해 그 횟수로 정답을 말했다. 녀석은 조련사가 곁에 없을 때도 정답을 맞혔다.

그러나 심리학자 오슈카르 풍스트Oskar Pfungst의 치밀한 조사 끝에, 한스는 질문자가 정답을 알 때만 정답을 맞힐 수 있음이 드러났다. 이 경우에 녀석의 정답률은 89퍼센트였다. 반면에 질문자가 정답을 모를 경우 영리한 한스의 정답률은 6퍼센트에 불과했다. 알고 보니 녀석은 질문자가 부지불식중에 보내는 신호에 반응했다. 그렇다면 자연스럽게 이런 의문이 생긴다. 말이 그런 잠재의식적 신호에 반응할 수 있다면, 하디의 실험에서 수신자들도 조수들이 보내는 잠재의식적 신호에 반응할 수 있지 않았을까? 거듭되는 말이지만, 미세한 변화만 있어도 결과 확률은 크게 달라질 수 있다.

더 나아가 하디의 실험은 피드백feedback의 문제를 안고 있었다. 하디 본인의 설명을 들어보자. "(수신자들이) 그림이나 글을 완성하자마자 감독관들이 그들의 답안지를 수집하고 다음 실험을 위해 적절한 번호가 매겨진 새 답안지를 나눠주었다. 한 실험의 답안지가 모두 수집되고 나면, 나는 피실험자들이 자리에서 일어나 표적 그림이나 슬라이드를 바라보고 방금 자신의 정신에 그 그림에 관한 무언가가 떠올랐는지 되새기는 것을 허용했다."

피드백을 제공하는 것은 대개 훌륭한 전략이다. 설령 기술 향상에 무엇이 필요한지 명시적으로 말하지 않고 단순히 '좋음/나쁨' 표시를 제공하더라도, 피드백을 받는 사람의 기술을 점진적으로 향상시킬 수 있다. 실제로 실용적인 기술은 이런 식으로 습득된다. 그러나 하디의 실험에서 피드백은 문제를 일으킨다. 그 피드백은 다음 시도에서 수신자들의 정신을 유사한 경로로 이끌 가능성이 있다. 그러면 수신자들이 서로 유사한 생각을 할 가능성이 높아진다. 실제 실험 결과, 대조군보다 실험군에서 셋 또는 네 사람의 생각이 일치하는 경우가 약간 더 많이 나왔는데(즉 추측과 표적 사이의 일치보다 추측들 사이의 일치가 약간 더 많았다), 이는 피드백의 효과라고 볼 수 있다.

하디는 이 불균형을 주목했다. 그는 서로 '가까이' 앉은 수신자들이 '놀랄만큼 유사한' 이미지를 그리는 경우가 많음을 간파했다. 하지만 그런 수신자들의 그림은 흔히 표적 그림이나 사진과 공통점이 거의 없었다(하디는 '가까이'가 반드시 '인접'을 뜻하지는 않는다는 사실도 주목했다. 유사한 그림을 그린 수신자들 사이에는 흔히 통로가 있었다. 따라서 그는 수신자들이 공모했다는 쉬운 설명을 배제할 수 있었다). 그는 이에 대해 다음과 같이 서술했다. "좁은 구역에 모인 두세 명의 피실험자가 공유하는 작은 생각의 주머니가 있기라도 한 것 같았다."

이를 읽는 순간 당신의 머릿속에는 경보음이 울려야 마땅하다. 하디는 원래 검증하려던 가설을 검증했다. 하지만 그런 다음 그는 다른 흥미로운 일치들을 찾아 시선을 이리저리 돌리기 시작했다. 선택의 법칙, 다른 데 보기 효과, 아주 큰 수의 법칙을 향한 문들이 삐거덕거리며 열리기 시작한 셈이다. 선택의 법칙은 하디가 데이터를 살피다가 범상치 않은 패턴을 포착하고는 "자, 보세요. 범상치 않은 패턴이에요!"라고 말하기 때문에 작동한다. 그는 자신이 무엇을 찾으려 하는지 먼저 말한 다음에 그것을 찾지 않고(마치 헛간 벽에 화살을 쏜 다음에 표적을 그리는 사람처럼), 먼저 패턴을 발견한 다음에 사람들의 관심을 끌어들인다. 다른 데 보기 효과는 그가 바라던 패턴을 발견하는 데 실패해 놓고 다른 패턴들을 탐색하기 때문에 발생한다. 마지막으로 아주 큰 수의 법칙은 결과들이 이룰 수 있는 패턴의 개수가 정말 많다는 단순한 사실 때문에 작동한다. 그런데 실제 사태는 더 심각하다. 우연의 법칙의 또 다른 가닥을 향한 문도 열리기 시작했기 때문이다. 그 가닥은 '충분함의 법칙'이다. 이 법칙은 다음 장에서 자세히 다룰 것이다.

하디는 탄탄한 실험 설계가 아주 어려운 상황에서, 다양한 영향들을 통제하기 위해 노력했다. 그의 실험은 아주 작은 효과를 포착해야 했다. 우연히 발생할 수 있는 일치 비율보다 약간만 더 높은 일치 비율을 얻는 것이 그의 목표였다. 문제는 확률 지렛대의 법칙에 따라 기저 확률이 아주 조금만 변해도 결과 확률은 크게 달라진다는 점이다. 하디 실험의 수신자들에게 어떤 포착되지 않은 영향이 미세하게라도 끼친다면, 실험 결과로 나오는 일치 비율은 초감각지각과는 아무 상관없이 통계학적으로 개연성이 낮은 영역에 쉽게 진입할 수 있다.

초감각지각 실험은 확률 지렛대의 법칙 때문에 그릇된 결론에 도달할 위험이 크긴 해도 유해하지는 않다. 그러나 다음 사례는 그 법칙에 의해 증폭된 무지의 비극적 결말을 보여준다.

잠자던 아기가 죽다

1997년, 젊은 법률가 샐리 클라크^{Sally Clark}의 생후 11주 된 아들 크리스토퍼가 잠자던 중에 사망했다. 영아돌연사증후군^{sudden infant death syndrome} 때문이었다. 이런 끔찍한 비극은 아기에게 아무리 정성을 쏟아도 발생한다. 그런데 1년 뒤에 샐리의 둘째 아기도 생후 8주 만에 사망했다.

샐리는 영아 살해 혐의로 체포되었다. 그녀는 유죄 판결을 받고 1999년에 종신형에 처해졌다. 지금 이 판결의 문제점이나 증거 부족 또는 사인에 대한 견해의 엇갈림을 자세히 다루고자 하는 것은 아니다. 다만 전제에 관한 단순 오류가 어떻게 확률 계산을 망쳐놓는지 보여주려 한다.

오류는 소아과 의사 로이 메도우 경^{Sir Roy Meadow}에게서 비롯되었다. 전문 통계학자나 확률론 연구자가 아니지만 그는 클라크 재판의 전문가 증인으로서 확률에 관해 진술했다. 그는 영아돌연사증후군에 의한 사망이 한 가정에서 두 번 일어날 확률은 7,300만 분의 1이라고 단언했다. 이렇게 낮은 확률은 보렐의 법칙을 적용해도 좋음을 시사한다. 개연성이 그토록 낮은 사건은 예상하지 말아야 한다. 예상하지 말아야 할 어떤 일이 일어났다면, 무언가 다른 설명이 있어야 한다. 이 사례에서는 어머니가 자식들을 죽였다는 설명이 필요하다.

안타깝게도 메도우가 말한 7,300만 분의 1이라는 확률은 영아돌연사증후군 사례들이 상호 독립적이라는 전제를 기초로 삼은 것이었다. 다시 말해 메도우는 한 가정에서 발생한 영아돌연사증후군 사례 하나가 미래에 다른 사례가 발생할 확률을 높이거나 낮추지 않는다고 전제했다.

평균적으로 아기가 영아돌연사증후군으로 사망할 확률은 약 1,300분의

1이다. 그러나 메도우는 샐리 클라크가 비흡연자이며 부유하고 젊다는 점이 영아돌연사증후군이 발생할 확률을 낮춘다는 점을 감안해 훨씬 더 작은 확률인 8,543분의 1을 적용했다. 여기까지는 적절하다. 그러나 그는 클라크의 두 아기가 모두 남자였다는 사실을 간과했다. 남자아이인 경우 영아돌연사증후군이 발생할 확률이 보다 높다. 또한 그는 앞서 언급한 결정적인 전제를 채택했다. 그는 한 가정에서 영아돌연사증후군 사례가 나올 확률은 이미 그런 사례가 한 번 있었는지 여부에 대해 독립적이라고 전제했다.

3장에서 확인했듯 만일 두 사건이 상호 독립적이라면 두 사건이 모두 일어날 확률은 사건 각각이 일어날 확률들을 곱해서 구할 수 있다. 바로 이것이 메도우의 확률 계산 방법이었다. 독립성을 전제하면, 한 가정에서 영아돌연사증후군 사례가 두 번 발생할 확률은 $\frac{1}{8543} \times \frac{1}{8543}$ 이므로 대략 7,300만 분의 1이다. 메도우는 법정에서 이 결괏값을 제시하면서 이렇게 확률이 낮은 사건은 100년에 한 번 일어난다고 진술했다.

그런데 확률분포의 모양에 관한 전제를 약간만 바꿔도 계산 결과는 크게 달라진다. 이 사례에서 한 가정 내의 영아돌연사증후군 사례들이 상호 독립적이라는 전제를 버린다면 어떨까. 실제로 이 전제는 부당해 보인다. 한 데이터에 따르면 한 아기가 영아돌연사증후군으로 죽었을 경우 그 동생이 같은 이유로 죽을 확률은 평균보다 약 열 배 더 높다. 메도우가 추정한 결괏값은 틀렸다.

타당한 결론에 도달하려면 그 두 아기가 살해되었을 확률과 영아돌연사증후군으로 사망했을 확률을 비교해야 한다. 그러려면 아동 살해 통계를 보면서 위와 유사한 계산을 해야 한다. 나는 여기에서 상세한 계산을 시도할 생각이 없지만, 영국 샐퍼드대학교의 레이 힐Ray Hill 교수가 계산한 바로는 "한 가정에서 영아돌연사증후군 사례가 한 번 나올 확률은 영아 살해가 한 번 일어날 확률의 약 17배, 그 사례가 두 번 나올 확률은 영아 살해가 두 번 일어날 확률의 약 아홉 배, 그 사례가 세 번 나올 확률은 영아 살해가 세 번 일어날 확률의 약 두 배다".[12] 동일한 가정 내의 영아돌연사증후군 사례들이 상호 독립적이지 않다는 전제에 기초한 결괏값과 메도우의 결괏값 사이에는 열 배가량 차이가 있다. 그리고 이 차이 때문에 영아 살해가 두 번 일어났을 확률보다 영아돌연사증후군 사례가 두 번 발생했을 확률이 더 커진다.

힐 교수는 이렇게 덧붙였다. "'100년에 한 번 일어난다'는 증언 대신에 한 가정 내의 두 번째 영아돌연사증후군 사례는 1년에 약 네다섯 건 발생하며 실제로 연쇄 영아 살해 사건보다 오히려 더 자주 발생한다는 증언을 들었다면, 클라크 소송의 재판부가 과연 유죄 판결을 내렸을지 의문이다." 나중에 나온 증거도 둘째 아기 해리가 사망할 당시 영아돌연사를 일으킨다고 알려진 혈액 감염을 지닌 상태였음을 보여주었다.

통계학적 증거의 오용과 오해에 대한 비판이 확산된 끝에 샐리 클라크에 대한 판결은 무죄로 뒤집혔고, 그녀는 2003년에 석방되었다. 이 사건은 엄청난 관심을 받았고 다른 유사한 항소 소송들을 위한 길을 닦았다. 예컨대 자신의 아기 둘을 살해한 혐의로 1998년에 수감된 도나 앤서니Donna Anthony, 2002년에 유죄 판결을 받은 앤젤라 캐닝스Angela Cannings가 항소를 제기했다. 두 사람이 받은 판결 모두에 로이 메도우 경의 증언이 개입해 있었다. 결국 두 사례 모두 판결이 뒤집혔고, 두 여성은 석방되었다.

샐리 클라크의 이야기에는 비극적인 후기가 딸려 있다. 그녀는 시련의 충격에서 끝내 벗어나지 못한 채 2007년 3월에 사망했다. 사인은 급성 알코올

중독이었다. 모형의 미세한 변화는 확률에 큰 영향을 미칠 수 있다. 이것이 확률 지렛대의 법칙이다.

벼락 맞을 확률

확률 지렛대의 법칙은 예상치 못한 방식으로 우리 삶에 끼어드는 교활한 법칙이다. 이 법칙은 원리적으로는 간단명료하지만 현실에서는 종종 오류를 일으킨다. 한 예로 평균과 거리가 먼 누군가에게 평균적인 사람의 확률을 적용하는 경우다.

5장에서 벼락 맞을 확률에 대해 살펴본 내용을 다시 떠올려보자. 어느 한 해에 벼락을 맞아 죽을 확률은 약 30만 분의 1이다. 그러나 이것은 평균이다. 어떤 사람에게는 그 확률이 평균보다 더 높고, 또 어떤 사람에게는 평균보다 더 낮다. 누구에게 그 확률이 더 높을지는 쉽게 짐작할 수 있다. 도시의 사무직 노동자가 벼락을 맞아 죽을 확률은 평균보다 더 높지 않다.

월터 서머포드 소령의 경우를 보자. 그는 1918년 2월에 플랑드르 지방에서 말을 타고 가다가 벼락을 맞아 한동안 하반신이 마비되었다. 이 일을 겪은 후 그는 캐나다로 이주해 낚시에 취미를 붙였다. 그런데 1924년에 그가 나무 밑에 앉아 낚시를 하는데, 나무가 벼락을 맞았다. 이 일로 그는 몸의 오른편이 마비되었다. 이후 다행히 회복했지만 1930년에는 공원에서 산책하다가 한 번 더 벼락을 맞아 온몸이 마비되었다. 그는 2년 뒤인 1932년에 죽었는데, 사인은 벼락이 아니었다. 그러나 실수를 만회하기라도 하려는 듯이, 1936년에 그의 묘비가 벼락을 맞았다. 만약에 그가 뜨개질에 취미를 붙였더라면 그의 삶은 확실히 덜 위험했을 것이다.

서머포드 소령이 불운했다고 생각한다면, 버지니아주의 공원 경비원 로이 설리번Roy Sullivan의 경우를 보라. 그는 벼락을 일곱 번이나 맞았다. 사건이 벌어진 때는 1942년(벼락을 맞아 엄지발가락의 발톱을 잃음), 1969년 7월(눈썹을 잃음), 1970년 7월(왼쪽 어깨에 화상을 입음), 1972년 4월(머리카락에 불이 붙음), 1973년 8월(새로 난 머리카락이 불타고 다리에 화상을 입음), 1976년 6월(발목에 부상을 입음), 1977년 6월(가슴과 배에 화상을 입음)이다. 이 일곱 번의 낙뢰 모두를 셰넌도어 국립공원의 관리 책임자 테일러 호스킨스Taylor Hoskins가 증언하고 의사들이 확인했다. 설리번은 어릴 적에 들에서 수확하는 아버지를 돕다가도 벼락을 맞았다.

이 장에서 이미 보았듯이 확률분포의 미세한 변화는 드문 사건들의 확률에 심대한 영향을 미칠 수 있다. 벼락을 일곱 번 맞는 것은 아주 드문 사건으로 보인다. 그러나 당신이 폭풍 속에서 국립공원을 돌아다니며 시간을 보낸다면, 그런 일이 일어날 확률은 훨씬 더 높아진다. 일곱 번 벼락을 맞을 확률을 계산할 때 공원 경비원에게 평균적인 사람의 확률을 사용한다면, 심각하게 틀린 결과가 나올 가능성이 높다. 이것 역시 확률 지렛대의 법칙이다.

물주의 판돈 쓸어담기

확률 지렛대의 법칙이 돈과 관련해서 힘을 발휘하는 곳은 금융시장만이 아니다. 도박장에서도 이 법칙이 힘을 발휘한다.

룰렛에서 도박꾼이 '물주의 판돈을 쓸어담다^{break the bank}'라는 말은 그가 테이블에 준비된 모든 칩보다 더 많은 (카지노의 자금보다 더 많지는 않은) 돈을 딴다는 뜻이다. 물주의 판돈 쓸어담기는 당연히 드문 사건이다. 그러나 1875년에 요크셔 출신의 조지프 재거^{Joseph Jagger}에게 그 사건이 일어났다. 그의 성취의 배후에는 확률 지렛대의 법칙이 있다.

룰렛에서 숫자들이 나오는 확률은 모두 같아야 하는데, 이 동등한 확률분포에 약간이라도 편차가 있고 그 편차를 안다면 유리한 입장에 설 수 있다. 카지노의 확률 계산은 각 숫자가 나올 확률이 똑같다는 것을 전제로 하기 때문이다. 재거는 스스로 유리한 입장을 확보했다. 1873년, 그는 조수들을 고용해 몬테카를로 부자르 카지노의 룰렛 원반 6개에서 나오는 숫자들에 관한 데이터를 수집했다. 그 데이터를 분석함으로써(컴퓨터가 없던 시절이니 아마도 대단한 작업이었으리라) 그는 한 원반에서 7, 8, 9, 17, 18, 19, 22, 28, 29가 다른 숫자들보다 더 많이 나옴을 발견했다. 1875년 7월 7일, 그는 판마다 이 숫자들에 돈을 걸어 약소한 금액을 땄다. 카지노는 룰렛 원반들을 맞바꾸는 방식으로 대응했다. 그러자 재거는 돈을 잃기 시작했다. 그러나 편차가 있는 원반에 작은 흠집이 있다는 점을 기억해냈다. 덕분에 그는 그 원반을 쫓아다니며 도박을 했고, 다시 돈을 따기 시작했다. 카지노는 원반에 설치된 금속 칸막이들을 매일 교체하는 방식으로 대응했고, 재거는 다시 돈을 잃기 시작했다. 그 순간 그는 도박을 포기하고 오늘날 가치로 400만 달러가 넘는 돈을 가지고 몬테카를로를 떠났다. 그것은 그가 투자한 금액이었다.

재거는 돈을 땄을 때 도박을 멈출 수 있었다. 하지만 이런 자제력을 가진 도박꾼은 극히 드물다. 1891년에 몬테카를로에서 판돈을 쓸어담은 찰스 웰스Charles Wells는 확실히 자제력이 없었다. 그는 한번은 30판에서 23판을 이기고, 또 한 번은 연달아 다섯 판을 숫자 5에 걸어서 이김으로써 100만 프랑을 땄다. 그러나 그는 사기 혐의로 줄줄이 유죄 판결을 받은 끝에 무일푼으로 죽었다.

충분함의 법칙:
그냥 맞는다고 치자

확실하게 틀리는 것보다는 애매하게 옳은 게 낫다.

— 존 메이너드 케인스John Maynard Keynes

우연의 법칙의 한 측면인 충분함의 법칙에 따르면 충분히 유사한 사건들은 동일하다고 간주된다. 이 법칙을 따르는 사람은 유사할 뿐인 것들을 동일한 것들로 받아들인다. 따라서 이 법칙은 잠재적 일치의 개수를 증가시킨다.

내가 100면체 주사위를 던졌을 때 나올 숫자를 예측한다고 해보자(실제로 나는 100면체 주사위를 가지고 있다. 그 주사위는 공 모양에 가까우며 평평한 면 100개에 1부터 100까지의 숫자가 매겨져 있다). 내 예측이 옳을 확률은 100분의 1이다. 그러나 만일 내가 예측한 숫자뿐 아니라 그 근처의, 이를테면 그보다 1만큼 크거나 작은 숫자가 나와도 예측이 옳은 것으로 친다면 어떻게 될까? 그러면 내가 13을 예측했을 때 예측이 맞을 확률은 100분의 1이 아니라 100분의 3이 된다(나의 느슨한 정의에 따르면 12, 13, 14가 모두 나의 예측과 일치하므로).

만약 당신이 베를린을 방문했을 때 마침 당신의 친구도 그곳을 방문하는 중이었음을 나중에 알았다면, 틀림없이 이 일을 기묘한 우연의 일치로 여길 것이다. 그런데 그 친구는 베를린의 북부를 방문하고 당신은 남부를 방문했다면 어떨까? 또 당신과 그 친구의 방문 일정이 딱 하루만 겹쳤다면? 더 나아가 그 친구는 정확히 베를린을 방문한 것이 아니라 그 근처의 도시를 방문했다면 어떨까? 또는 친구의 방문지가 독일이 아니라 프랑스였다면, 그래서 그와 당신이 동시에 유럽에 있는 정도였다면 어떨까? 이것도 역시 대단한 우연의 일치일까?

일치의 기준을 낮추면 우연의 일치가 일어날 확률을 높일 수 있다. 그리고 개연성이 극도로 낮은 듯한 사건을 더 자세히 살펴보면, 때로는 그 사건의 개연성이 꽤 높음이 드러난다.

충분함의 법칙은 '다른 데 보기 효과'를 보완한다. 특정한 장소에서 특정한 일치가 일어났는지 살펴본 다음, 기준을 완화해 어느 장소에서든 아무튼 일치가 일어났다고 본다. '다른 데 보기 효과'는 원래 살펴보려던 장소가 아닌 다른 곳을 살펴본다는 뜻을 담고 있다. 예컨대 물리학에서 어떤 특정한 값이 과도하게 많이 관찰되는지(가령 데이터에 혹 ^{bump}이 있는지) 살펴본다고 해보자. 그런데 그런 혹이 없음이 드러나면 과도하게 탐색 범위를 확장해서라도 혹으로 받아들일 만한 값을 찾는다. 이런 식으로 '다른 데 보기'를 하면 혹을 발견할 확률이 당연히 높아진다. 이와 달리 충분함의 법칙은 혹의 의미를 확장함으로써 혹을 발견할 확률을 높인다. 만일 원래 혹을 예측보다 관찰 사례가 열 배 많은 경우로 정의했다면, 나중에 정의를 완화해 예측보다 관찰 사례가 다섯 배 많은 경우도 혹으로 간주한다. 이렇게 하면 혹을 발견할 확률이 높아지는 것은 당연하다.

5장에서 내가 연달아 받은 이메일 두 통을 언급했다. 한 통의 제목은 '오래 미루어온 무이르와의 만남'이었고, 다른 한 통의 제목은 '미우르 판정관 목록'이었다. 충분함의 법칙은 나를 '무이르'와 '미우르'를 동일시하는 쪽으로 이끌었다. 3장 첫머리에서는 빌 쇼와 그의 아내가 둘 다 요크셔에서 사망자가 여럿 발생한 열차 사고를 당하고도 살아남았다는 이야기를 소개했다. 그러나 그 부부는 동일한 사고를 당한 것이 아니었다. 남편이 당한 사고와 아내가 당한 사고 사이에는 15년의 간격이 있었다. 만일 한 사고는 빌이 당하고 다른 사고는 그의 형제나 자매 또는 자식이나 부모 등이 당했으며 두 사고 사이의 간격이 4년이나 20년 정도 더 났다면, 신문들은 이 이야기를 보도했을까? 틀림없이 보도했을 것이다. 충분함의 법칙은 일치한다고 간주할 만한 사람들의 범위와 사고들 사이의 시간 간격을 확장한다. 그리고 이를 통해 기묘한 우연의 일치인 듯한 사건을 목격할 확률을 때로는 아주 큰 폭으로 증가시킨다.

앞선 장들에서 우연의 법칙에 입각하면 로또 당첨과 관련된 대단해 보이는 우연의 일치들이 실은 거의 불가피하다는 점을 몇 가지 측면에서 살펴보았다. 충분함의 법칙을 고려하면 또 다른 방식으로 고찰해볼 수 있다. 5장에 나온 버지니아 파이크의 사례를 기억할 것이다. 그녀는 버지니아주 로또의 파워볼 당첨 숫자 6개 중 5개가 일치하는 복권 두 장을 가지고 있었다. 숫자 6개 중에 5개를 맞힐 확률은 6개를 모두 맞힐 확률보다 훨씬 더 높다. 만일 우리가 일부 언론처럼 당첨의 정의를 완화해 숫자 5개를 맞히는 것도 당첨에 포함시킨다면, 파이크 부인은 당첨자다. 이것도 충분함의 법칙이 작동하는 예다. 1년 동안에 두 번이나 숫자 (6개 중) 5개와 보너스 숫자를 맞혀 영국 로또에서 2등 상금을 받은 마이크 맥더모트도 마찬가지로 당첨자다. 같은 방식으로 5장에서 다룬 생일 문제를 일반화할 수 있다. 내가 당신과 생일이 일치한다는 것은 놀라운 우연의 일치일지 몰라도, 나의 생일과 당신의 생일 사이의 간격이 일주일 이내라는 것은 덜 놀라운 일이다. 그러나 '충분함'의 의미를 충분히 확장한다면, 당신의 생일과 나의 생일은 충분히 가깝다(나는 1월 1일부터 12월 31일 사이에 태어났으며, 당신도 마찬가지다).

5장에서는 성서에 숨어 있는 암호 메시지, 이른바 '성서 암호'를 발견했다는 주장도 살펴보았다. 성서에는 특정한 철자 열을 발견하기 위해 탐색할 수 있는 대목이 무수히 많다. 게다가 철자들이 꼭 연달아 있을 필요는 없으며 다른 배치들도 허용된다. 예컨대 찾는 철자들이 일정한 간격으로 떨어져 있어도 되고, 해당 페이지에서 특정한 2차원적 패턴을 이루어도 된다. 이런 배치들도 허용하도록 탐색 범위를 확장하면, 원하는 철자 열을 발견할 확률을 얼마든지 높일 수 있다. 나는 몇 가지 예를 이미 제시했다(나는 이 책 속에 숨어서 도와달라고 외치는 누군가를 여태 발견하지 못했다). 암호 발견 확률을 높이는 방법은 더 있다. 일치의 기준까지 완화하면, 확률은 더 높아진다. 나는 이 책 속의 암호를 예로 들 때 단어 help(도와줘)를 탐색했지만, 철자법이 약간 틀린 hlpe, hepl 등까지 일치로 인정할 수도 있다. 그러면 일치로 인정할 철자 열을 3개 가지게 되므로, 일치를 발견할 확률은 높아질 테고 따라서 더 많은 일치를 발견하리라. 실제로 이 책 속에는 두 철자 열이 정확히 하나씩 (철자 4개를 철자 간 간격으로 두고) 추가로 숨어 있다. 다른 데 보기 효과는 살펴보는 장소의 개수를 늘리는 반면, 충분함의 법칙은 찾으려는 목표물의 개수를 늘린다.

당연한 말이지만, 충분함의 법칙은 의사과학에서도 중요한 구실을 한다. 나는 2장에서 칼 융의 공시성을 언급한 바 있다. 다음은 그가 쓴 동명의 책에 나오는 또 다른 이야기다.

내가 치료하던 젊은 여성 하나는 결정적인 순간에 꿈을 꾸었다. 꿈속에서 그녀는 금색 꽃무지(딱정벌레의 일종-옮긴이) 한 마리를 받았다. 그녀가 나에게 이 꿈을 이야기할 때 나는 닫힌 창을 등 지고 있었다. 그런데 갑자기 뒤에서 창을 살살 두드리는 것 같은 소음이 났다. 뒤를 돌아보니 날아다니는 곤충 한 마리가 바깥에서 창유리에 부딪히고 있었다. 나는 창을 열었고, 실내로 날아 들어오는 그 곤충을 잡았다. 녀석은 우리 위도에 사는 곤충 가운데 금색 꽃무지와 가장 유사한 놈인 풍뎅이과의 흔한 꽃무지였다. 평소 습성과 달리 녀석은 어두운 방 안으로 들어가려는 충동을 하필이면 그 순간에 느낀 것이 분명했다. 고백하건대 이와 유사한 일은 나에게 그 전에도, 그 후에도 일어나지 않았으며, 그 환자의 꿈은 나의 경험에서 유일무이한 것으로 남아 있다.[1]

융은 마침 환자가 그에게 딱정벌레에 관한 꿈을 이야기하고 있을 때 그 딱정벌레가 창가에 나타난 일을 '우연히 일어날 확률을 적으려면 천문학적 숫자를 동원해야 할 만큼 의미심장하게 연결된' 우연의 일치의 예로 서술했다.[2]

나는 큰 곤충이 창을 두드렸다는 이야기를 꽤 자주 들었다. 내가 늘 했던 생각은, 그 곤충들이 아직 덜 진화했기 때문에 눈에 안 띄는 유리창이 가로막는 줄 모르고 계속 날아든다는 것이다. 이 현상은 충분히 신경에 거슬려서 이 현상이 발생하면, 융이 그랬던 것처럼 나도 신경을 쓰게 된다. 하지만 융은 마침 그때 창을 두드린 딱정벌레가 흔한 놈이었다는 사실을 감안하지 않은 듯하다(기저 확률을 잘못 아는 것을 일컬어 '기저율 오류 base rate fallacy'라고 한다). 실제로 융은 그 딱정벌레가 정확히 금색 꽃무지가 아니라 단지 그와 유사한 놈('우리 위도에 사는 곤충 가운데 금색 꽃무지와 가장 유사한 놈')이라고 시인했다. 그렇다면 그 곤충이 다른 종류의 딱정벌레였다면 어떨까? 심지어 딱정벌레가 아니었다면? 융은 일치의 기준을 어디까지 완화했을까? 충분함의 한계는 어디일까?

알리스터 하디 경은 초감각지각 실험에서 수신자들이 그린 그림과 화면에 나타난 그림의 일치 여부를 판정하기가 매우 어렵다는 점을 의식했다. 두 그림이 일치한다고 간주할 만큼 유사한지 누군가가 판단해야 했다. 그 기준을 너무 느슨하게 잡으면 다수의 피실험자가 초감각지각 능력을 지녔다는 결론이 나올 테고, 너무 엄격하게 잡으면 어떤 효과도 포착되지 않을 터였다. 몇몇 그림들을 설명하면서 하디는 이렇게 말했다. "74번 실험에서 어느 피실험자가 그린 궁궐 밖 초소의 경비원은 표적 그림이었던 장난감 병정 그림과 분명 관련이 있다. 61번 실험에서 나온 산과 길의 그림은 표적 그림이었던 피라미드와 관련이 있을 법하다. 125번 실험에서 나온 기차역 그림은 표적 그림이었던 노아의 방주와 거의 동일하다. 단 기차역 플랫폼의 양끝은 내리막인 반면, 방주의 양끝은 오르막이라는 점만 다르다."[3] 여기에서 아주 명확하게 드러나듯이, 충분함의 법칙이 작동하면 외견상의 일치가 포착될 확률을 극적으로 높일 여지가 상당히 늘어난다. 이것은 어린아이가 그린 고양이 그림을 개 그림으로 오인하는 것과 동일한 현상이다.

아서 쾨슬러가 서술한 다른 초심리학 실험들도 충분함의 법칙이 작동할 여지를 남겼다.

1934년에 런던 유니버시티 칼리지의 수학 강사였던 S. G. 솔 박사[Dr. S. G. Soal]는 라인의 실험에 관한 글을 읽고 그것들을 재연했다. 1934년부터 1939년까지 그는 피실험자 160명을 대상으로 실험했다. 피실험자들은 제너 카드(25매가 한 벌인 초감각지각 연구용 카드-옮긴이) 알아맞히기 시도를 총 12만 8,350회 했다.[4] 성과는 없었다. 즉 우연히 발생하리라 예상되는 정답률에서 유의미하게 이탈한 결과는 발견되지 않았다.

솔이 실망을 느끼며 포기하려는 순간, 동료 연구자 웨이틀리 캐링턴Whately Carington이 데이터에서 '자리 바뀐' 정답들을 점검해보라고 제안했다. 즉 현재 시도의 표적 카드와는 일치하지 않지만 바로 전이나 뒤 시도의 표적 카드와 일치하는 추측들을 점검해보라는 것이었다(텔레파시에 관한 실험을 한 캐링턴은 일부 피실험자에게 그런 자리 바뀜 현상이 나타난다고 생각했다). 솔은 마지못해 방대한 실험 데이터를 분석하는 지루한 작업에 착수했다. 그리고 피실험자 중 한 명인 베이즐 섀클턴Basil Shackleton이 일관되게 다음 시도의 표적 카드를 마치 예견하듯이 알아맞혔음을 발견하고 보람과 혼란을 동시에 느꼈다. 그의 자리 바뀐 정답률은 우연히 나올 가능성을 배제할 수 있을 정도로 높았다.[5]

이런 식의 재검토는 무한정 계속될 수 있다. 이를테면 다다음 시도나 미래 세 번째 시도의 표적 카드와 일치하는 추측들을 살펴볼 수도 있고, 표적 카드의 그림이 동그라미일 때 십자가를 추측한 사례가 특별히 많은지 살펴볼 수도 있다. 이 모든 재검토는 일치의 의미를 확장시킨다. 언젠가는 충분함의 법칙에 따라 우리는 고득점 피실험자를 불가피하게 발견하게 될 것이다.

덧붙이자면 초심리학자 루이자 라인Louisa Rhine은 솔 박사가 J. B. 라인의 실험 결과들을 재현하는 데 실패한 이유가 피실험자들의 감정적 몰입이 부족했기 때문일 수 있다고 주장했다. 솔의 피실험자들은 단순히 광고를 보고 온 사람들이기는 했다. 그러나 확실히 말하건대 진실은 정반대일 가능성이 높다. 광고에 반응하는 수고를 감수할뿐더러 본질적으로 상당히 지루한 그 실험에 시간을 기꺼이 할애한 사람들은 몰입하려는 욕구가 어느 정도 있었던 것이 분명하다. 교수가 하는 실험이어서 어쩔 수 없이 참여한 대학원생들을 생각해보라.

충분함의 법칙만으로는 부족했던지, 아주 큰 수의 법칙과 선택의 법칙도 작동했다. 솔의 피실험자 한 명이 내놓은 추측들은 일관되게 다음 시도의 표적 카드와 일치했다. 그러나 솔의 피실험자는 총 160명이었다. 그 많은 사람 중에 하나가 다음번 카드 알아맞히기를 그저 우연히 잘해내는 것은 그리 놀라운 일이 아니다. 아주 큰 수의 법칙은 그런 사람이 나올 수 있다고 말해준다. 10만 명이 주사위를 던지는 상황을 상기해보라. 물론 10만 명과 160명은 다르다. 그러나 솔이 얻은 결과는 주사위 던지기에서 여섯 번 연속 같은 숫자가 나온 것에 비해 덜 극단적이다. 게다가 선택의 법칙도 작동했다. 솔은 가장 극단적인 결과를 낸 피실험자에게 주목하면서 나머지 모든 피실험자를 무시했다. 이것 역시 10만 명이 주사위를 던지는 상황과 유사하다. 앞서 예로 든 비슷한 상황에서도 여섯 번 연속 똑같은 숫자를 산출한 사람만 강당에 남았다.

자신의 실험 결과에 고무된 솔은 섀클턴을 피실험자로 삼아 더 많은 실험을 했다. 그 결과들은 20명이 넘는 저명한 논평자들이 점검해보니 통계적으로 유의미해 보였다.[6] 즉 예지력, 텔레파시 혹은 기타 초심리학적 원인 없이 순전히 우연으로 그런 결과들이 나올 확률은 극도로 낮아 보였다. 솔의 주장이 꽤 확실히 입증된 듯했다.

그러나 그다음 이야기가 있다. 솔의 실험 결과는 매우 심각한 논란거리가 되었다. 솔은 후속 실험에서 그 결과를 재현하지 못했고, 더 정교한 통계학적 분석법을 사용한 다른 초심리학자들은 그 데이터가 조작되었다는 결론을 내렸다. 일부 수열이 반복 사용되었고 숫자가 삽입된 경우도 있다는 것이었다.

초심리학자 J. B. 라인도 충분함의 법칙에 속았다. 아서 쾨슬러는 "라인 본인을 비롯한 여러 연구자는 자신들이 내세운 스타 피실험자가 표적 카드들을 미리 보지 않을 경우 그 정답률이 우연히 나올 법한 정답률과 거의 같음을 마지못해 인정할 수밖에 없었다"라고 말했다. 라인은 '타인의 마음 읽어내기'를 우연적인 수준보다 더 잘하는 듯한 사람들을 '실험의 대표 주자'로 내세웠는데, 그들은 카드의 뒷면만 보고 어떤 그림이 그려진 카드인지 알아맞히는 과제에서도 우연적인 수준보다 더 나은 성적을 내는 듯했다. 만일 마음 읽어내기 능력과 더불어 이 능력도 초심리학적 능력으로 간주한다면, 피실험자가 초심리학적 능력을 지닌 것처럼 보일 가능성은 더 커진다. 쾨슬러에 따르면 "이 현상은 '투시clairvoyance'로 명명되고 '타인의 정신 상태에 대한 텔레파시적 지각과는 다른, 객관적 사건에 대한 초감각적 지각'으로 정의되었다"[7] 나는 이 사례를 좋아한다. 이 사례는 사람들이 예측과 어긋나는 결과를 만났을 때 얼마나 유능하게 설명을 지어내는지 보여주기 때문이다.

수비학은 충분함의 법칙이 작동하기 좋은, 또 다른 비옥한 터전이다. 수비학의 한 측면은 서로 다른 식에서 동일한 수가 산출되는 듯할 때 제 모습을 드러낸다. 이런 우연의 일치는 숨은 원인에 대한 의혹을 부추긴다. 이미 5장에서 이와 똑같은 상황을 보았다. 거기에서 아주 큰 수의 법칙은 거의 불가피하게 수들의 일치를 야기했다. 수열이 충분히 길기만 하다면 무작위로 산출한 수열에서도 당신이 원하는 숫자 배열을 얼마든지 발견할 수 있다.

다음 예는 충분함의 법칙이 어떻게 우리를 오류로 이끄는지 보여준다. 다음은 학교에서 배웠을 피타고라스 정리Pythagorean theorem다. 피타고라스 3중수란 등식 $a^2+b^2=c^2$을 만족시키는 세 정수 {a, b, c}다. 세 정수 {3, 4, 5}는 $3^2+4^2=5^2$을 만족시키고 {5, 12, 13}은 $5^2+12^2=13^2$을 만족시킨다.[8] 그러나 그 유명한 페르마의 마지막 정리Fermat's last theorem에 따르면, 2보다 큰 임의의 정수 n에 대해 $a^n+a^n=c^n$을 만족시키는 양의 정수 a, b, c는 존재하지 않는다. 예를 들어 $a^3+b^3=c^3$을 만족시키는 양의 정수 {a, b, c}는 존재하지 않는다. 이 정리가 이런 이상한 이름을 갖게 된 이유는 페르마가 1637년에 자신이 가진 고대 그리스의 수학책《산술Arithmetica》의 여백에 기록하기를, 자신은 이 정리의 놀라운 증명을 알고 있지만 여백이 너무 좁아서 다 적을 수 없다고 했기 때문이다. 정리 자체가 매우 단순한 데다가 페르마가 이렇게 증명의 시도를 부추기는 기록까지 남긴 탓에, 이후 세대의 전문 수학자들과 아마추어 수학자들이 300년 넘게 이 정리의 증명을 추구했으나 아무도 성공하지 못했다. 그러다 1995년에 이르러서야 수학자 앤드류 와일스Andrew Wiles가 증명의 마지막 단계를 제시했다.

그런데 페르마의 마지막 정리를 염두에 둔다면 $89,222^3+49,125^3$과 $93,933^3$은 모두 $828,809,229,597 \times 10^3$로 같을까? 다시 말해 세 정수 {89,222, 49,125, 93,933}이 $89,222^3+49,125^3=93,933^3$을 만족시킬까?

실은 $89,222^3+49,125^3$과 $93,933^3$이 근사하게 $828,809,229,597 \times 10^3$과 같다. $89,222^3+49,125^3$의 정확한 값은 $828,809,229,597.173 \times 10^3$이고, $93,933^3$의 정확한 값은 $828,809,229,597.237 \times 10^3$이다. 두 식의 값은 정확

히 일치하지 않고 64만큼 차이가 난다. 그러나 828,809,229,597,237에서 64만큼 떨어진 또 다른 값은 거의 모든 사람이 원래 값과 똑같다고 간주할 만큼 원래 값과 '충분히' 가깝다. 그럼에도 두 값이 정확히 똑같지는 않다는 사실은 앤드류 와일스의 증명이 틀리지 않았음을 의미한다.[9]

'충분히 가까움'의 의미를 덜 엄격하게 설정하면, 우리는 이런 3중수를 많이 발견할 수 있다. 그러나 이 발견은 환상이다. 왜냐하면 그 3중수들은 문제의 등식을 정확히 만족시키지 않기 때문이다.

얼핏 동일한 듯한 수들이 등장하는 다른 예는 다양한 분야에 무수하게 나타난다. 일부 예는 꽤 심오하다. 이를테면 라마누잔의 상수 $e^{\pi\sqrt{163}}$의 값은 아래와 같다.

$$262,537,412,640,768,743.9999999999992500\cdots$$

이 값이 262,537,412,640,768,744와 같다는 결론은 계산을 '겨우' 소수점 아래 12자리까지만 했다면 쉽사리 내렸을 수도 있다. 이것은 명백히 특이한 우연의 일치다. 그러나 이 우연의 일치는 오류를 이끌어내기 쉽다.[10]

지금까지의 예들은 충분함의 법칙이 수 사이의 관계에서 작동하는 방식을 보여준다. 그런가 하면 실재하는 물리적 속성의 일치와 관련해서 그 법칙이 작동하는 경우도 있다. 피라미드학pyramidology에서 유래한 예를 하나 보자. 1846년부터 1888년까지 스코틀랜드 왕립 천문학자였던 찰스 피아지 스미스Charles Piazzi Smyth는《대피라미드: 그 비밀과 수수께끼를 밝힘The Great Pyramid: Its Secrets and Mysteries Revealed》[11]에서 기자의 대피라미드가 가진 속성과 천문학적 측정값 사이의 수적 관계를 서술했다. 예컨대 그는 그 피라미드의 밑면의 둘레를 인치 단위로 표기하면 1,000년의 날의 개수와 같다고 주장했다. 피라미드의 수적인 속성을 충분히 조사하고 다수의 천문 현상과 비교하라. 그러면 아주 큰 수의 법칙과 다른 데 보기 효과가 충분함의 법칙과 함께 작동하기에 딱 좋은 조건이 갖춰지고, 우연의 일치를 거의 불가피하게 만든다.

안타깝게도 기자의 대피라미드의 구조에 관한 스미스의 정교한 이론들은 1880년에 윌리엄 매튜 플린더스 페트리William Matthew Flinders Petrie가 정확하게 실시한 측정의 도움을 받지 못했다(페트리는 자신의 측정 결과를 "아름다운 이론을 죽인 추하고 왜소한 사실"이라고 표현했다). 예수의 재림 날짜에 대한 스미스의 예측은 다른 사람들의 예측과 마찬가지로 틀린 것으로 판명되었다.

이 장을 마무리하기에 앞서, 때로는 우연의 일치가 진실을 나타내기도 한다는 것을 인정함으로써 기울어진 균형을 약간 교정해야겠다. 이미 이런 예를 괴물군과 수 196,883에 얽힌 일화에서 보았다. 또 다른 예로 아메리카 대륙의 동부 해안 모양과 유럽과 아프리카의 서부 해안 모양이 있다. 이 해안들의 모양이 일치하기 때문에 아메리카와 유럽과 아프리카는 마치 그림 맞추기 퍼즐의 조각들처럼 보이는데, 이는 단순한 우연이 아니다. 실제로 이 대륙들의 경계는 한때 맞붙어 있었다. 그러나 지구 맨틀을 이루는 마그마의 대류에 의해 대서양 중앙에서 새롭게 솟아오른 해저가 대륙들을 분리했다.

마지막으로 수학과 물리학의 영역을 잠시 벗어나 고전문학을 들여다보자. 다음은 찰스 디킨스의 소설《오래된 골동품 상점The Old Curiosity Shop》에서 키트의 어머니와 바버라의 어머니가 처음 만나서 나누는 대화 장면이다.

"우리는 둘 다 과부라는 점도 똑같네요!" 바버라의 어머니가 말했다.

"우리가 이제야 서로를 알게 되다니."… 결과에서 원인으로 되짚어 올라가면서 그들은 자연스럽게 죽은 남편들에 대한 이야기로 돌아갔다. 남편들의 삶과 죽음, 장례를 이야기하고 특징들을 비교했으며, 놀랄 만큼 정확히 일치하는 정황을 여러 가지 발견했다. 예컨대 바버라의 아버지는 키트의 아버지보다 나이가 정확히 4년 10개월 더 많았고, 한 사람은 수요일에 죽고 다른 사람은 목요일에 죽었으며, 두 사람 다 가문이 매우 고귀하고 외모가 빼어났다. 이 밖에도 여러 우연의 일치를 발견했다.[12]

충분함의 법칙이 어떻게 작동하는지를 완벽하게 보여주는 서술이다.

III

신은 주사위 놀이를
하지 않는다

오해의 동물, 인간

내가 믿지 않았더라면, 나는 그것을 보지 못했을 것이다.

— 마셜 맥루한Marshall McLuhan

지금까지 우연의 법칙이 제 모습을 드러내는 다양한 방식들을 살펴보았다. 그 방식들은 필연성의 법칙, 아주 큰 수의 법칙, 선택의 법칙, 확률 지렛대의 법칙, 충분함의 법칙 등이다. 이것 하나는 분명하다. 이 같은 우연의 법칙의 가닥 중 다수는 자연의 작동 방식에 대한 오해에서 비롯된다. 즉 인간의 사고방식을 지배하는 특이한 경향 때문에 발생한다. 이제부터 그런 우연의 법칙의 인간적 측면 몇 개를 조금 더 자세히 살펴보자.

헷갈린다 헷갈려

당연하게도 출발점은 확률에 대한 직관적 이해가 부정확하다는 부분이다. 간단한 예로 인간은 무작위로 행동하기가 매우 어렵다. 숫자들을 무작위로 대보라고 요청하면, 사람들은 흔히 균질성이 너무 큰 수열을 댄다(예컨대 똑같은 숫자가 연달아 나오는 것을 피한다). 확률은 직관에 반하는 것처럼 느껴질 때가 많다. 심지어 통계학자도 마음먹고 앉아서 계산을 끝까지 해보기 전에는 착각할 수 있다.

다음 예를 보라.

> 존은 수학을 전공해 학사 학위를 받은 뒤 천체물리학으로 박사 학위를 받았다. 그는 한동안 대학교의 물리학과에서 일하다가 알고리즘 매매 회사의 연구실에 취직해 금융시장의 변동을 예측하기 위한 매우 정교한 통계학적 모형들을 개발했다. 여가 시간에 그는 과학소설 동호인 모임에 참석한다.

자, 당신은 아래 두 항목 중에 옳을 확률이 더 높은 것은 어느 쪽이라고 생각하는가?

> A: 존은 결혼했고 두 아이를 두었다.
> B: 존은 결혼했고 두 아이를 두었으며 저녁에 수학 퍼즐을 풀고 컴퓨터게임을 하면서 시간을 보낸다.

많은 사람이 B를 고른다. 그러나 B에 열거된 특징들은 A에 열거된 특징들의 부분집합이다. 존이 B에 부합한다면, 그는 A에 열거된 특징뿐 아니라 더 많은 특징에 부합하는 것이다. 따라서 존이 B에 부합할 확률은 A에 부합할 확률보다 더 클 수 없다.

어떤 사람은 B가 존에 대한 전형적인 묘사와 잘 들어맞는다는 사실에서 이 예의 반직관성이 비롯된다는 설명을 내놓았다. B에 열거된 활동들은 존에 대한 서술을 감안할 때 그가 할 법하다. 반대로 다음 시나리오를 보라. 논리적 구조는 똑같지만, 존에 대한 서술은 사뭇 다르다.

존은 남성이다.

자, 당신은 아래 두 항목 중에 옳을 확률이 더 높은 것은 어느 쪽이라고 생각하는가?

A: 존은 결혼했고 두 아이를 두었다.
B: 존은 결혼했고 두 아이를 두었으며 저녁에 수학 퍼즐을 풀고 컴퓨터게임을 하면서 시간을 보낸다.

이번에는 존이 B에 부합할 확률이 A에 부합할 확률보다 더 작을 수밖에 없음을 명확히 알 수 있다.

이 같은 직관의 실수를 흔히 '결합 오류conjunction fallacy'라고 부르는데, 이 오류는 위 예보다 더 심하게 불거질 때도 있다. 때때로 사람들은 독립사건 2개의 조합이 독립사건 각각보다 확률이 더 높다고 느낀다. 로또에 당첨되고 거기에다가 오늘 비가 올 확률이 로또에 당첨되기만 할 확률보다 더 높아 보일 수 있다는 것이다.

결합 오류에 따르면 때때로 사람들은 확률을 뒤집는다. 사람들에게 존에 대한 서술을 들려주고 그가 A나 B에 부합할 확률을 물으면, 사람들은 상황을 거꾸로 생각한다는 것이다. 즉 사람들은 A나 B를 출발점으로 삼아 존에 대한 서술이 옳을 확률을 따진다.

이는 '검사의 오류prosecutor's fallacy' 또는 '뒤집힌 조건문의 법칙law of the transposed conditional'으로 불리는, 매우 중요하면서 흔한 오류다. 재판에서 검사는 피고가 결백하다면 범죄 현장에 그의 지문이 있을 개연성이 아주 낮겠지만 거기에 피고의 지문이 있으므로 피고는 유죄라고 주장한다. 하지만 이것은 잘못된 논증이다. 우리가 알아야 하는 것은 피고의 지문이 범죄 현장에 있다는 조건 아래에서 그가 결백할 확률이지, 피고가 결백하다는 조건 아래에서 그의 지문이 범죄 현장에 있을 확률이 아니다. 이 두 확률은 전혀 다르다.

이런 뒤집기의 오류를 극단적인 예를 통해 이해해보자. 현재 우량 회사들의 최고경영자 중에는 여성보다 남성이 압도적으로 많다. 따라서 당신이 최고경영자일 때, 남성일 확률은 2분의 1보다 훨씬 높다. 하지만 이것과 당신이 남성일 때 최고경영자일 확률은 전혀 다르다. 이 확률은 2분의 1보다 훨씬 더 낮을 것이다. 남성들 중에(여성의 경우도 마찬가지) 최고경영자는 아주 드무니까 말이다.

방금 든 재판의 예에 가상 수치들을 집어넣어 보자.

[표9.1]은 유죄인 사람과 결백한 사람의 수와, 그들의 지문이 범죄 현장에서 발견되었는지 여부를 함께 보여준다. 결백하면서 지문이 범죄 현장에서 발견된 사람이 아홉 명(왼쪽 위 칸), 유죄이면서 지문이 범죄 현장에서 발견된 사람이 한 명(오른쪽 위 칸), 결백하면서 지문이 범죄 현장에서 발견되지 않은 사람이 약 70억 명(앞의 열 명을 제외한 모든 사람)이라고 해보자. 마지막으로 범

표9.1 | 재판의 예

	결백	유죄
지문 있음	9	1
지문 없음	70억	0

인은 단 한 명이므로, 유죄이면서 또한 범죄 현장에서 지문이 발견되지 않은 사람은 없다. 표의 오른쪽 아래 칸에 적힌 0은 이를 의미한다.

이제 피고의 지문이 범죄 현장에서 발견되었을 때 피고가 결백할 확률을 살펴보자. 따져보면 범죄 현장에 지문을 남긴 사람은 열 명인데 그중 아홉 명이 결백하다. 따라서 이 확률은 $\frac{9}{10} = 0.9$다.

그럼 피고가 결백할 때 그의 지문이 범죄 현장에서 발견될 확률은 얼마일까? 결백한 사람은 70억 더하기 아홉 명인데 그중 아홉 명이 범죄 현장에 지문을 남겼다. 따라서 이 확률은 $\frac{9}{(70억+9)}$ 다. 아주 작다.

우리가 계산한 두 확률은 전혀 다르다. 하나는 1과 크게 다르지 않은 반면, 다른 하나는 거의 0이다. 재판에서 주목해야 할 것은 첫째 확률, 곧 피고의 지문이 범죄 현장에 있다는 조건 아래에서 피고가 결백할 확률이다. 이 확률은 0.9로 매우 높다. 그런데도 저 위에서 언급한 검사처럼 둘째 확률, 곧 피고가 결백하다는 조건 아래에서 그의 지문이 범죄 현장에 있을 확률을 따진다면, 방금 계산한 미미한 값을 얻을 것이다. 이런 사고방식으로는 피고의 결백이 아니라 유죄를 강하게 확신하는 실수를 범할 위험이 있다.

검사의 오류에는 약간 다른 버전들도 있지만, 대부분 본질적으로 같은 혼란을 보여준다. 확률에 대한 직관에서 흔히 발생하는 또 다른 오류로 이른바

'기저율 오류'가 있다. 이 오류는 우리가 기저 확률을 감안하지 않을 때 발생한다. 이 오류 때문에 희귀병에 걸릴 확률은 매우 낮다는 사실을 망각하기도 한다.

신용카드 사기를 감별하는 장치를 개발했다고 가정해보자. 그 장치는 합법적인 거래의 99퍼센트를 합법적인 것으로, 사기 거래의 99퍼센트를 사기로 각각 적절하게 판정한다. 이 정도면 성능이 꽤 좋다는 생각이 드는가?

기저율 오류에 대해서 모르는 신용카드사 직원이 이 장치의 판정에 기대어 조치를 취한다고 해보자. 만약 어떤 거래가 사기일 수 있다고 감별 장치가 판정하면, 이 직원은 해당 카드를 정지시켜 후속 거래를 막을 것이다. 성실하고 유능한 직원일까? 중요한 것은 일반적으로 신용카드 사기가 발생하는 확률이다. 이 확률이 약 1,000분의 1이라고 해보자. 이 1,000분의 1이라는 수치를 기저율base rate이라고 한다. 이 기저율은 합법적인 거래가 사기 거래보다 압도적으로(1,000배) 더 많음을 의미한다. 이 기저율 때문에 감별 장치가 합법적인 거래를 사기로 오판할 확률은 '사기를 사기로' 옳게 판정할 확률보다 훨씬 더 크다. 즉 감별 장치가 사기로 판정한 거래가 합법적일 확률은 정확히 91퍼센트다. 다시 말해 감별 장치는 사기 거래의 99퍼센트와 합법적 거래의 99퍼센트에 대해 올바르게 판정함에도 불구하고, 그것의 사기 판정은 열 번에 아홉 번꼴로 오류다.

이렇게 정확하게 계산할 수 있는 것은 신용카드 사기 거래의 기저율이 약 1,000분의 1로 명시되어 있기 때문이다. 그러나 대부분의 경우 기저율을 알지 못하며, 이런 경우에 기저율 오류는 진정한 문제를 일으킨다. 사람들은 확률을 순전히 주관적 경험에 의지해 추정하는 경향이 있다. 특히 유사한 경험의 구체적 사례들을 떠올리기 쉬울 때 그 확률을 더 높게 추정하곤 한다.

안타깝게도 무언가를 머리에 떠올리는 일의 난이도는 다양한 요인들의 영향을 받는다. 전망 이론prospect theory('인간의 비합리적 행동에 관한 합리적 이론'으로 정의됨1)의 창시자 중 한 명으로서, 노벨상을 수상한 대니얼 카너먼은 이를 멋지게 예증했다. 그는 피실험자들에게 한 영어 텍스트에서 무작위로 고른 단어가 철자 k로 시작할 확률이 더 높을지 아니면 k를 셋째 철자로 가질 확률이 더 높을지 추측해보라고 했다. 그러자 피실험자의 다수는 전자의 확률이 더 높을 것 같다고 대답했다. 즉 k로 시작하는 단어가 더 많다고 추측했다. 그러나 일반적인 영어 텍스트에서 k를 셋째 철자로 가진 단어가 첫째 철자로 가진 단어보다 약 두 배 많다. 문제는 k를 셋째 철자로 가진 단어를 떠올리기가 훨씬 더 어렵다는 점이다.

일반적으로 사람들은 사례들을 떠올리기 쉬울 때 확률을 과대평가하곤 한다. 카너먼은 이 현상을 일컬어 '가용성 휴리스틱availability heuristic'이라고 했다. 사례가 얼마나 쉽게 떠오르느냐는 언론 보도와 같은 외적인 영향에 크게 좌우된다. 그래서 실제로 범죄율이 떨어지고 있을 때도 언론 보도에 따라 대중들이 범죄를 우려하는 정도가 커질 수 있다.

설령 자신의 과거 경험이 대표적인 사례이므로 스스로 확률을 정확히 추정할 수 있다고 확신하더라도, 기억력은 일상을 단순히 있는 그대로 기록하는 백지나 컴퓨터가 아니기 때문에 문제는 복잡해진다. 오히려 기억력은 경험을 관찰하고 평가하고 거르고 결합하고 구조를 바꾸고 강화하고 선택하는 역동적 처리 시스템이다. 생생한 경험은 강력한 기억을 유발한다. 최근 경험은 오래전 경험보다 더 쉽게 회상된다.

심리학자 루마 팔크$^{Ruma\ Falk}$는 우연의 일치가 놀라움을 주는 정도가 맥락에 따라 다름을 보여줌으로써 확률 추정의 가변성을 예증했다. 사람들은 무의미한 세부사항만 추가해도 우연의 일치가 더 놀랍다고 느꼈다. 나아가 몸소 겪은 우연의 일치는 타인이 겪은 것보다 더 놀랍게 여기는 경향이 있었다. 물론 이것은 아주 큰 수의 법칙을 잠재의식적으로 알고 이렇게 생각하기 때문에 일어나는 현상일 수도 있겠다. "이런 우연의 일치를 겪을 수 있는 타인은 많은 반면, 나는 단 한 명이다. 따라서 이런 일이 타인에게 일어나는 것은 덜 놀랍다."

예측, 패턴, 경향

기억의 가변성은 2장에서 언급한 확증 편향과 관련이 있다. 확증 편향이란 사람들이 자신의 믿음(과학에서는 가설)을 뒷받침하는 증거는 주목하고, 반대 증거는 무시하는 경향을 말한다. 다음과 같은 예를 들 수 있다.

나는 수열을 만드는 규칙 하나를 마음속에 정했다. 그 규칙에 따라 산출한 처음 수들은 2, 4, 6이다. 당신은 다음 3개의 수들을 추측해야 한다. 그러면 나는 당신의 추측이 옳은지 알려주겠다. 그다음에는 같은 과정이 반복된다. 즉 당신은 다음 수 3개를 추측하고, 나는 당신의 추측이 옳은지 알려준다. 우리는 당신이 내 규칙을 알았다고 확신할 때까지 이 일을 계속한다.

이 예에서 사람들은 자신의 가설을 확증하는 수들이 이어지리라고 기대한다. 예컨대 당신이 나의 규칙을 '짝수 나열'로 추측한다면, 당신은 다음 3개의 수가 8, 10, 12라고 말할 것이다. 이때 내가 당신의 추측이 옳다고 말해주면, 당신은 다음 3개의 수로 14, 16, 18를 제시할 것이다. 이번에도 당신의 추측이 옳다는 말을 들으면, 아마도 당신은 나의 규칙이 정말로 짝수 나열하기라고 확신할 것이다.

짝수들을 나열한 수열이 나의 규칙에 부합한다는 것은 틀림없는 사실이다. 그러나 나의 규칙은 당신의 확신과 다르다. 내가 마음속에 품은 규칙은 '앞선 항보다 큰 정수를 이번 항으로 삼기'다. 이 예에서 사람들은 자신의 가설에 부합하지 않는 세 수를 추측해 그 가설을 검증하기보다 그 가설에 부합하는 세 수를 추측하는 편향을 드러낸다.

이상적인 과학 연구의 방법은 과학자가 가설을 정한 다음에 그것을 반박하기 위해 실험하는 것이다. 이런 검증을 많이 통과한 가설일수록 옳을 가능성이 높다. 그러나 과학자로서의 평판은 검증들을 통과한 성공적인 가설을 얼마나 많이 내놓았느냐에 좌우되므로, 자신의 가설에 대한 검증을 너무 엄격하게 하지 않으려는 경향이 자연스럽게 존재한다. 다행히 과학자들은 경쟁한다. 다른 과학자들은 늘 당신의 가설을 검증해 당신이 틀렸음을 보여주는 일에 열중한다.

수열 2, 4, 6, 8, 10, 12…의 바탕에 깔린 규칙을 추측하는 일은 패턴 발견이라는 인간의(더 나아가 동물의) 정신적 욕구 및 능력과 관련이 있다. 우리는 이 욕구와 능력을 이미 여러 대목에서 이야기했다. 그것은 자연적인 진화의 산물이다. 당신이 호랑이나 호전적인 이웃 종족이 다가오는 징후를 알아채거나 어떤 과일이 먹기 좋은지 알려주는 특징들을 알아볼 수 있다면, 생존해 다음 세대에 유전자를 전할 가능성이 더 높다. 그러나 미신을 논할 때 보았듯이, 사건들의 패턴은 바탕에 깔린 원인 없이 우연히 발생할 수도 있다. 두 사건이 아무런 관련이 없는데도 관련이 있다고 믿는 것을 '착각적 상관illusory correlation' 효과라고 한다. 이 대목에서 통계적 추론statistical inference이 중요해진다. 통계적 추론의 목표는 우연히 발생한 패턴과 원인이 있어서 비롯된 패턴을 구별하는 것이다.

우연한 패턴의 한 유형으로 스포츠와 게임에서 말하는 '끗발'이 있다. 2장에서 끗발에 대해 논한 바 있다. 누군가가 끗발이 올랐다는 말은 어느 모로 보나 합리적인 듯하지만, 세심한 통계적 추론은 이 판단이 오류임을 알려준다. 농구에서 한 선수가 꽤 오랫동안 연속해서 골을 넣는 현상은 능력이나 운의 일시적인 변화를 상정하지 않아도 설명할 수 있다. 이 현상이 특별하게 여겨지는 것은 단지 사람들이 우연히 골이 집중될 확률을 과소평가하는 경향이 있기 때문이다. 이미 언급했듯이 무작위한 숫자들을 대보라고 요청하면 사람들은 숫자를 너무 많이 분산시켜서 한 숫자가 반복되는 경우를 지나치게 줄인다. 이것은 사람들이 로또 추첨에서 잇따른 두 숫자(이를테면 8과 9 또는 23과 24)가 나올 확률을 과소평가하는 것과 똑같은 현상이다. 마찬가지로 0과 1로 이루어진 무작위한 수열(앞면을 1, 뒷면을 0으로 정하고 동전 던지기를 반복하면, 이런 수열을 얻을 수 있다)을 만들어보라고 요청하면, 사람들은 극단적인 경우들을 피하곤 한다. 사람들이 만든 수열에 나타난 1이나 0의 비율은 실제로 동전을 던져서 얻은 비율보다 2분의 1에 더 가까운 경향이 있다.

끗발에 대한 믿음을 부추길 가능성이 있는 반직관적 현상은 또 있다. 사람

들은 실력이 대등한 두 팀의 경기에서 한 팀이 앞서는 시간의 비율을 과소평
가한다. 이 현상은 매우 인상적인 결과를 가져온다. 예를 들어 정상적인 동전
을 1초에 한 번씩 던지기를 하루 24시간 내내, 하루도 빠짐없이 1년 동안 계
속하면서 앞면과 뒷면이 나오는 비율을 계산한다고 해보자. 이때 1년의 절반
쯤의 시간 동안에는 앞면의 비율이 더 높다면 나머지 절반쯤의 시간 동안에
는 뒷면의 비율이 높으리라고 추측할 것이다. 그도 그럴 것이, 1년이 지나면
앞면의 비율이 약 2분의 1이 되어야 할 테니까 말이다.

그러나 이 추측은 틀렸다. 이상하다고 느낄지 몰라도, 앞면(또는 뒷면)이 나
올 비율이 1년의 대부분 기간 동안 2분의 1을 넘을 확률이 훨씬 더 높다. 마지
막 6개월 내내 앞면(또는 뒷면)의 비율이 높을 확률 역시 2분의 1이다. 다시 말
해 이 1년짜리 실험을 한다면, 약 절반의 확률로 마지막의 반년 내내 앞면(또
는 뒷면)이 우세를 지키는 모습을 보게 된다. 더욱 놀라운 것은 계산에 따르면,
평균 열 명 중 한 명 꼴로는 판세 역전(앞면 우세에서 뒷면 우세로 또는 그 반대로 상
황이 뒤집힘)을 최초 9일 내에 경험한다는 점이다.

코넬대학교의 토머스 길로비치[Thomas Gilovich]와 스탠퍼드대학교의 로버트 발
론[Robert Vallone], 아모스 트버스키[Amos Tversky]는 끗발에 대한 믿음을 반박하는 중요
한 연구를 했다.[2] 이들은 농구 통계에 초점을 맞춰 필라델피아 세븐티식서스
를 비롯한 여러 팀(대조군으로 삼은 코넬대학교 남녀 대표 팀 포함)의 슛 기록을 분
석했다. 이들의 결론에 따르면, 통계 데이터는 "잇따른 슛의 결과들 사이에 긍
정적 상관성이 있다는 증거를 제공하지 않았다". 이들은 그런 상관성에 대한
믿음이 유지되는 원인의 하나로 "슛 성공(또는 실패)의 연속은 성공과 실패가
뒤섞인 상황보다 더 잘 기억되기 때문에, 관찰자는 성공한 슛들 사이의 상관

성을 과대평가할 가능성이 높다"는 사실을 지적했다.

다른 연구들도 비슷한 결론에 도달했다. 크리스찬 올브라이트Christian Albright 는 야구 통계를 연구해 "일부 선수는 한 시즌 동안에 기간별 성적 차이(성적인 좋은 기간과 나쁜 기간의 교대)를 눈에 띄게 나타낸다"[3]는 결론에 이르렀지만, 우리는 누군가는 성적표의 꼭대기에 위치하고 또 누군가는 바닥에 위치할 수밖에 없음을 떠올려야 한다. 만일 많은 선수를 살펴본다면(올브라이트는 501명을 살펴보았다) 일부 선수는 단지 우연하게 성적 차이를 나타내리라고 예상할 만하다. 올브라이트는 이를 의식하고 이렇게 덧붙였다. "무작위로 보이는 행동을 나타낸 타자들의 비율은 무작위 모형이 예측하는 비율과 꽤 유사하다."

끗발에 대한 믿음은 매우 유혹적이며, 성공적인 플레이의 연속과 같은 패턴들에 주목하는 인간의 자연적 경향은 끗발에 대한 믿음을 떨쳐내기 어렵게 만든다. 따라서 그 믿음을 반박하는 연구를 반박하는 과학자들이 항상 있다. 이미 말했듯이 한 과학자의 이론과 설명을 다른 과학자들이 검증하고 새 데이터와 부합하는지 확인하는 것은 과학의 본성이다. 그런 역공에 나선 일부 과학자는 길로비치와 동료들이 관련 요인을 모두 통제하지는 못했다고 주장한다. 스포츠나 게임의 성적은 동전 던지기라는 추상적 모형과 다르며, 공정한 분석을 위해서는 선수의 심리 상태, 건강, 작은 부상 등을 비롯한 많은 요인을 고려해야 한다는 것이다. 또 다른 요인으로 잇따른 플레이 사이의 시간 간격이 있다. 만일 끗발 오름 현상이 시간이 지남에 따라 잦아든다면, 확실히 이 잦아듦은 분석 결과에 영향을 미칠 것이다.

길로비치와 동료들이 도달한 결론에 반박하는 또 다른 주장은, 긍정적 상관성이 실제로 있지만 크기가 작아서 그들의 부족한 데이터에서는 포착되지 않았다는 것이다. 이 주장은 옳을지도 모른다. 그러나 있으나 마나 할 만큼 작은 상관성에 관심을 기울일 사람은 아마 없을 것이다. 일반적으로 포착하려는 상관성이 작으면 작을수록 더 많은 데이터가 필요하다. 예컨대 앞면이 나올 확률이 0.9인 동전이 정상적이지 않음(즉 앞면이 나올 확률이 0.5가 아님)을 알아채기 위해서는 많은 횟수의 동전 던지기가 필요하지 않다. 그러나 그 확률이 0.501임을 알아채기 위해서는 아주 많은 횟수의 동전 던지기가 필요하다. 얼마나 많은 데이터가 필요한가는 포착할 가치가 있다고 여기는 차이가 얼마나 큰가에 달려 있다. 그러나 만일 그 차이가 0.001에 불과하다면, 이를 포착할 가치가 있다고 여길까?

짐 앨버트[Jim Albert]는 야구 타자들의 성적 차이에 관한 올브라이트의 부정적 결론을 접하고 다음과 같은 논평을 내놓았다. 그의 논평은 끗발을 믿는 사람을 설득하기란 얼마나 어려운지 보여준다.[4] "이 분석에 기초해 야구 데이터에는 성적이 좋은 기간과 나쁜 기간의 교대가 없다고 결론짓는 것은 옳지 않다고 본다. 오히려 기간별 성적 차이는 다른 상황 요인들과 마찬가지로 데이터의 미묘한 특징임을 인정해야 한다 … 기간별 성적 차이는 많은 사람이 제대로 이해하지 못했으며 통계학적으로 포착하기 어려운 데이터의 특징이다."

데이터의 미묘함에 대해서는 이론[異論]이 있을 수 없다. 모든 데이터, 특히 인간에 관한 데이터는 미묘하며, 일반적으로 그 미묘함의 많은 부분이 드러나지 않았으리라 예상해야 한다. 그러나 위에 인용한 앨버트의 말은 부질없는 반발의 색채가 짙다. "데이터는 내가 틀렸음을 보여주는 것 같다. 그러나 특정 조건에서는 그 효과가 존재하지 않을지도 모른다"라는 식의 반발이기 때문이다. 이 말이 옳을 수도 있겠지만, 나는 초감각지각의 존재를 보여주려는 실험들이 잇따라 실패로 돌아가자 초감각지각과 초심리학을 믿는 사람들이 내놓은 논평들이 떠오른다.

우연의 일치도 사건들에서 패턴을 발견하려는 인간의 잠재의식적 욕구를 예증한다. 2장에서 칼 융의 공시성 개념을 다루면서 몇 가지 예를 보았다. 지금 살펴볼 예들도 융에게 빌린 것으로, 인용문들은 융의 자서전《기억, 꿈, 사상 Memories, Dreams, Reflections》에서 따왔다.[5]

첫째 사례는 융이 '심인성 우울증psychogenic depression'에서 끌어냈다고 주장한 환자에 대한 것이다. 치료 이후 그 환자는 '융의 진료를 받은 바 없는' 한 여성과 결혼했다. 융은 "아내의 태도가 그 환자에게 감당할 수 없는 엄청난 부담을 지웠다"고 보았다. 그 환자는 우울증이 재발했는데 융을 다시 찾아오지 않았다. 이 대목에서 융의 이야기가 시작된다.

당시에 나는 B에서 강의를 해야 했다. 나는 자정쯤 호텔로 돌아왔다. 강의 후 한동안 친구 몇 명과 함께 앉아 있다가 잠자리에 들었지만 오랫동안 잠이 오지 않았다. 두 시쯤 —깜빡 잠이 들었던 모양이다— 깜짝 놀라 깨어났는데, 누군가가 방 안에 들어왔다는 느낌이 들었다. 심지어 문이 급하게 열렸다는 느낌마저 들었다. 즉시 불을 켰지만, 아무것도 없었다. 누군가 문을 착각했을 수도 있다고 생각하면서 복도를 내다봤다. 복도는 쥐 죽은 듯 고요했다. "이상하군" 하고 생각했다. "분명 누군가가 내 방에 들어왔어!" 그러고는 무슨 일이 있었는지 정확히 기억해내려 애썼다. 내가 이마에 이어 뒤통수에 묵직한 통증을 느꼈기 때문에 잠에서 깼다는 것이 기억났다. 이튿날 나는 나의 환자가 자살했다는 전보를 받았다. 그는 총으로 자살했다. 나중에 안 일이지만, 총알은 그의 두개골 뒷벽에 박혀 멈췄다.

이 경험은 원형적 상황—이 경우에는 죽음—과 관련해서 꽤 자주 관찰되는 유형의 진정한 공시성 현상이었다. 무의식 속에서의 시간과 공간의 상대화 덕분에 내가 현실의 다른 장소에서 일어나고 있던 일을 지각한 것일 가능성이 충분히 있다.[6]

그렇다, 그럴 수도 있다. 또는 융이 새벽 두 시까지 잠들지 못해서 두통이 생긴 차에 누군가가 옆방에 들어가면서 문을 세게 닫는 바람에 깜짝 놀라 깨어난 것일 수도 있다. 그가 과거에 호텔 방에서 '원형적 상황'과 무관하게 또한 '무의식 속에서의 시간과 공간의 상대화'를 통해 설명할 필요가 없는 방식으로 잠을 설친 경험이 얼마나 많은지 따져볼 필요가 있다(적어도 나는 그런 경험이 많다). 위 사건은 융에게는 기이하게 느껴졌을지 몰라도 우연의 법칙으로 충분히 설명할 수 있다.

둘째 사례는 더욱 기괴하고 억지스럽다.

1년 뒤에 나는 중앙에 금색 성이 있는 만다라 모양의 두 번째 그림을 그렸다. 그림이 완성되었을 때 나는 "왜 그림이 이렇게 중국적이지?" 하고 자문했다. 중국적 요소가 노골적으로는 없었지만, 내가 보기에 중국적인 형태와 색깔 선택이 눈에 띄었다. 아무튼 내 느낌이 그러했다. 그 직후에 나는 리하르트 빌헬름Richard Wilhelm에게서 논문에 대한 평론을 써달라는 요청을 받았다. 요청 편지에 동봉된 논문은 도교의 연금술을 다룬 〈금색 꽃의 비밀The Secret of the Golden Flower〉이었다. 기묘한 우연의 일치였다 … 이 우연의 일치, 이 '공시성'을 상기하면서 나는 이렇게 썼다.[7]

융은 관심 분야가 특이했으므로 기이한 원고를 동봉한 편지를 자주 받았으리라고 (또는 기이한 이야기를 자주 들었으리라고) 짐작된다. 게다가 위 인용문에서 그는 '직후'가 얼마나 긴 시간 뒤인지 말하지 않는다. 우연의 법칙에 따르면, 자신이 그린 그림에 대한 융의 주관적 느낌과 편지 수령의 '우연의 일치'는 전혀 놀랍지 않다. 심지어 편지에 금색 성에 관한 논문이 동봉된 것도 아니었다. 금색 꽃에 관한 논문이 동봉되어 있어서 놀랐다면, 빨간색 성에 관한 논문이 동봉되어 있었어도 같은 강도로 놀랐을까?

무엇보다도 융의 관심은 선택의 법칙을 향한 문을 열었다. 그는 자신에게 특히 중요한 사항만 주목하고 인지했다. 이와 유사한 많은 상황에서 확률 지렛대의 법칙도 작동한다. 우리가 누군가에 관한 기사를 읽었는데, 그 후에 그가 텔레비전에 나오고, 그다음에 직장에서 동료가 그를 언급할 수도 있다. 처음에 우리는 그의 이름이 이렇게 계속 튀어나오는 것을 묘한 우연의 일치로 생각할 수도 있다. 그러나 추측하건대 그는 언론에 오르내릴 만한 일을 했을 것이다. 따라서 그가 신문에 등장할 확률, 텔레비전에 나올 확률, 동료에 의해 언급될 확률이 모두 상승했을 것이다. 즉 주목한 사건들은 공통 원인을 가졌고, 그 원인이 확률분포를 바꿔놓았을 것이다. 이 예는 샐리 클라크의 사례처럼 사건들의 종속성을 감안하지 않으면 확률 추정에 오류가 생길 수 있음을 보여준다.

6장에서 이와 유사한 상황을 언급했다. 새 단어를 처음 알게 된 후 얼마 지나지 않아 그 단어를 다시 만나는 일이 드물지 않은 것 말이다. 이 경험은 선택의 법칙과 관계 깊은데, 그 외 우연의 법칙의 다른 가닥들도 이 경험을 유발할 수 있고 때로는 함께 작동해 더욱 충격적인 현상을 빚어낼 수 있다. 어쩌면 새 단어를 처음 알게 될 즈음에 행동이 변화했을 수도 있다. 이를테면 과거와 달리 그 단어가 종종 나오는 분야의 글이나 그 단어를 종종 사용하는 저자의 글을 읽고 있을 수도 있다. 만일 그렇다면 확률 지렛대의 법칙이 적용된다. 어쩌면 과거에도 그 단어를 읽었지만 이제야 주목하는 것일지도 모른다. 이런 경우라면 역시 선택의 법칙이 적용된다. 또는 세상이 변화해서 과거에는 드물게 쓰인 그 단어가 이제 자주 쓰이는 것일 수도 있다. 단어들은 의미와 사용 빈도가 변화한다('트윗tweet'을 보라). 새 단어가 만들어지기도 하고 ('구글google' 처럼) 단어가 국경을 넘기도 한다. 이런 경우라면 확률 지렛대의 법칙이 또 다른 방식으로 적용된다.

나는 이 책의 집필을 마무리하는 과정에서 이와 유사한 관심의 영향을 직접 경험했다. 나는 통계학 기법을 천문학에 적용하는 일은 물론, 우리가 얼마나 쉽게 오류를 범할 수 있는가에도 관심이 있다. 또한 나는 마술에 관한 책들을 많이 읽었다. 2012년 10월 6일 자《타임스》는 관례대로 그날에 태어난 유명인들의 목록을 게재했다. 그 목록에 네빌 마스켈린Nevil Maskelyne이 포함되어 있었다. 그는 1765년부터 1811년까지 왕립 천문학자로 재직했다. 그런데 그 잡지를 몇 쪽 더 넘기니, 2차 세계대전에 관한 기사가 나왔다. 몽고메리가 에르빈 롬멜Erwin Rommel을 속여서 공격 지점을 오판하게 만들었다는 내용이었다. 몽고메리는 화가와 목수를 동원해 탱크 600대를 트럭으로 위장하고 다른 곳에는 모형 기관총들과 탱크들을 배치했다. 기사는 이 계략에 동원된 인물 하나를 명시적으로 언급했는데, 그는 유명한 마술사 재스퍼 마스켈린Jasper Maskelyne이었다. 그는 자신이 네빌 마스켈린의 후손이라고 주장했다. '서로 관련이 있는 이 두 인물이 같은 날에 전혀 무관한 두 맥락에서 언급되다니 대단한 우연의 일치로군!' 하고 나는 생각했다. 그러나 이 우연의 일치가 내 눈에 띈 것은 나의 관심이 천문학과 마술 모두에 걸쳐 있기 때문이다. 내가 다른 '우연의 일치'를 얼마나 많이 간과했을지, 다른 관심 분야를 가진 다른 사람들은 같은 잡지에서 얼마나 많은 우연의 일치를 목격했을지 나로서는 알 수 없다. 이것이 선택의 법칙이다. 게다가 잡지의 두 대목에서 언급된 마스켈린은 동일인이 아니므로, 충분함의 법칙도 함께 작동한다고 할 수 있다.

우주의 심술

앞 절에서 나는 사건들의 패턴을 거론하면서 그런 패턴을 발견할 확률은 다양한 심리학적 편향에 의해 높아진다는 점을 강조했다. 무작위한 수열에서 한 숫자가 반복될 확률을 과소평가하는 경향은 그런 편향의 한 예다. 또한 세계나 자신의 변화가 예상치 못한 패턴이 발생할 가능성을 높여 놀라움을 주기도 한다.

이런 효과는 때때로 피드백 메커니즘을 통해 더욱 뚜렷하게 나타난다. 피드백이란 어떤 사건(또는 현상)에 대한 반응이 향후 그 사건이 발생할 확률에 영향을 미치는 것을 말한다. 생물학적 시스템에서는 이런 피드백 메커니즘이 다반사로 작동한다. 이른바 '피식자-포식자 순환prey-predator cycle'에서 그렇다. 캐나다 스라소니는 눈덧신토끼를 잡아먹는다. 토끼의 수가 늘어나면 스라소니는 먹이를 충분히 먹고 더 많이 생존한다. 스라소니의 수가 늘어나면 더 많은 토끼가 잡아먹혀 토끼의 수가 줄어든다. 그 결과 스라소니의 먹이가 줄어들어 스라소니의 수도 줄어든다. 토끼를 잡아먹는 스라소니의 수가 줄어들면 토끼의 수가 증가한다. 이런 식으로 계속 순환이 일어난다.

또 다른 예로 경제 변동 economic fluctuation 을 들 수 있다. 주가가 오르면 더 많은 사람이 주식 구매에 나서고 그에 따라 주가가 더 상승한다. 그러면 구매 욕구가 더 커져서 주가는 더욱 더 상승한다. 그러다가 몇몇 사람이 주가가 꼭 대기에 도달했다고 생각하면서 주식을 판다. 주가는 약간 떨어진다. 주가 하락을 목격한 다른 사람들이 주식을 팔아 주가가 더 떨어진다. 이런 식의 변동이 계속된다.

내가 2장에서 언급한 자기 충족 예언은 피드백 메커니즘의 한 형태다. 자기 충족 예언에서는 어떤 일이 일어나리라는 믿음이 어떤 행동을 유발하고, 그 행동은 그 일이 일어날 개연성을 높인다. 로머트 머튼이 예로 든 겁 많은 학생을 기억하는가? 그 학생은 자신이 시험에서 떨어지리라고 생각하며 공부보다 걱정에 더 많은 시간을 쓴 탓에 실제로 떨어졌다. 자신에게 좋은 일이 일어나리라고 예상하는 낙관론자는 좋은 일이 일어날 상황을 선택할 개연성이 더 높다는 주장이 제기되기도 했다. 아닌 게 아니라, 자신이 본래 행운아라고 믿는 사람은 행운이 발현될 기회를 어떻게든 마련할 것이다. 영국 노팅엄셔 스테이플포드에 사는 리즈 데니얼 Liz Denial 은 한 텔레비전 게임 쇼에서 37인치 LCD 텔레비전, 홈 시네마 기기, 엑스박스 두 대, 케냐 여행권, 1만 6,500파운드를 상으로 받았고 다른 상도 많이 받았다. 그녀의 말에 따르면, 그녀는 2012년 10월부터 (그녀에 관한 신문 기사가 나온) 2013년 6월까지 매일 상을 받았다.[8] 이는 그녀가 엄청나게 많은 추첨 행사에 참여했음을 의미한다. "당첨되려면 참여하세요"라는 로또 광고 문구를 본 적 있는가? 똑같은 원리가 여기에도 적용된다. 충분히 많은 추첨 행사에 "참여하라". 나머지는 아주 큰 수의 법칙이 알아서 해줄 것이다.

마찬가지로 낙관론자는 충분히 오래 탐색하기만 하면 무엇이든지 발견하리라고 믿는다. 그렇다 보니 무언가를 발견할 가능성이 낮다고 느끼는 비관론자보다 더 오래 탐색하는 경향이 있다. 따라서 낙관론자는 목표물을 발견할 확률이 더 높다. 그러나 선택의 법칙을 상기하라! 치명적인 병을 앓다 회복된 사람이 "나는 병을 극복할 수 있다고 믿었기 때문에 극복해냈다"라고 말하는 것은 익숙한 광경이다. 병을 극복할 수 있다고 믿었으나 결국 사망한 사람은 우리 곁에서 자신의 경험을 이야기할 수 없다.

"당첨되려면 참여하세요"라는 문구는 불가능(확률 0)과 가능(0보다 큰 확률. 로또에서는 0보다 미세하게 큰 확률)을 가르는 경계선을 강조한다. 안타깝게도 우리는 일반적으로 아주 작은 확률을 평가하는 데 어려움을 겪는다. 대개 그런 확률을 과대평가하고(즉 드문 사건이 일어날 개연성을 실제보다 더 높게 짐작하고) 아주 높은 확률을 과소평가한다. 이 중 인간의 심리가 아주 작은 확률을 왜곡하는 경향을 일컬어 '가능성 효과 possibility effect'라고 한다. 실제 확률은 100만 분의 1이더라도, 우리는 그 확률을 과장한다. 로또 당첨 확률 1,400만 분의 1은 보렐의 법칙을 적용하기에 충분할 만큼 작다. 그럼에도 우리는 로또를 산다. 이와 유사하게 사람들은 아주 작은 위험을 줄이거나 제거하기 위해 너무 많은 돈을 기꺼이 지불한다. 극단적인 예를 들자면, 당신은 외계인에게 납치될 경우를 대비해 보험을 들 수 있다. 그 보험은 당신이 납치 후유증에서 회복하는 동안 지불할 의료비도 책임진다.

가능성 효과는 보렐의 법칙이 안겨주는 충격을 증폭시킨다. 가능성 효과 때문에 우리는 개연성이 아주 낮은 사건을 그리 드물지는 않은 사건으로 착각한다. 심지어 개연성이 꽤 높다고 착각하기도 한다. 그러나 보렐의 법칙은 개연성이 매우 낮은 사건은 일어나지 않을 것이라고 말해준다. 그런 사건은 우리가 생각하기에 개연성이 꽤 높더라도 일어나지 않을 것이다. 이 경우 믿음과 세계의 불일치는 충격으로 다가온다.

반대편 극단에 놓인 '확실성 효과certainty effect'란 거의 확실한 사건의 확률을 과소평가하는 경향을 말한다. 확실성 효과는 또 다른 심리 현상인 '과신 효과overconfidence effect'와 흥미로운 대비를 이룬다. 특정한 사건이 일어날지 예측해보라고 요청하면 사람들은 자신의 예측을 과신하는 경향이 있다. 사람들은 어떤 사건이 일어나리라는 예측을 자주 내놓지만, 실제로 그 사건은 예측 빈도보다 덜 일어난다. 이 편향은 6장에서 설명한 '사후 과잉확신 편향'과 관련이 있다. 사후 과잉확신 편향이란 과거 사건이 당시에 예측 가능했던 정도보다 더 많이 예측 가능했다고 여기는 경향을 의미하는데, 이는 조금 뒤에 살펴보자.

이 모든 편향에 대처하는 일은 까다롭다. 왜냐하면 관점에 따라 해석이 달라지기 때문이다. 의료 검사 두 가지를 상상해보자. 하나는 정확도가 95퍼센트, 또 하나는 96퍼센트다. 당신은 이 두 가지 검사의 효율성이 사실상 같다고 여길 수도 있다. 그러나 관점을 바꿔보자. 첫째 검사는 환자의 5퍼센트에서 오류를 내고, 둘째 검사는 환자의 4퍼센트에서 오류를 낸다. 차이는 5퍼센트 중 1퍼센트(=5퍼센트-4퍼센트)다. 다시 말해 둘째 검사는 첫째 검사에 비해 오류를 5분의 1만큼 덜 낸다. 이렇게 보면 둘째 검사가 첫째 검사보다 훨씬 더 우수해 보인다.

마찬가지로 어떤 확률이 아주 작다면 그 확률의 두 배도 역시 아주 작다. 제약회사가 어떤 신약을 광고하면서 10만 명당 겨우 한 명에게 부작용이 나타난다고 주장한다고 해보자. 경쟁사 제품은 부작용 발생률이 5만 명 당 1명 (즉 10만 명당 2명)이라고 강조하면서 말이다. 신약을 사용하면 부작용 발생률이 절반으로 줄어든다. 대단하지 않은가? 그렇다, 차이가 고작 10만 분의 1이다. 이 정도면 미미한 차이다. 살면서 걱정해야 할 온갖 위험을 감안하면 이 정도의 위험 감소 효과는 아마도 대수롭지 않다. 10만 분의 1의 확률은 여전히 보렐의 법칙이 무시할 만큼 작다. 따라서 두 약의 부작용 발생률의 차이는 무시할 수 있다.

'분모 무시denominator neglect'는 더 미묘한 오류다. 확률에 관한 전문적인 책들은 이 오류를 설명할 때 흔히 현실 세계의 복잡성을 피하고 확률에만 초점을 맞추기 위해 제한적이고 작위적인 상황들만 서술한다. 실제로 나 자신도 이 책의 여러 곳에서 그런 서술 방식을 채택해 주사위 던지기와 동전 던지기를 거론했다. 이와 유사하게 확률론 책들은 때때로 단지에서 구슬을 꺼내는 상황을 거론한다. 우리 앞에 단지 2개가 있다고 해보자.

1번 단지에는 구슬 10개, 구체적으로 하얀 구슬 9개와 빨간 구슬 1개가 들어 있다.

2번 단지에는 구슬 100개, 구체적으로 하얀 구슬 92개와 빨간 구슬 8개가 들어 있다.

우리는 어니에 구슬 10개가 들어 있고 어니에 구슬 100개가 들어 있는지 안다. 이제 당신은 눈을 가리고 한 단지에 손을 넣어 구슬 하나를 꺼내야 한다. 만일 빨간 구슬을 꺼낸다면 상을 받는다. 그런데 어느 단지를 선택해야 할까? 구슬 10개가 든 단지를 선택해야 할까 아니면 100개가 든 단지를 선택해야 할까?

간단하게 계산해보면 1번 단지에서 빨간 구슬을 꺼낼 확률은 10퍼센트이고, 2번 단지에서 빨간 구슬을 꺼낼 확률은 8퍼센트다. 따라서 합리적인 선택은 1번 단지다. 그러나 약 3분의 1은 2번 단지를 선택한다. 2번 단지에 더 많은 구슬이 들어 있어 그 단지 속의 구슬들이 더 골고루 섞여 있으리라고 (맞게) 추론하기 때문이다. 그러나 한 발 더 나아가서 그릇된 추론을 한다. 2번 단지의 구슬들이 더 골고루 섞여 있으므로 거기에서 빨간 구슬이 뽑힐 확률이 더 높다고 말이다.

3장에서 큰 수의 법칙을 접한 바 있다(큰 수의 법칙은 아주 큰 수의 법칙과 다르다). 큰 수의 법칙이란, 한 집단에서 무작위로 뽑은 표본들의 평균은 표본들의 개수가 많을수록 집단 전체의 평균에 더 접근할 개연성이 높다는 것이다. 그런데 때때로 사람들은 표본들의 개수가 적은 상황에서도 큰 수의 법칙이 성립한다고 착각한다. 이 착각을 일컬어 '작은 수의 법칙law of small numbers'이라고도 한다.

공정한 동전을 100번 던진다고 해보자. 큰 수의 법칙에 따르면 이 동전 던지기 결과에서 앞면의 비율이 2분의 1, 곧 0.5를 크게 벗어날 가능성은 매우 낮다. 실제로 계산해보면, 0.5를 크게 벗어나 0.4보다 작거나 0.6보다 큰 비율이 나올 확률은 0.035다. 그렇다면 동전을 다섯 번 던질 경우에도 앞면의 비율이 0.4보다 작거나 0.6보다 클 확률이 마찬가지로 작으리라. 그러나 작은 수에 의지한 이 예상은 틀렸다. 계산해보면, 그 확률은 0.375다. 앞선 확률보다 열 배 넘게 크다.

이번에는 국소마취제 두 가지를 비교해보자. 무작위로 선정한 환자 네 명의 표본 집단에 한 마취제를 투여하고, 역시 무작위로 선정한 다른 환자 40명의 표본 집단에 다른 마취제를 투여한다. 그 뒤 약효를 평가하기 위해 뾰족한 물건으로 환자의 피부를 찌르는데 피부에 상처가 날 정도로 세게 찌르지는 않으면서 환자에게 통증이 얼마나 강한지를 '매우 강함' '적당함' '거의 느껴지지 않음'의 3단계로 평가하라고 요청한다.

이제 선정한 환자들이 속한 전체 집단(모집단)에서는 두 마취제의 효능이 실제로 동등하며 약 30퍼센트의 환자는 어느 마취제를 투여하든지 피부 찌르기 검사에서 통증을 '매우 강함'으로 평가한다고 가정하자. 따라서 양쪽 표본집단에서 평균적으로 약 30퍼센트는 '매우 강함'이라는 평가를 내놓으리라고 예상할 만하다. 그러나 이것은 평균이다. 만일 우리가 무작위로 선정한 첫째 표본 집단의 환자 네 명 모두가 '매우 강함'이라는 평가를 내놓을 수 있다 (이런 일이 발생할 확률은 123분의 1이다).

반면에 둘째 표본 집단의 환자 40명이 모두 '매우 강함'이라는 평가를 내놓는다면(이런 일이 발생할 확률은 8×10^{20}분의 1이다) 몹시 놀랄 것이다. 작은 표본 집단에서 나오는 결과는 큰 표본 집단에서 나오는 결과보다 더 가변적이다. 따라서 작은 표본 집단에서는 극단적인 결과가 더 많이 나온다. 작은 수의 법칙은 사례의 개수가 적은 경우에 이런 높은 가변성을 감안하지 못하는 경향이 있기 때문에 작동한다.

6장에서 구직자들의 시험 성적에 관한 예를 통해 가변성이 높을 경우 일어나는 결과를 보았다. 구직자들의 실력이 대등해서 시험을 아주 많이 치르면 모두 동일한 평균 점수를 얻겠지만, 점수의 가변성이 높은 구직자들은 매우 균일한 점수를 얻는 구직자들보다 고득점을 올릴 가능성이 높다. 이 원리는 여기에도 적용된다. 다만 여기서는 표본 집단의 크기가 작으면 가변성이 더 높아진다. 표본 집단의 크기가 작으면 표본평균은 더 가변적이다. 예컨대 수술 기술이 동등한 외과의사 두 명이 있는데, 한 명이 다른 한 명보다 수술을 더 많이 한다고 해보자. 그러면 수술을 더 적게 하는 의사의 성공률이 더 가변적이다. 따라서 그는 높은 성공률을 기록할 확률도, 반대로 낮은 성공률을 기록할 확률도 더 높다. 이를 우연의 법칙의 관점에서 보면 소량의 데이터에서는 드문 평균값이 나올 가능성이 높다는 교훈을 얻을 수 있다.

한 마디 덧붙이자면 '작은 수의 법칙'이라는 표현은 다른 현상들을 가리키는 용어로도 쓰인다. 그중 하나는 푸아송분포에서 뽑아낸 수들의 행동이다. 또한 리처드 가이Richard Guy가 말한 '작은 수에 관한 강한 법칙strong law of small numbers'과 같은 의미로 쓰이기도 한다. 가이가 반쯤 농담으로 내놓은 이 법칙은 "작은 수들에 대한 수요는 많은데, 그 수요를 충족시키기에는 작은 수의 개수가 부족하다"는 것이다.[9] 즉 작은 수는 몇 안 되는데, 곳곳에서 작은 수들이 튀어나오다 보니 외견상 우연의 일치가 양산된다는 것이다. 가이는 이런 질문을 던진다. 작은 수들이 연루된 우연의 일치를 목격했을 때, 그 우연의 일치는 단지 우연일까 아니면 심층적인 진리의 반영일까? 이 질문에 답하는 방법 하나는 그 사례를 확장해 큰 수들에도 적용해보는 것이다. 만일 그 일치가 한낱 우연이라면 확장할 경우 그 일치가 사라질 테니까. 아래의 두 사례 중에서 두 번째는 가이가 제시한 것이다.

사례1: $3^2 + 4^2 = 5^2$이고 $3^3 + 4^3 + 5^3 = 6^3$이다. 3 이상의 잇따른 정수들 사이에서 성립하는 이런 관계는 항상 성립할까(예컨대 $3^4 + 4^4 + 5^4 + 6^4 = 7^4$일까) 아니면 단지 우연의 일치로 위 등식들만 성립할까?

사례2: 양의 정수들을 (아래 첫 행처럼) 적고 짝수 번째 정수들을 (아래 둘째 행처럼) 지운 다음에 남은 정수들을 차례로 더한 합들($1+3=4$, $1+3+5=9$ 등)을 나열하면, (아래 셋째 행처럼) 제곱수들의 수열이 만들어진다.

1	2	3	4	5	6	7	8	9	10	11
1		3		5		7		9		11
1		4		9		16		25		36

질문은 이것이다. 이런 과정을 통해 제곱수들을 얻을 수 있다는 것은 수의 본질적 속성일까 아니면 작은 수들에서만 우연히 성립하는 우연의 일치에 불과할까?[10]

가이는 작은 수들에 관한 강한 법칙에서 나오는 귀결들을 다양하게 제시했다. 그의 결론은 "피상적인 유사성은 사이비 진술을 낳는다 … 변덕스러운 우연의 일치는 경솔한 추측을 유발한다"이다.

사건과 인간의 열망 사이의 상호작용을 다룬 이 절의 논의에 부족함이 없으려면 그 상호작용의 또 다른 측면을 언급해야 할 것이다. 그 측면은 바로 '머피의 법칙Murphy's Law'이다. "잘못될 수 있는 일은 무엇이든 잘못될 것이다" 라고 말해주는 이 법칙은 우연의 법칙의 일부는 아니지만 다음 논의로 넘어가기에 앞서 살펴볼 가치가 있다.

머피의 법칙은 우주의 심술에 대한 풍자다. 이 풍자는 때때로 더 강하게 표현된다. 마술사 네빌 마스켈린(왕립 천문학자가 아닌 앞서 언급한 재스퍼 마스켈린의 아버지)는 "잘못될 수 있는 일은 모조리 잘못될 것이다. 그 원인이 물질의 악의에 있든지 아니면 무생물들의 철저한 타락에 있든지 간에…"[11]라고 썼다. 나는 '무생물들의 철저한 타락'이라는 표현이 끌린다!

'머피의 법칙'이라는 명칭은 1949년 에드워드 공군기지에서 근무한 에드워드 머피Edward Murphy 대위의 이름에서 유래했다는 주장이 있긴 하지만, 이 법칙의 바탕에 깔린 생각은 아마 인간성 그 자체만큼 오래되었을 것이다. 머피의 법칙을 "일어날 수 있는 일은 일어날 것이다"라고 한다면, 이 법칙을 아주 큰 수의 법칙의 특수한 사례로 간주할 수 있다. 또는 닫힌 시스템의 무작위성은 증가하기 마련이라는 열역학 제2법칙의 한 변형으로 간주할 수도 있다.

'소드의 법칙Sod's law'은 머피의 법칙의 극단적인 버전 중 하나다. 이 법칙은 항상 가능한 최악의 결과가 발생한다는 것이다. 교통신호등은 당신이 급할 때 빨간색으로 바뀐다. 이메일 사이트는 당신이 중요한 메시지를 다 작성하고 '보내기' 버튼을 클릭하기 직전에 다운된다. 더 진지한 예를 들자면 베토벤Beethoven 같은 작곡가는 청력을 잃고, (밴드 데프 레퍼드Def Leppard의) 릭 앨런Rick Allen 같은 드러머는 교통사고로 팔을 잃는다. 하지만 아주 큰 수의 법칙을 상기하자. 그 법칙은 이런 사건들의 발생을 예상해야 한다고 말해준다. 또 선택의 법칙을 상기하자. 그 법칙에 따라서 우리는 이런 사건들을 더 잘 기억한다.

시간은 흐른다

시간은 과거에서 미래를 향해 한 방향으로 흐른다. 미래는 가능성들이 거품처럼 들끓는 카오스의 바다와 같다. 그 바다에서 한 순간 일어날 것처럼 보이는 일들은 개연성이 더 큰 다른 일들에게 자리를 내주고, 개연성이 큰 일들도 또 다른 일들로 대체된다. 현재는 남극의 바람과 같다. 현재가 닥치면, 사건들은 얼어서 굳어진다. 영영 변화할 수 없는 결정結晶으로 바뀌어 고정된 과거에 편입된다.

미래에 일어날 일을 예측하기 위해 우리는 현재가 전진하며 거치는 단계들을 탐구할 수 있다. 그러나 미래가 현재가 될 때까지, 우리는 결코 예측을 확신할 수 없다. 예상치 못한 무언가가 끼어들어 예측을 짓밟을 가능성은 항상 열려 있다. 그러나 미래가 과거가 되고 나면, 쉽게 되돌아보며 사건들의 연쇄를 추적할 수 있다. 이것이 '사후 과잉확신 편향'의 토대다.

사건들의 연쇄가 복잡하게 얽혀 있으면, 미래를 예측하기가 특히 어렵다. 앞서 9·11 테러를 언급하면서 나는 그 사건으로 이어진 단계들을 사후에 확인하는 것은 가능하지만 당시에 일어나던 온갖 사건의 소용돌이 속에서 사전에 그 단계들을 알아채는 것은 불가능하다고 말한 바 있다.

경탄을 자아내는 책《춤추는 술고래의 수학 이야기The Drunkard's Walk》에서 저자 레오나르드 플로디노프Leonard Mlodinow는 1941년에 일어난 진주만 공격의 명백한 징후들을 사후에 돌이켜보며 서술한다.[12] 당시 어느 일본인 첩자에게 전달되는 메시지를 가로채서 보니 전함들이 어떻게 정박해 있는지에 관한 정보를 보내라고 요구하는 내용이었고, 일본군은 평소에 6개월마다 바꾸던 호출부호^{call sign}를 한 달 안에 두 번이나 바꿨으며, 일본 외교관들은 암호문을 파기하고 비밀문서를 불태우라는 지시를 받았다. 사후에 돌이켜보면서 이 사건들을 당시에 벌어지던 다른 사건으로부터 분리해 징후들의 연쇄로 고찰하면, 바보가 아닌 이상 무언가 음모가 진행되고 있음을 누구나 알아챌 수 있었다는 생각이 들 만하다. 거듭 말하지만 사후의 통찰력은 완벽하기 마련이다. 그러나 당시에 이 징후들은 다른 사건들의 격동 속에 자리했다. 이 사건들을 따로 떼어내고, 상호 연관성을 알아채고, 임박한 기습을 예측하는 것은 불가능했다. 사후설명은 멋지다.

최고의 권위자들이 확신하며 내놓은 예측이 나중에 전혀 틀린 것으로 밝혀진 사례는 많다. 몇 가지 예를 보자.

- "나는 기구 비행을 제외한 항공 기술은 눈곱만큼도 신뢰하지 않는다."(흔히 "공기보다 더 무거운 비행 기계는 불가능하다"로 풀어서 인용함) _켈빈 경Lord Kelvin (런던 왕립학회 회장, 1896년)

- "이제 우리는 전염병에 관한 책을 덮어버릴 수 있다." _윌리엄 스튜어트William Stewart(미군 의무감, 1969년)

- "대관절 누가 배우들의 말을 듣고 싶겠는가?" _H. M. 워너H. M. Warner(워너브라더스 공동창업자, 1927년)

- "기타 그룹은 한물갔다." _데카 레코드(1962년에 비틀스The Beatles에 퇴짜를 놓으며)

- "아이폰이 의미 있는 시장 점유율을 확보할 가능성은 없다." _스티브 발머Steve Ballmer(마이크로소프트 이사, 2007년)

2008년 11월에 런던 정치경제대학교를 방문한 영국 여왕은 왜 아무도 신용경색^{credit crunch}(금융기관 등에서 돈의 공급이 원활하지 않아 시장의 자금 유동성이 떨어지는 상태-옮긴이)이 다가오는 것을 눈치 채지 못했느냐는 유명한 질문을 던졌다. 영국 학사원은 실은 많은 사람이 위기를 예견했다고 해명했다. 그러나 그들이 예견하지 못할뿐더러 예견이 불가능하다고 할 만한 것은 그 위기의 정확한 형태와 발생 시기였다. 실제로 나도 일찍이 변화를 예측했다고 주장할 수 있다. 하지만 나의 선견지명이 특별히 심오했던 것은 아니다. 나는 단순히 신용카드 대출 형태의 소비자신용이 몇십 년 동안 지수적으로 증가해왔음을 주목하고 이런 증가가 영원히 계속될 수는 없다는 점을 예측의 근거로 삼았다. 그러나 나는 위기가 정확히 언제, 어떤 방식으로 도래할지 전혀 몰랐다.

역사학자 E. H. 카^{E.H.Carr}는 사후 과잉확신 편향에 관한 개인적인 추억을 이야기했다. 공교롭게도 그 추억은 선택 편향과도 관련이 있다.

내가 오래전에 대학교에서 고대사를 연구할 때, 나의 연구 주제는 '페르시아 전쟁 기간의 그리스'였다. 나는 서가에 수십 권의 책을 모아놓고 거기에 내 주제와 관련된 모든 사실이 들어 있으리라고 믿어 의심치 않았다. 그 책들 속에 당시에 내 주제에 관해서 알려진(또는 알려질 수 있었던) 모든 사실이 들어 있었다고 가정하자(이것은 진실에 매우 가깝다). 하지만 한때는 사람들이 무수히 많은 사실을 알았을 것이다. 그 모든 사실 중에서 선택되어 그 책들에 수록된 소량의 사실이 어떤 돌발 사건이나 마모의 과정에 의해 살아남아 유일무이한 역사적 사실들이 되었는지 탐구해볼 생각을 나는 전혀 하지 못했다.[13]

이 장에서는 물리학에서 유래한 우연의 법칙의 가닥들에서 심리학에서 유래한 가닥들로 이행했다. 세계가 운행하는 방식의 불가피한 귀결인 가닥들로부터 우리가 세계를 보는 방식의 귀결인 가닥들로 이행한 것이다. 전자와 후자는 상호작용해 우연의 법칙을 증폭시킬 수 있다. 그러면 이 법칙은 더욱 강력해진다.

생명과 우주에도 우연은 있다

우연은 우리에게 무엇을 해주는가?

– 윌리엄 페일리|William Paley

진화 또는 창조

인간은 이례적으로 복잡한 유기체다. 우리 각자는 약 10^{27}개의 분자로 이루어졌다. 그러나 만약 그 분자들을 다 마련하더라도 단지 속에 넣고 흔들었을 때 인간을 옳게 조립할 확률은 보렐의 말을 빌리자면 초우주적 규모에서 무시할 수준이다. 다시 말해 인간이 조립되는 일은 일어나지 않을 것이다. 이것이 보렐의 법칙이다.

리처드 도킨스Richard Dawkins는 몇 가지 계산을 했다. 인간 전체가 아니라 인간의 미세한 일부인 효소 분자 하나에 관한 계산들이었다. 그는 그런 분자가 '우연히 자발적으로 생겨날' 확률을 살펴보았다. 그에 따르면 "가용한 아미노산의 가짓수는 20개로 고정되어 있다. 효소는 대개 그 20가지 아미노산이 수백 개 연결된 사슬이다. 계산을 해보면, 아미노산 100개로 된 특정한 서열의 사슬이 자발적으로 형성될 확률은 20을 100번 곱한 값 분의 1, 곧 20^{100} 분의 1이다. 20^{100} 은 상상할 수 없을 정도로 큰 수다. 온 우주에 있는 기본 입자의 개수보다 훨씬 더 크다 … 찬드라 위크라마싱^{Chandra Wickramasinghe} 교수는 … 제대로 기능하는 효소가 '우연'에 의해 자발적으로 형성되는 것은 허리케인이 고물 집적장을 휩쓰는 동안 보잉747기가 저절로 조립되는 것과 마찬가지라는 (프레드 호일^{Fred Hoyle}의) 말을 인용했다".[1]

프레드 호일의 말은 문제의 정곡을 찌른다. 아미노산들이 무작위로 돌아다니다가 서로 결합해 효소를 이룰 확률은 지극히 낮아서, 그런 일은 일어나지 않는다고 봐야 한다. 그러나 현실에는 효소뿐 아니라 온전한 인간도 존재한다. 틀림없이 우연의 법칙이 작동하고 있다. 하지만 또 주위를 둘러보면 온갖 유형의 복잡한 구조물들이 눈에 띈다. 집, 비행기, 자동차, 컴퓨터, 텔레비전 등은 확실히 우연히 생겨나지 않았다. 설계되고 제작되었다.

18세기의 철학자 윌리엄 페일리는 생물은 누군가에 의해 창조되었다는 주장을 뒷받침하기 위해 다음과 같은 비유를 들었다. 그의 저서 《자연신학^{Theology}》의 도입부에 나온 구절이다.

내가 황무지를 걷는데 돌 하나가 발에 채였고 누군가가 나에게 어째서 그 돌이 거기에 있느냐고 물었다면, 나는 "내가 아는 한, 그 돌은 늘 거기에 있었다"라고 대답할 것이다. 이 대답이 터무니없음을 보여주기란 그리 쉽지 않다. 반면에 내가 땅바닥에서 시계 하나를 발견했고, 어째서 그 시계가 거기에 있느냐는 질문에 답해야 한다고 가정해보자. 앞서와 같이 "내가 아는 한, 그 시계는 늘 거기에 있었을 것이다"라는 대답을 하는 것은 적절하지 않다. 그 시계는 제작자 한 명 또는 여러 명이 특정한 목적을 지니고 특정 시기 특정 장소에서 제작한 것이 틀림없다. 또한 그 제작자는 분명 시계의 구조를 이해하고 기능을 설계했을 것이다.[2]

이 창조 논증은 무엇이든지 설명할 수 있다는 문제점을 가지고 있다. 이에 대해서는 2장에서 기적을 논하면서 언급했다. "누군가가 갖다 놓았기 때문에 그것이 여기에 있는 거야"라는 논증은 어떤 반대 증거로도 결코 반박할 수 없다. 또한 창조자는 누가 창조했느냐는 난처한 반문도 있다. 창조자의 연쇄를 상정한다면, 그 연쇄는 어디에서 더구나 어떻게 시작될까? 창조 논증은 설명이라기보다 질문 회피에 가깝다.

문제점은 더 있다. 설명이 필요한 대상은 인간과 같은 복잡한 생물 말고도 많다. 화석도 그 대상이다. 사람들은 현재 볼 수 없는 동물들의 화석화된 잔해가 암석에 묻혀 있음을 오랜 세월에 걸쳐 깨달았다. 과거에 존재했다는 공룡과 기타 괴물들에 관한 이야기는 부분적으로 그런 화석 흔적에서 기원한 것이 분명하다. 화석의 형태와 (화석이 어느 지층에서 발견되었는가를 통해 알 수 있는) 해당 생물이 생존한 시기를 비교하는 세밀한 연구에서 형태들의 패턴이 드러났다. 그러자 진행된 어떤 발전 과정이 보였다. 시기에 따라 다른 생물들이 존재했고, 시간의 흐름 속에서 생물들의 유형이 변화한 것 같았다. 다만 수백만 년 전에 만들어진 인간 화석은 없었다. 다양한 방식으로 인간과 유사한 생물들의 화석이 있었을 뿐이다. 이 모든 것은 설명을 필요로 한다.

과학은 우리에게 설명을 모색하는 전략은 제공하지만 절대적 진리를 발견하는 전략은 제공하지 못한다. 실제로 절대적 진리를 원한다면 과학이 아니라 순수 수학이나 종교로 눈을 돌려야 한다는 말도 있다. 순수 수학은 절대적 진리를 산출한다. 그러나 그 진리는 주어진 공리집합에 주어진 규칙들을 적용할 때 도출되는 귀결일 뿐이다. 바꿔 말해 순수 수학에서 당신은 당신 나름의 우주를 정의한다. 따라서 당신은 그 우주에서의 절대적 진리를 확실히 진술할 수 있다. 한편 신앙의 표현으로서 종교는 절대적 진리에 대한 믿음이다.

반면에 과학은 처음부터 끝까지 가능성들을 다룬다. 이론, 추측, 가설 그리고 설명을 내놓는다. 증거와 데이터를 수집하고, 이론을 새로운 증거와 대조하며 검증한다. 만일 데이터와 이론이 모순되면, 이론을 바꾼다. 과학은 이런 식으로 진보하고, 우리는 점점 더 많은 지식을 얻는다. 그러나 기존 이론과 모순되는 증거가 새롭게 나올 가능성은 항상 열려 있다. 과학의 결론이 변할 수 있다는 점, 바꿔 말해 과학의 진리가 절대적이지 않다는 점은 과학의 본질이다. 저명한 경제학자 존 메이너드 케인스는 이 사실에 내재하는 긍정적인 면을 부각하는 말을 남겼다. 1930년대의 불황 동안에 그가 통화 정책에 대한 입장을 바꿨다는 비판에 대응해 케인스는 이렇게 말했다고 한다. "사실이 바뀌면, 나는 내 생각을 바꿉니다. 선생님은 어떻게 하십니까?"

새로운 사실이 축적됨에 따라 생각을 바꿔야 할 수도 있다. 그럴 경우, 그 사실들을 현재의 이론으로 더는 충분히 잘 설명할 수 없을 때가 언제인지 또한 마음을 바꿔야 할 때가 언제인지 결정하는 과정에서 우연의 법칙이 핵심 역할을 한다. 다음 장에서 그 역할을 논할 텐데 여기에서는 두 가지 예만 자세히 살펴보자.

진화론은 새 증거가 나오면 이론이 바뀌어야 함을 보여주는 최고의 사례 중 하나다. 1859년 다윈이 《종의 기원On the Origin of Species》을 통해 자연선택에 대한 자신의 생각을 대략 제시했을 때, 저명한 물리학자 켈빈 경은 진화가 일어나려면 태양이 수백만 년 동안 태울 만큼의 연료를 보유해야 할 텐데 그렇지 않다는 '사실'과 다윈의 이론이 상충한다고 주장했다. 이 사실은 당대의 지식을 감안할 때 완벽하게 타당해 보였다. 이런 판단은 태양이 모종의 화학반응을 통해 불탄다는 전제에 기초해 있었다. 당시에 핵반응은 알려져 있지 않았다. 그러나 핵반응이 발견되자 태양이 수십억 년 동안 불탈 수 있음이 명백해졌다. 그 정도면 생명과 인간이 진화하기에 충분한 시간이었다. 요컨대 사실이 바뀌었고, 이론은 그 사실에 맞게 바뀌었다. 만약에 지식이 거꾸로 축적되었더라면, 다윈은 태양의 나이에 대한 켈빈 경의 생각이 틀렸다고 주장했을 것이다. 진화라는 사실이, 태양의 나이가 켈빈의 추정보다 더 많아야 한다고 요구한다는 점을 근거로 삼아서 말이다.

인간은 어떻게 만들어졌는가

당신이 눈을 가린 채 큰 원뿔 모양의 언덕 아래에 서 있다고 상상해보라. 당신의 목표는 언덕 꼭대기로 올라가는 것이다. 그러나 당신은 어느 방향으로 가야 하는지 모른다.

한 가지 전략은 다른 누군가에게 당신을 언덕 꼭대기로 데려다달라고 요청하는 것이다. 이 전략은 창조자가 있다는 설명에 대응한다. 이것은 진정한 의미의 전략이 아니다. 여러 이유가 있겠지만, 특히 언덕 꼭대기가 어디인지 알고 거기에 도달하는 전략을 가진 누군가의 존재를 필요로 한다는 점에서 그렇다. 그런 누군가의 존재는 '창조자는 누가 창조했을까?'라는 질문을 불러온다.

또 다른 전략은 무작위한 방향으로 계속 뛰면서 언덕 전체를 돌아다니는 것이다. 운 좋게 언덕의 꼭대기에 도달하기를 바라면서 말이다. 이 전략은 분자들이 무작위하게 결합해 우연히 인간을 형성하는 것에 대응한다. 이 전략은 언젠가는 통하겠지만 경우에 따라서는 성공하기까지 시간이 아주 오래 걸린다.

약간 복잡한 셋째 전략은 다음과 같다. 당신은 발을 무작위한 방향으로 뻗어 바닥을 더듬으면서 그쪽으로 이동하면 고도가 높아지는지 알아본다. 만일 고도가 높아진다면 당신은 그쪽으로 한 걸음 내디딘다. 반대 경우라면 당신은 다른 무작위한 방향으로 발을 뻗어 바닥을 더듬는다. 한 걸음 이동해 새 위치에 도달한 다음에는 똑같은 행동을 반복한다.

이 과정을 거치면 당신은 차츰 언덕 꼭대기로 올라갈 것이다. 물론 직선경로로 곧장 올라가지는 못한다. 걸음 각각이 당신을 더 높은 곳으로 이끈다 하더라도 그 경로가 언덕 꼭대기를 선회할 수도 있다. 그러나 고도를 매번 조금씩 높여주는 작은 걸음들을 모아서 목표에 도달할 것이다. 수학자들은 이런 과정을 '확률적 최적화 stochastic optimization'라고 부른다. '확률적'이라는 표현은 걸음의 방향이 무작위로 선택되기 때문에, '최적화'라는 표현은 당신이 목표에 점점 접근하기 때문에 붙었다. 수학자들은 이 전략의 다양한 변형들을 수학적 함수의 최댓값과 최솟값을 구할 때 사용한다.

확률적 최적화에서 우연의 법칙의 두 가지 가닥이 작동한다. 하나는 '아주 큰 수의 법칙'이다. 당신의 걸음은 작다. 한 걸음이 60센티미터 정도일 수도 있다. 반면에 언덕은 크다. 언덕의 높이는 수백 미터일 수도 있다(상공회의소에 따르면, 공식적으로 세계에서 가장 높은 언덕은 오클라호마주 포토 근처 카바날언덕으로, 그 높이는 609미터다). 그리고 당신의 걸음은 방향이 무작위하다. 걸음 각각은 당신의 고도를 약간 높이지만, 상승폭은 3센티미터나 그 이하일 수도 있다. 그러나 그 걸음을 충분히 많이 내딛으면, 당신은 언덕 꼭대기에 도달한다.

이 결과를 불가피하게 만드는 둘째 가닥은 '선택의 법칙'이다. 당신은 매번 걸음을 내딛기 전에 바닥을 더듬어보고 고도가 상승되지 않는 방향은 배척한다. 바꿔 말해 당신은 고도가 올라가는 방향만 선택한다. 매번 걸음을 내딛고 나면 당신의 처지는 과거보다 약간 더 나아진다. 이제 당신은 더 나은 출발점에서 다음 걸음을 내딛을 수 있다.

언덕 꼭대기에 도달하기 위한 이 '한 걸음씩 전략'은 크게 세 가지 요소로 이루어진다.

   (i) 각 걸음의 방향을 무작위로 선택한다.

   (ii) 수많은 걸음을 내딛는다.

   (iii) 걸음의 결과로 당신의 고도가 조금이라도 높아질 때만 걸음을 내딛는다.

둘째 요소와 셋째 요소는 우연의 법칙의 가닥들이다. 구체적으로 말하자면 아주 큰 수의 법칙과 선택의 법칙이다.

이 세 요소는 다름 아니라 생물학적 진화를 추진해 생명과 인간을 탄생시킨 메커니즘과 정확히 일치한다. 이를 이해하기 위해 예를 하나 살펴보자.

어떤 곤충 종은 매년 봄에 큰 집단을 이루는데, 이때 여왕 곤충들은 각자 무작위한 방향으로 날아가 무작위한 장소를 서식처로 삼고 새 집단을 꾸린다. 겨울이 오면, 그 서식처 중 일부는 추위에 취약해진다. 그런 서식처에 사는 곤충은 모두 죽을 가능성이 높다. 반면에 어떤 서식처는 원래 집단의 서식처보다 약간 더 따뜻하다. 어쩌면 적도에 더 가까운 위치일 수도 있다. 그런 서식처의 곤충들은 살아남을 가능성이 높다. 살아남은 곤충들은 번식해 이듬해 봄에 다시 여러 집단으로 나뉜다. 이런 식으로 곤충들은 더 따뜻한 지역, 생존에 더 유리한 지역으로 차츰 이동한다.

이 과정에 무작위성이 내재되어 있다. 각 단계에서 여왕들이 정착할 장소를 결정할 때는 본질적인 무작위성이 개입한다. 또한 선택이 작동한다. 일부 곤충은 생존해 이듬해에 번식할 확률이 더 높은 장소로 우연히 이동한다. 녀석들의 자식 세대는 더 따뜻한 곳에서 삶을 시작한다. 이런 서식처의 이동이 눈에 띨 만큼 축적되려면 많은 세대가 필요하다.

개 사육에서도 진화의 원리를 볼 수 있다. 오늘날 개의 품종은 매우 다양하지만 원래부터 그렇지는 않았다. 다양한 품종은 인간이 원하는 특징을 가진 개들을 선택적으로 교배시켜 아주 오랜 시간에 걸쳐 만들어진 것이다. 그런 선택적 교배를 통해 태어난 자식 중 일부는 부모의 특징을 가졌지만 다른 일부는 가지지 않았다. 인간은 전자를 선택해 다음 세대의 부모로 삼았다. 이 과정이 수많은 세대에 걸쳐 반복되면서 현재 우리가 보는 다채로운 품종이 차츰 형성되었다. 이 과정에도 무작위성이 내재한다. 당신은 교배의 결과로 어떤 자식이 태어날지 정확히 예측할 수 없다. 이 예에서는 개 사육자가 어떤 자식을 선택해 다음 세대의 부모로 삼을지 결정한다. 반면에 자연에서는 어떤 자식이 살아남아 다음 세대의 부모가 될지를 외부 환경이 결정한다.

큰 규모에서 보면 거시적인 기후변화가 진화를 추진하리라고 예상해볼 만하다. 실제로 과학자들은 기후변화에 대한 적응을 관찰했다. 영국 국립환경연구협의회 산하 생태학수문학센터의 팀 스파크스[Tim Sparks]는 이렇게 말했다. "영국 남부의 한 장소에서 서식한다고 보고된 이주성 인시목 곤충(나방과 나비)의 종수가 해마다 꾸준히 증가하고 있다. 이 증가는 유럽 남서부의 기온 상승과 매우 밀접한 관련이 있다."[3]

덜 알려진 예로 이탈리아벽도마뱀이 있다. 1971년에 이탈리아벽도마뱀 열 마리가 크로아티아의 코피슈테 섬에서 므르차라 섬으로 옮겨졌다. 녀석들은 원래 살던 섬에서 주로 곤충을 잡아먹었지만 새 서식지에서는 식물을 더 많이 먹었다. 오늘날 므르차라 섬의 이탈리아벽도마뱀들은 코피슈테 섬의 벽도마뱀들보다 머리가 더 크고 씹는 힘이 더 강할뿐더러 내장의 구조도 달라져서 식물 섭취에 더 적합하다.

오스트레일리아에 사는 사탕수수두꺼비의 사례는 진화가 심각한 문제를 일으킬 수 있음을 보여준다. 사탕수수두꺼비는 원래 오스트레일리아에 자생하지 않았지만 사탕수수에 피해를 주는 딱정벌레를 잡아먹을 포식자로서 하와이에서 수입되었다. 불행하게도 그 후 사탕수수두꺼비는 널리 퍼져 토종 생태계에 부정적인 영향을 끼치고 있다. 녀석들은 처음 풀어놓은 곳을 중심으로 마치 물결처럼 해마다 더 멀리 퍼져나간다. 물결의 선두에는 당연히 가장 신속하게 이동하는 녀석들이 있는데, 그런 녀석들은 끼리끼리 교미하는 경향이 있다. 확산을 선도하는 사탕수수두꺼비들의 후손들은 더 활발하고 기민해진다. 선두의 이동속도는 시간이 흐름에 따라 커진다. 이것은 자연적인 진화의 귀결이다.

진화가 일어나려면 많은 세대가 필요하지만, 어떤 생물은 한 세대의 시간이 비교적 짧다. 박테리아가 대표적이다. 박테리아는 한 세대가 워낙 짧기 때문에 실험실에서 박테리아의 진화를 연구할 수 있다. 진화생물학자 리처드 렌스키Richard Lenski는 1988년부터 진행해온 실험에서 5만 세대가 넘는 대장균을 관찰하면서 집단들의 유전자가 시간에 따라 어떻게 진화하는지 연구했다. 5만은 아주 큰 수의 법칙이 작동하기에 충분할 만큼 큰 수다.

동물학자 마크 리들리Mark Ridley는 진화 과정의 과학적 측면들을 바라보는 또 다른 방식을 제시한다. 그는 시간에 따른 진화에 주목하는 대신 지리적 위치에 따라 약간씩 다른 특징이 선호되는 것에 주목했다. 그에 따르면 "영국에서 서쪽으로 북아메리카까지 이동하면서 재갈매기를 관찰하면, 재갈매기이기는 한데 영국 재갈매기와는 모양이 약간 다른 녀석들을 볼 수 있다. 서쪽으로 더 가서 시베리아 정도에 이르면 영국에서 '줄무늬노랑발갈매기'라고 부르는 새와 비슷한 재갈매기들이 보인다. 시베리아에서 러시아를 횡단해 북유럽까지 이동하면서 보면, 재갈매기는 영국의 줄무늬노랑발갈매기와 점점 더 비슷해진다. 마지막으로 유럽에 이르면, 종으로서의 자격을 완벽하게 갖춘 두 가지 종인 재갈매기와 줄무늬노랑발갈매기를 보게 된다. 이 두 종은 모양이 다를뿐더러 자연에서는 서로 교미하지 않는다".[4]

찰스 다윈은 진화 과정을 아주 깔끔하게 요약했다. "어떤 생물에게 이로운 변이가 발생하면, 그 변이를 가진 개체들은 생존을 위한 투쟁에서 보존될 가능성이 확실하게 높다. 또한 강력한 대물림의 원리에 따라서 그 개체들은 유사한 변이를 가진 자식을 낳는 경향이 있다. 나는 간결한 표현을 위해 이 같은 보존의 원리를 '자연선택'이라고 불러왔다."[5]

자연선택은 대단한 단순성, 우아함 그리고 힘을 지닌 개념이다. 자연선택은 아주 큰 수의 법칙과 선택의 법칙에 의해 추진된다.

코페르니쿠스의 원리

무엇보다도 가장 우연적인 사태, 곧 우주의 존재와 생명의 발생은 어떨까? 일부 사람은 이 사태가 워낙 우연적이기 때문에 우주가 어떤 초월적 존재 또는 신의 의지에 의해 생겨났다고 주장한다. 그러나 이것은 문제를 해결한다기보다 회피하는 설명이다.

이미 말한 대로 과학에서 가장 중요한 것은 증거다. 우리는 주위를 둘러보고, 대상의 속성들을 측정하고, 그 속성들 사이의 관계를 살펴보고, 설명을 추구한다. 과학의 근본 원리 중 하나인 이른바 '최절약 원리principle of parsimony'(다른 이름은 '오컴의 면도날Occam's razor')에 따르면 복잡한 설명보다 단순한 설명을 선호해야 한다. 지구와 기타 행성들이 태양 주위를 돈다는 니콜라우스 코페르니쿠스Nicolaus Copernicus의 이론은 관찰된 행성들의 운동을, 태양이 지구 주위를 돈다는 기존 이론보다 훨씬 더 설득력 있게 설명했다. 기존 이론은 복잡한 위계를 이룬 보정 장치들(주전원 등)을 필요로 한 반면, 코페르니쿠스의 태양 중심 이론은 단지 행성들이 타원 궤도로 운동할 것만 요구했다.

이렇게 지구를 태양계의 물리적 중심에서 밀어냄으로써 코페르니쿠스는 혁명을 시작했다. 이 같은 지구의 강등에 이어, 태양도 우리은하에 있는 수천억 개의 별들 중 평범한 별 하나에 불과하며, 우리은하도 우주에 있는 무수한 은하들 중 하나일 뿐임을 알려주는 발견들이 뒤따랐다. 지구가 태양계에서 특별하지 않다고 코페르니쿠스가 말한 것과 마찬가지로, 더 일반적인 코페르니쿠스 원리Copernican principle는 지구가 우주에서 특별하지 않다고 말한다. 코페르니쿠스는 인류를 평범한 존재로 강등했다고 할 만하다.

그러나 이것이 끝이 아니다. 코페르니쿠스가 시작한 혁명은 훨씬 넓은 범위로 확장되었다. 특히 그 혁명은 '평범의 원리principle of mediocrity'에 도달했다. 이 원리는 지구가(따라서 인류가) 우주에서 특별한 위치에 있지 않을뿐더러 다른 측면에서도 특별할 것이 없다고 말해준다. 예컨대 유독 우리에게만 적용되는 특별한 물리학 법칙 따위는 없다. 온 우주에서 똑같은 법칙들이 작동한다(물론 지구 표면의 조건은 별들 사이의 공간이나 별의 중심의 조건과 전혀 다르다. 그러나 평범의 원리는 국지적 조건에 관한 것이 아니라 그 조건의 바탕에 깔린 물리학 법칙에 관한 것이다. 평범의 원리는 더 높은 수준의 '코페르니쿠스 원리'다). 물리학자 빅터 스텐저Victor Stenger는 이 생각을 정교하게 발전시켜 이른바 '관점 불변성point-of-view invariance'이라고 말했다. 물리학에서 쓰이는 모형들이 객관적 실재를 대표한다고 주장할 수 있으려면, 그 모형들은 관찰자의 관점에 의존해서는 안 된다.[6] 스텐저는 "우리가 아는 기초 물리학은 관점 불변성이라는 단 하나의 원리에서 사실상 전부 도출된다"는 것을 보여주었다.

오늘날 코페르니쿠스 원리는 관찰로 확인된 사실이다. 우리는 태양과 행성들을 관찰함으로써, 행성들이 태양 주위를 돈다는 설명이 그것들의 운동을 다른 어떤 설명보다 월등히 단순하게 설명함을 확인할 수 있다. 이 원리를 평범의 원리, 인류는 특별하지 않으며 우리가 처한 조건은 이례적이라기보다 평범하다는 것으로 확장하는 것은 커다란 도약으로 느껴질지도 모르겠다. 그러나 생각해보라. 평범한 것은 그 정의에 따라 이례적인 것보다 훨씬 흔하다. 따라서 만일 우리가 관찰하는 바에 대한 추가 정보나 증거가 없다면, 유일하게 합리적인 추정은 우리가 관찰하는 바가 흔하고 따라서 평범하다는 것이다. 만일 내가 수집한 주사위들 중에 수천 개는 평범하고 2개가 편향된 주사위(실제로 그렇다)고, 당신이 무작위로 내 주사위 중에 하나를 집었다고 해보자. 당신은 그 주사위가 평범하다고 생각할 가능성이 더 높을까 아니면 편향되었다고 생각할 가능성이 더 높을까?

지금 우리는 인류가 처한 조건이 평범할 가능성과 이례적일 가능성(당신이 내 주사위 중 '편향 없는 주사위를 집었을 가능성'과 '편향 있는 주사위를 집었을 가능성')에 주관적인 '믿음의 정도'라는 의미로 얼마의 확률을 할당해야 할지 논하고 있는 셈이다. 인류의 조건이 평범할 가능성에 큰 확률을 부여한다면, 이른바 '불충분한 이유의 원리principle of insufficient reason' 또는 '무차별의 원리principle of indifference'를 따르는 것이다. 당신이 어떤 특별한 주사위를 집었다고 생각할 이유는 없다. 바꿔 말해 당신이 수천 개의 주사위 각각을 집을 확률은 동등하다고 전제해야 한다. 따라서 당신이 집은 주사위가 평범할 가능성이 압도적으로 높다.

마찬가지로 우리가 지구에서 관찰하는 물리학 법칙들은 특별하게 우리에게만 적용된다기보다 우주의 다른 곳에도 적용된다고 추정하는 편이 안전하다. 이것은 증명된 사실도, 관찰된 사실도 아니다. 다만 확률들의 균형과 불충분한 이유의 원리에 기초한 추론의 결과일 뿐이다. 이제 지구가 태양계의 중심이 아니라는 것에서 출발해 일상을 지배하는 물리학 법칙들이 특별하지 않다는 것에까지 이르렀다. 하지만 이것이 끝이 아니다.

물리학의 기본상수

물리학의 토대를 이루는 기본상수들은 우주의 기본 속성들에 대응한다. 그 상수들은 빛의 속도, (양자역학에서 매우 중요한) 플랑크상수, 중력상수, 전자의 전하량, 전자와 양성자의 질량비 등이다.

물리학 법칙들에 대한 연구에서 드러났듯이, 별과 행성과 인간이 존재하기 위해서는 이 기본상수들의 값이 현재의 값과 똑같거나 최소한 거의 같아야 한다. 이 사실은 미세 조정fine tuning 논증의 주춧돌이다. 더 나아가 이 논증은 불충분한 이유의 원리를 채택해 우리의 존재를 허용하는 그 값들이 좁은 범위 안에 놓일 확률은 매우 낮다고 추론한다. 왜냐하면 기본상수들의 가능한 다른 값들이 압도적으로 많기 때문이다. 그런데 우리가 존재하는 것에서 알수 있듯 확률이 그토록 낮은 사건이 일어났다. 따라서 무언가 설명이 필요하다. 이는 당신이 집은 주사위가 편향된 주사위 2개 중 하나로 밝혀진 것과 같은 상황이다. 원리적으로 이것은 확률이 매우 낮은 사건인 듯하다. 따라서 당신은 설명을 필요로 한다.

기본상수들이 특별한 값을 가진 것에 대해서 다양한 설명이 제시되었다. 창조 논증도 그런 설명 중 하나다. 그러나 이미 보았듯 우연의 법칙의 다양한 가닥들은 확률을 예상 밖의 방식으로 왜곡할 수 있다. 따라서 개연성이 꽤 높은 사건이 얼핏 보면 개연성이 매우 낮은 사건처럼 보일 수 있다. 우연의 법칙의 가닥들이 어떤 역할을 하는지 알아보기에 앞서, 먼저 기본상수들의 값이 얼마나 특별한지 보여주는 사례 4개를 살펴보자.

첫 번째는 강한핵력strong nuclear force이다. 이 힘은 원자핵 내부의 양성자들과 중성자들을 결합시킨다. 만약에 강한핵력이 현실보다 겨우 2퍼센트 강했더라면, 양성자 2개로 이루어진 원자핵이 안정적이었을 것이다. 따라서 별의 내부에서 수소 원자핵들이 융합한 결과로 중수소와 헬륨이 아니라 '이양성자diproton'가 형성되었을 테고, 별은 현실과 다르게 행동했을 것이다. 그런데 지구의 모든 생명은 별 또는 적어도 우리의 태양 같은 특정한 별 하나에서 유래한 에너지에 의존하므로, 강한핵력의 세기가 2퍼센트만 더 강했어도 우리가 아는 유형의 생명은 존재할 수 없었다.

둘째 사례는 우주 마이크로파 배경복사cosmic microwave background radiation다. 초기 우주는 뜨겁고 밀도가 높았다. 밀도가 워낙 높아서 전자기복사가 퍼져 나갈 수 없었다. 바꿔 말해 광자들이 자유롭게 돌아다닐 수 없었다. 그러나 나이가 약 40만 년에 이르자 우주는 충분히 팽창하고 온도도 약 3,000켈빈으로 충분히 낮아져서 양성자와 전자가 결합해 전기적으로 중성인 수소 원자를 형성하게 되었다. 그리고 덕분에 전자기복사가 자유롭게 퍼져 나갔다. 이때 퍼져 나간 복사를 오늘날 마이크로파 주파수 대역에서 관찰할 수 있다(당연히 적절한 탐지 장비가 필요하다). 1990년대 초반 이래로 그 전자기복사의 방향에 따른 세기 변이를 측정해왔다. 그 변이는 아주 작아서, 변이량이 기준 값의 10만 분의 1 수준이다. 과학자들은 이 변이가 우주 팽창 역사에서 아주 이른 시기인 이른바 '인플레이션 기간inflationary period'의 양자요동에서 비롯되었다고 생각한다. 그런데 이 변이의 크기가 엄청나게 중요하다. 이 변이가 현실보다 조금만 더 컸다면, 물질이 더 심하게 집중되어 많은 별이 충돌했을 것이다. 반대로 조금만 더 작았다면, 물질이 모여 별과 행성을 이루는 속도가 느려졌을 것이다. 어느 쪽이든지 우주는 지금 보는 모습과 전혀 달라졌을 것이다.

셋째 사례는 중성자와 양성자의 질량비(즉 중성자의 질량 나누기 양성자의 질량) 1.00137841917이다.[7] 이 값이 약간 더 작았더라면 우주에는 현실보다 훨씬 더 많은 헬륨이 존재했을 테고, 별들이 너무 일찍 연료를 소진해 생명이 진화할 겨를이 없었을 것이다. 반대로 이 값이 약간 더 컸더라면 원자가 형성될 수 없었다. 따라서 물질, 별, 행성, 우리가 아는 유형의 생명도 전혀 존재할 수 없었다.

넷째 사례는 자연의 근본적인 두 힘인 전자기력electromagnetic force과 중력 gravitational force의 세기 비율이다. 별의 안정성은 이 두 힘의 균형에 의해 유지된다. 중력은 별을 쪼그라들게 만들고, 핵반응에서 유래한 복사는 별을 팽창하게 만든다. 이 두 힘은 별의 내부에서 무거운 원소들이 형성되고 더 나중에는 별이 초신성으로 폭발해 그 원소들이 우주로 흩뿌려질 수 있도록 절묘한 균형을 이루어야 한다. 우주로 흩어진 무거운 원소들은 더 나중에 응축해 행성과 생물을 이룬다. 만약 전자기력이 현실보다 조금 더 강했더라면 행성이 형성되지 못했을 것이다. 반대로 조금 더 약했더라면 초신성 폭발이 더 드물었을 것이다. 요컨대 전자기력과 중력이 절묘한 균형을 이루는 것이 결정적으로 중요하다.

어떤 양의 값을 미세 조정해야 한다거나 그 값이 특정한 좁은 범위 안에 들어와야 한다는 말이 의미 있으려면 그 값이 측정 단위에 따라 달라져서는 안 된다. 진공에서의 빛의 속도를 예로 들어보자. 빛의 속도는 마일/초, 킬로미터/초 등의 다양한 단위로 측정할 수 있다. 빛의 속도 값은 마일/초 단위로 측정하면 186,282.397이고 킬로미터/초 단위로 측정하면 299,792.458이며 광년/년 단위로 측정하면 1이다(마지막 값은 광년의 정의에서 도출된다. 1광년은 빛이

1년 동안 이동하는 거리를 의미한다). 더 나아가 길이 단위와 시간 단위를 정의하면, 빛의 속도를 당신이 원하는 임의의 값으로 만들 수 있다. 따라서 빛의 속도만 따로 떼어놓고 생각하면 빛의 속도가 미세 조정되었다는 말은 설득력을 가지기 어렵다.

그러나 일부 기본상수 그리고 기본상수 사이의 관계는 '무차원dimensionless'이다. 즉 측정 단위와 상관없이 동일한 값을 가진다. 예컨대 단위가 같은 두 측정량 사이의 비율은 차원이 없다. 중성자 질량과 양성자 질량 사이의 비율은 질량의 단위가 그램에서 킬로그램이나 온스로 바뀌어도 항상 1.00137841917로 동일하다. 이는 내가 인치 단위를 사용하든 센티미터 단위를 사용하든 내 어머니의 키가 아버지의 키의 80퍼센트라는 사실은 변함이 없는 것과 마찬가지다. 위의 넷째 사례에서 거론한 전자기력의 세기와 중력의 세기 사이의 비율도 무차원이다. 왜냐하면 이 비율을 분수로 표현하면 분자와 분모가 둘 다 힘이고 따라서 동일한 단위로 측정되기 때문이다.

'내 친구는 키와 몸무게가 같다'라는 문장을 생각해보자. 그는 몸무게가 170파운드, 키가 170센티미터다. 당신도 단박에 알겠지만, 이 '관계'는 측정 단위를 바꾸면 달라질 것이다. 왜냐하면 몸무게와 키는 다른 유형의 단위로 측정되기 때문이다. 간단히 키의 단위를 센티미터에서 인치로 바꿔보라. 그러면 내 친구의 키는 '고작' 67인치가 된다(몸무게는 여전히 170파운드인데). 따라서 170=170은 미세 조정의 결과라고 하기 어렵다. 왜냐하면 이 같은 관계는 선택된 단위에 의존하기 때문이다. 어떤 값이 미세 조정되었다는 말이 의미 있으려면 그 값은 반드시 무차원이어야 한다. 어떤 서술이 우주에 관한 근본적인 정보를 담으려면 그 서술은 당신이 선택하는 특정 단위들에 의존하지 말아야 한다. 그러므로 이런 결론에 도달한다. 만약에 무차원의 상수가 현실과 다른 값을 가졌더라면, 근본적인 물리학과 우주의 본성은 달라진다.

다시 한 번, 확률 지렛대의 법칙

미세 조정 논증의 대다수가 지닌 약점 하나는 한 번에 상수 하나에만 초점을 맞춘다는 점이다. 기본상수 중에 어느 하나를 바꾸고 나머지는 그대로 놔두는 방식으로 다른 우주를 상상한다면, 별이 형성되는 것이나 생명이 진화할 만큼 오래 존속하는 것을 허용하지 않는 우주들밖에 상상할 수 없다. 그러나 기본상수 2개(또는 그 이상)를 바꾼다면 어떻게 될까? 전자기력과 중력이 별에서 이룬 균형을 돌이켜보자. 그 미세 조정된 균형은 별의 안정성에, 궁극적으로 행성과 생명의 발생에 필수다. 앞서 보았듯이 두 힘 중 하나의 값이 달라지면, 우주는 생명이 존재하기에 부적합해진다. 그러나 두 힘의 값이 모두 달라지면 어떨까? 전자기력이 약간 더 강해진 만큼 중력도 강해지면 어떻게 될까? 두 힘이 모두 적당히 강해져서 별의 안정성이 유지된다면 행성과 생명의 진화에 지장이 없을 수도 있다. 기본상수들의 값이 미세 조정되어 있다는 말은 일리가 있다. 그러나 근본적인 힘들이 각각 따로 특정한 값을 가지는 상황이 아니라 두 값이 함께 변화하는 상황을 상정하면, 생명의 발생을 허용하는 조건의 범위는 훨씬 넓어진다. 요컨대 모형을 약간 바꿔서 한 번에 2개 이상의 상수들이 변화하는 것을 허용하면, 우리 우주와 유사한 우주가 만들어질 가능성이 높아진다. 이것이 확률 지렛대의 법칙이다.

이 생각은 더 발전시킬 수 있다. 다양한 기본상수가 연계되어 있어서 한 상수만 바꾸고 다른 상수들을 바꾸지 않는 것은 불가능하다면 어떻게 될까? 이를테면 0과 1 사이의 값을 취할 수 있는 상수 2개가 있다고 가정해보자. 우리 우주에서 그 두 상수의 값은 모두 0.5라고 해보자. 계산해보니 한 상수의 값이 0.01보다 작게 변하면 별과 행성이 형성되어 생명이 진화하기에 충분한 시간 동안 존속할 수 있지만, 그보다 더 크게 변하면 별이 생성될 수 없다. 그런데 두 상수가 연계되어 한 상수의 값이 변하면 반드시 다른 상수의 값도 변한다고 해보자(속력이 증가하면 이동 시간이 감소하는 것과 마찬가지다). 더 나아가 생명을 허용하는 우주의 조건은 두 상수의 값이 모두 (거의) 0.5라는 것이 아니라 매우 유사하다는 것이라면 어떻게 될까? 이 경우에는 한 상수의 값이 0.2라고 하더라도 다른 상수의 값이 0.2에 가까워서, 두 상수의 값이 매우 유사하다면 생명을 허용하는 우주가 만들어질 수 있다. 결과적으로 생명을 허용하는 상수 값들의 쌍을 얻을 확률이 훨씬 더 커진 셈이다.

이 마지막 예에서 확률 지렛대의 법칙이 작동하는 방식은 샐리 클라크의 사례와 유사하다. 그 사례에서는 두 사건(첫째 아기의 영아돌연사증후군에 의한 사망과 둘째 아기의 같은 사인에 의한 사망)이 서로 무관하다는 전제 아래에서 두 사건이 모두 일어날 확률은 매우 낮다는 결론이 도출되었다. 그러나 두 사건이 서로 관련이 있음이 인정되면서 확률 계산 값이 달라지고 두 사건이 모두 일어나는 것이 그리 드문 일이 아님이 드러났다.

물리학자들과 우주론자들은 이와 유사한 문제들을 탐구해왔다. 예컨대 미시건 이론물리학센터의 프레드 애덤스[Fred C. Adams]는 중력상수, 미세구조상수 그리고 핵반응 속도를 결정하는 한 상수를 변화시키면 어떻게 되는지 탐구했다. 그는 이 세 가지 상수의 값을 (3개의 수로 이루어진) 한 집합으로 나타내기로 하고, 모든 가능한 집합을 조사했다. 그리고 그 모든 집합 가운데 약 4분의 1이 우리 우주의 별처럼 핵융합 반응을 지속하는 별의 형성을 허용했다. 애덤스는 "우리의 결론은 별을 보유한 우주가 (기존 주장과 반대로) 그다지 드물지 않다는 것이다"라고 말했다.[8]

우리의 우주는 특별하지 않다

오늘날의 일부 우주론은 우리 우주가 무수한 우주 중 하나일 수 있음을 시사한다. 무수한 우주가 이룬 전체는 '다중우주multiverse'로 불린다. 다중우주는 무의미하고 난해한 환상이 아니라 탄탄한 이론의 논리적 귀결이다. 이 개념은 양자 이론과 불확정성 원리에 기초한 깊은 숙고에서 나오며 우주의 팽창에 대한 지식과 맞아떨어진다. 다중우주를 탐구하려면 심오한 수학이 필요하겠지만, 이 개념이 함축하는 것 하나는 다른 우주는 다른 기본상수들을 가진다는 점이다.

유사한 예로 물이 어는 것을 생각해보자. 처음에 물 분자들은 무작위로 돌아다니면서 서로 충돌하고 전혀 예측할 수 없는 방식으로 방향을 바꾼다. 액체 상태의 물은 보기에 균일하고 균질적이다. 어느 위치에서 어느 방향으로 봐도 똑같아 보인다. 그러나 온도를 낮추면 물이 언다. 무작위하게 분산된 물 분자들이 고정되고, 얼음 결정들이 형성되기 시작한다. 각각의 결정 내부에서 물 분자들은 특정한 방향을 가리키며 규칙적으로 맞물려 특정한 배열을 이룬다. 그러나 근처의 다른 결정에서는 물 분자들이 다른 방향을 가리키며 맞물릴 수도 있다. 물리학 법칙도 마찬가지다. 우리 우주는 기본상수들이 '결정화crystallize'되어 특정한 값들로 고정되는 방식 중 하나에 해당한다. 반면에 다중우주에서 우리 근처의 다른 우주들은 다르게 '결정화'된 상수들을 가질 수도 있다. 즉 그 우주에서는 기본상수들의 값이 다를 수도 있다. 얼음 결정에서 물 분자들의 방향, 우리 우주에서 기본상수들의 값은 무작위한 과정의 결과일 뿐이다. 특별할 것이 전혀 없다.

좀 더 정확히 말하자. 우리 우주의 기본상수들의 값은, 다시 말해 우리가 사는 우주는 우리가 살 수 있는 우주라는 사실만 빼면 특별할 것이 전혀 없다. 만약에 우리 우주의 기본상수들이 별의 형성을 허용하지 않았더라면 우리가 아는 유형의 생명은 존재하지 않았을 테고 우리가 여기에 존재하면서 별들을 보는 것은 불가능했을 것이다. 이 뻔한 말은 선택의 법칙의 궁극적인 예다. 이 예는 워낙 근본적이어서 연구 과제로 부각되고 '인류 원리'라는 고유 명칭까지 얻었다. 인류 원리에 따르면 "모든 물리량과 우주론적 양은 아무 값이나 동등한 확률로 가질 수는 없다. 그 양의 값은 탄소에 기초한 생명이 진화할 수 있어야 한다는 조건과 우주의 나이가 충분히 많아서 그런 생명이 이미 진화했어야 한다는 조건에 의해 제한된다".[9]

우주보다 규모는 더 작지만 더 잘 와 닿는 예로 지구를 생각해보자. 만약에 지구가 태양으로부터 훨씬 더 멀리 떨어져 있었거나 태양에 훨씬 더 가까이 있었더라면, 지구는 생명이 진화하기에는 너무 뜨겁거나 차가웠을 것이다. 만약에 지구의 자기장이 생명권으로 쏟아져 들어오는 우주복사선을 막아주지 않았다면 식물과 동물은 살아남지 못했다. 만약에 성층권의 오존이 자외선을 막아주지 않았다면 우리는 존재하지 않았거나 사뭇 다른 모습이었을 것이다. 이제 우리은하에 수천억 개의 별이 있고, 우주에 수천억 개의 은하가 있음을 생각해보자. 우주에 있는 무수한 별 중에는 행성을 거느린 별도 많을 것이다. 우주의 행성 중 다수는 지구와 전혀 다를 것이다(목성과 유사한 거대 가스 행성일 수도 있다). 어떤 행성은 별에서 너무 멀리 떨어졌거나 너무 가까울 것이다. 또 어떤 행성은 우주복사선을 막는 자기장을 보유하지 못했을 것이다. 이밖에도 여러 조건을 갖추지 못한 어떤 행성에서는 생명이 진화할 수 없을 것이다. 따라서 그런 행성들에는 데이터를 수집하고 사실들을 확인하면서 "이야, 대단한 우연의 일치로군. 우리 행성은 생명이 진화하기에 딱 알맞은 속성들을 지녔어!"라고 말할 존재가 없을 것이다. 인류 원리가 말하는 바는, 생명이 진화해서 우주를 관찰할 수 있으려면 우주가 생명의 진화를 허용하는 특징(기본상수들의 값)을 가져야 한다는 것뿐이다. 요컨대 인류 원리는 신비로운 구석이 전혀 없다.

인류 원리의 귀결들은 선택의 법칙이 얼마나 강력한지 보여준다. 인류 원리는 무의미한 형이상학적 사변에 불과하다. 우리 우주의 나이는 약 140억 년인데, 인류 원리는 그 나이가 140억 년보다 더 적을 수는 없다고 말해준다. 왜냐하면 우리는 탄소에 기초한 생물이기 때문이다. 탄소는 별의 중심에서 헬륨이 융합해 만들어진다. 따라서 인간이 존재하려면, 1세대 별들이 형성되고 폭발해 탄소를 비롯한 무거운 원소들이 우주 곳곳에 퍼진 다음에 응축해 행성이 형성되고 거기에서 탄소에 기초한 생명이 진화하기에 충분한 시간이 흘렀어야 한다. 실제로 계산해보면, 이 모든 일이 일어나기 위해서 약 140억 년이 걸린다. 만약에 우주의 나이가 140억 년보다 더 적었더라면, 우리가 여기에 존재하면서 우주를 관찰하는 일은 없었을 것이다. 만일 탄소에 기초하지 않은 생명이 존재한다면, 당연히 그 생명에는 위 논증이 적용되지 않을 것이다. 그러나 우리가 존재하려면, 우주의 나이가 최소한 140억 년에 가까워야 한다. 이것은 선택의 법칙에 따른 결론이다.

내가 지금까지 서술한 인류 원리는 때때로 '약한 인류 원리[weak anthropic principle]'로 불린다. 다른 버전들도 있는데, 그것들은 훨씬 더 의심스럽다. '강한 인류 원리[strong anthropic principle]'는 우주가 생명의 진화를 허용하는 속성들을 반드시 '가져야 한다'고 말한다. 또 다른 버전인 '참여 인류 원리[participatory anthropic principle]'는 "우주의 존재를 위해 관찰자들이 필수적이다"라고 말한다.[10] '최종 인류 원리[final anthropic principle]'(마틴 가드너[Martin Gardner]는 '완전히 우스꽝스러운 인류 원리'라고 불렀다.[11])는 "우주에서 지적인 정보 처리가 반드시 발생해야 하며, 일단 발생한 그것은 영원히 사라지지 않는다"[12]라고 말한다. 이 버전을 정의한 존 배로[John Barrow]와 프랭크 티플러[Frank Tipler]는 이렇게 말했다. "다시 한 번 독자들에게 경고하거니와, 양자(최종 인류 원리와 강한 인류 원리)는 상당히 사변적이다. 당연히 어느 쪽도 물리학의 원리로 간주되어서는 안 된다." 지당한 말이다. 인류 원리의 이런 사변적 버전들은 나름의 가치가 있겠지만 경계해야 마땅하다. 그러나 그 경계심 때문에 약한 인류 원리의 힘을 얕잡아 보지는 말아야 한다. 약한 인류 원리는 선택의 법칙의 궁극적 표현이다.

우연의 법칙을
어떻게 사용해야 할까?

우연의 일치는 신이 익명으로 남기 위해 채택하는 방편이다.
– 알베르트 아인슈타인의 말로 전해짐

커다란 자루

지금까지 우연의 법칙을 이루는 법칙들을 살펴보았고, 왜 극도로 개연성이 낮은 사건들이 현실에서 흔히 일어나는지 이해했다. 이 장에서는 우연의 법칙이 과학, 의학, 경영 등의 분야에서 어떻게 쓰이는지 볼 것이다. 그것의 기본 발상들은 유래가 깊으며 다양한 이름으로 불린다.

보렐의 법칙에 따르면 우리는 개연성이 아주 낮은 사건의 발생을 아예 예상하지 말아야 한다. 그러나 우리는 그런 사건들을 숱하게 목격했다. 그리고 우연의 법칙은 왜 그런지 말해준다. 즉 우리가 무슨 일인가는 반드시 일어난다는 사실(필연성의 법칙)을 간과하기 때문에, 우리가 아주 많은 가능성을 검토했다는 사실(아주 큰 수의 법칙) 때문에, 우리가 무엇을 주목할 것인가를 사후에 선택했다는 사실(선택의 법칙) 때문에 또는 우연의 법칙의 다른 가닥들을 간과하기 때문에 그런 놀라운 사건들과 마주치게 된다. 요컨대 우연의 법칙에 따르면 개연성이 극도로 낮다고 생각한 사건이 일어나는 것은 우리의 생각이 틀렸기 때문이다. 이때 오류를 발견해 수정하면 낮은 줄 알았던 그 사건의 개연성이 실은 높은 것으로 드러날 것이다.

우리가 이 원리를 어떻게 써먹을 수 있는지 탐구하기 위해 나는 혼란을 유발하는 현실 세계의 애매성을 모두 제거하고 아주 간단한 예를 출발점으로 삼으려 한다. 내가 커다란 자루 하나를 가지고 있는데, 그 안에 검은 구슬 1개와 흰 구슬 99만 9,999개가 들어있다고 해보자. 당신이 눈을 감고 자루 속에 손을 넣어 구슬 하나를 꺼낸다. 꺼내고 보니 검은 구슬이다.

이런 일이 일어날 확률은 아주 낮다. 정확히 100만 분의 1이다. 이 정도면 보렐의 법칙을 적용하기에 충분할 만큼 작은 확률이다. 그렇다면 이런 일은 일어나지 말아야 한다(100만 분의 1은 보렐의 법칙을 적용할 만큼 낮은 확률이 아니라고 생각하는 독자는 자루 속에 구슬 1조 개 또는 100경 개가 들어 있는데, 그중 하나만 검은 구슬이라고 상상하라). 그러나 보렐의 법칙에도 불구하고 당신은 검은 구슬을 꺼냈다. 이미 보았듯이 이런 일의 발생은 대개 당신이 검은 구슬을 뽑을 확률을 상승시키는 무언가를 고려하지 못했음을 의미한다. 어쩌면 내가 당신에게 자루에 든 검은 구슬의 개수를 거짓으로 알려주었을지도 모른다.

돌이켜보면 자루에 검은 구슬이 정말로 하나만 들어 있을 확률이나 내가 거짓말을 하고 있을 확률에 대해서는 전혀 명시하지 않았다. 대신에 내가 자루에 대해서 한 말을 당신이 믿는다는 전제 아래에서 검은 구슬을 뽑을 확률에 대해 이야기했고 그 확률이 낮은 사건의 발생은 그 믿음을 의심하게 만든다고 이야기했다. 과학적으로 말하자면 확률이 낮은 사건의 발생이 우리의 이론을 의심하게 만들었다(이 예에서 '이론'은 자루에 검은 구슬이 정말로 하나만 들어 있다는 것이다).

폴 나힌[Paul Nahin]은《바보들의 결투와 기타 확률에 관한 어려운 문제들[Duelling Idiots and Other Probability Puzzlers]》[1]에서 1차 걸프전 중에 "패트리어트 방공 미사일 시스템은 사우디아라비아에서 이라크군의 스커드 미사일들을 80퍼센트 넘게 성공적으로 격추했다"는 미국 국방부의 주장을 거론하며 매사추세츠공과대학교의 물리학자 시어도어 포스톨[Theodore Postol]의 의문 제기를 소개했다. 포스톨은 패트리어트 미사일과 스커드 미사일이 마주치는 상황 14회를 비디오로 보며 분석했는데, 13회는 패트리어트 미사일이 빗나갔고 1회는 아마도 명중한 듯했다. 포스톨은 만약 패트리어트 시스템의 명중률이 정말로 80퍼센트라면, 14회의 시도에서 단 1회의 명중만 목격할 확률이 얼마인지 계산했다. 나힌이 보여주듯이, 간단히 계산하면 나오는 그 확률은 1억 분의 1보다 작다. 이 정도면 보렐의 법칙을 떠올리기에 충분할 만큼 작은 확률이다. 바꿔 말해 포스톨이 목격한 사건은 일어나지 말아야 한다. 그러나 그 사건이 일어났으므로, 우연의 법칙에 따라 패트리어트 시스템의 명중률이 80퍼센트라는 것은 과장이라고 주장할 만하다. 대다수의 사람 역시 1억 분의 1의 확률과 정확히 밝혀지지는 않았으나 그보다 더 높은 확률을 비교하면서 두 설명 중 하나를 선택할 테고, 따라서 명중률이 80퍼센트에 못 미쳤다는 둘째 설명을 선택할 것이다.

이런 선택 전략은 7장에서 다룬 금융위기에도 적용된다. 거기에서 언급한 금융위기의 예는 모두 확률이 아주 작아서 보렐의 법칙에 따르면 예상하지 말아야 할 사건의 발생과 관련이 있다. 그런데 그런 사건을 목격한다는 사실은 어떤 대안적인 설명이 가능함을 시사한다. 그 대안적인 설명에서는 그런 사건이 발생할 확률이 더 높다. 앞서 살펴보았듯 통계 분포의 모양이 조금만 바뀌어도 그런 극단적인 사건이 발생할 확률은 훨씬 더 커진다. 따라서 그런 사건은 예상할 만한 것이 된다. 이 경우에도 대안적인 설명의 모색은 확률 간의 비교에서 촉발된다.

지금까지 거론한 모든 예에서는 사건이 발생할 확률이 극도로 낮았다. 따라서 보렐의 법칙과 우연의 법칙을 함께 고려해 상황에 대한 이해에서 어떤 오류나 결함을 찾는 쪽을 선택했다. 그러나 대안적인 설명이 무엇인지 명시하지 않았다. 때로는 대안에도 설명이 필요하다.

앞서 든 구슬 자루의 예로 돌아가자. 이번에는 내가 당신에게 솔직히 말한다. 나에게 자루 2개가 있는데, 한 자루에는 구슬 100만 개가 들어 있으며 그중 하나가 검은 구슬이고 나머지는 모두 흰 구슬인 반면, 구슬 100만 개가 든 다른 자루는 그중 하나가 흰 구슬이고 나머지는 모두 검은 구슬이다. 당신은 눈을 가린 채로 손을 뻗어 두 자루 중 하나에서 구슬 하나를 꺼낸다. 꺼내고 보니 검은 구슬이다. 이제 질문은 이것이다. 당신은 검은 구슬이 하나 들어 있는 자루에서 그 구슬을 꺼낸 것일까 아니면 검은 구슬이 99만 9,999개 들어 있는 자루에서 꺼낸 것일까? 둘째 자루에서 검은 구슬이 나올 확률이 훨씬 더 높으므로, 당신이 선택한 자루는 아마 둘째 자루일 것이다. 당신도 이 추측에 동의하기를 바란다.

더 현실적인 예를 하나 살펴보자. 표준적인 정육면체 주사위에서 숫자들은 한 면의 숫자와 그 반대쪽 면의 숫자를 합하면 7이 되도록 배열된다. 1의 반대쪽에 6이 있고, 2의 반대쪽에 5, 3의 반대쪽에 4가 있다. 그러나 내가 모은 주사위 몇 개는 숫자가 잘못 새겨져 있다. 그 주사위들에서는 1이 있을 자리에 6이 있어서, 2개의 면에 6이 새겨져 있다. 한 면과 그 반대쪽 면을 한꺼번에 볼 수는 없으므로, 탁자 위에 놓인 주사위를 보는 것만으로는 이 결함을 알아챌 수 없다. 정상적인 주사위에서 6이 나올 확률은 6분의 1인 데 비해, 이 사기꾼용 주사위에서는 그 확률이 3분의 1이다. 숙련된 주사위 사기꾼, 이른바 '주사위 정비공dice mechanic'은 그런 주사위를 손안에 몰래 지니고 있다가 게임 도중에 정상적인 주사위와 마음대로 바꿔치기해 승률을 왜곡할 수 있다. 이제부터 내가 제시할 시나리오의 토대는 그런 사기꾼용 주사위다.

우리 앞에 주사위 하나가 놓여 있다. 우리는 그 주사위가 사기꾼용일 수도 있고 정상일 수도 있다는 말을 들었다. 우리의 과제는 그 주사위가 과연 어느 쪽인지 판정하는 것으로, 이를 위해 증거를 수집하기로 한다. 즉 그 주사위를 던져서 얻은 결과들을 모으기로 한다.

그 주사위를 100번 던졌는데 6이 35번 나왔다고 가정하자. 정상적인 주사위에서 6이 이렇게 많이 나올 확률은 약 22만 분의 1이다. 이것은 작은 확률이므로, 당신은 어떤 다른 대안적 설명을 모색해야 한다. 이를테면 주사위가 정상적이지 않다는 설명을 채택하고 싶을 것이다. 그러나 속단을 삼가고 필연성의 법칙을 상기하라. 모든 결과 가운데 하나는 반드시 발생하며, 결과 각각의 확률은 매우 낮을 수 있다(골프공 역시 특정한 잔디 위에서 멈출 확률은 매우 낮다).

모든 결과 각각의 확률이 아주 낮다면, 어떤 결과가 나오든지 주사위를 의심하게 된다. 이것은 비효율적인 의심이다. 이 문제를 우회할 길은 따로 있다. 한 설명(정상적인 주사위)에서 나오는 그 결과(주사위 던지기 100번에서 6이 35번 나옴)의 확률과 다른 설명(주사위가 사기꾼용이다)에서 나오는 그 확률을 비교하는 것이다.

만일 그 주사위가 정상적이라면 주사위 던지기 100번에서 6이 35번 나올 확률은 약 22만 분의 1이다. 한편 만일 그 주사위가 사기꾼용이라면(두 면에 6이 새겨져 있다면) 그 확률은 약 13분의 1이다. 이것도 작은 확률이지만 22만 분의 1만큼 작지는 않다. 요컨대 그 주사위가 정상적일 때보다 사기꾼용일 때 6이 35번 나올 확률이 거의 1만 7,000배 더 크다. 당신은 그 주사위가 사기꾼용이라고 생각하는가 아니면 정상적이라고 생각하는가?

관찰된 결과가 한 설명이 옳다는 전제하에서 나올 확률과, 다른 설명이 옳다는 전제하에서 나올 확률을 비교하는 것은 통계학의 기본 원리다. 우리는 데이터를 살펴보고, 그 데이터가 경쟁하는 설명 각각에서 발생할 확률을 계산한다. 관찰된 데이터를 산출할 확률이 가장 높은 설명은 가장 큰 신뢰를 받는다. 통계학자들은 이것을 '그럴 법함의 원리likelihood principle'라고 한다. 우리는 관찰된 데이터를 산출할 법한 정도가 가장 높은 설명을 선호한다. 다음 예는 그럴 법함의 원리가 표절자를 잡아내는 데 쓰임을 보여준다.

표절을 적발하는 일은 경우에 따라 쉽다. 예컨대 학생 A의 에세이가 B의 에세이와 글자 하나까지 똑같다면, 가능한 두 가지 설명에 그럴 법함의 원리를 적용할 수 있다. (1) 한 학생이 다른 학생의 에세이를 베꼈다. (2) 두 학생이 우연히 똑같은 에세이를 써냈다. 이 경우에는 누구나 신속하게 설명 (1)을 선택한다. 그러나 표절을 적발하기가 어려운 경우들도 있다. 한 예로 수학에서 쓰는 수표들(이를테면 로그표, 제곱근표, 기본상수들의 값을 열거한 표)을 생각해 보자. 이 표들은 어느 출판사에서 작성하든지 똑같아야 한다(2의 제곱근은 누가 계산하든지 똑같다). 따라서 한 출판사가 스스로 계산하지 않고 다른 출판사의 표를 그대로 베꼈다고 판단하기가 어렵다.

단 그 표를 처음 내놓은 출판사가 아주 드문 오류를 일부러 삽입했다면 이 야기가 달라진다. 이를테면 한 출판사는 표에 등재된 값 몇 개를 그 표에 의 지한 계산에 미치는 악영향이 미미할 정도로만 아주 조금 바꿀 수 있다. 만일 그 오류들이 다른 출판사의 표에 그대로 들어 있다면, 우연의 법칙을 떠올릴 만하다. 두 번째 출판사가 첫 번째 출판사의 오류들을 우연히 똑같이 범할 확 률은 매우 낮다. 따라서 두 출판사의 오류들이 일치하도록 사건의 개연성을 더 높이는 대안적 설명을 모색해야 한다. 한 가지 설명은 두 번째 출판사가 스 스로 계산해 표를 작성하지 않고 첫 번째 출판사의 표를 베꼈다는 것이다. 이 설명을 채택하면 두 출판사의 오류가 일치할 확률은 1이 된다. 그러므로 그럴 법함의 원리에 따라서 베끼기가 일어났다는 설명을 택할 수 있다(첫 번째 출판 사가 두 번째 출판사를 표절 혐의로 고소하면 승소해 피해보상금을 받아낼 수 있다).

이 같은 표절 예방 전략은 1954년에 나온《체임버스의 간략한 여섯 자리 수표들Chambers's Shorter Six-Figure Mathematical Tables》에 쓰인 바 있으며, 그 외에도 지 도, 사전, 전화번호부, 악보에 허구의 항목(실재하지 않는 도시, 단어, 전화번호, 불 필요한 음표)을 일부러 삽입한 사례들이 있다.

어떤 사건이 일어날 확률을 한 설명이 옳다는 전제 아래에서 계산한 결과 와, 다른 설명이 옳다는 전제 아래에서 계산한 결과를 비교하면 때로는 놀라 운 결론에 이른다. 셰익스피어 마니아들은 잘 알겠지만, 그는 두운alliteration을 좋아했던 것으로 보인다. 두운이란 어두에 같은 자음이 있는 단어들을 일정 하게 반복해 운율 효과를 주는 기법이다. 예컨대《로미오와 줄리엣Romeo and

Juliet》에 나오는 다음과 같은 대사는 두운 효과를 노린 것으로 보인다(굵은 서체 부분 참고). "Her traces, of the **s**mallest **s**pider's web(그녀의 흔적, 가장 작은 거미의 그물)."(머큐시오, 1막 4장), "A rose by any other name would **s**mell as **s**weet(장미는 이름이 달라도 마찬가지로 향기로울 텐데)."(줄리엣, 2막 2장), "life and those **l**ips have **l**ong been separated(저 입술과 생명은 벌써 오래전에 헤어졌군)."(캐퓰릿, 4막 5장), "The **s**un, for **s**orrow, will not **s**how his head(태양은 슬픔에 잠겨 머리를 내밀지 않을 것이다)."(공작, 5막 3장) 그러나 셰익스피어는 많은 글을 썼다. 그의 작품들에서 유사한 소리가 반복되는 것은 단지 우연일까?

이 질문을 던진다는 것은 그 작품들 속 두운에 대해서 두 가지 설명을 고려한다는 것을 의미한다. 하나는 두운의 존재는 단지 우연이라는 것이다. 그리고 다른 하나는 그것들이 의도적으로 삽입되었다는 것이다. 스키너는 앞서 서술한 아이디어를 이용해 이 설명들을 탐구했다.[2] 그의 목표는 관찰된 두운이 순전히 우연으로 발생할 확률을 추정하는 것이었다. 만일 그 확률이 충분히 작다면, 전자는 그럴 법하지 않다고 판정되고 두운을 산출할 확률이 더 높은 후자의 설명이 선호될 것이었다.

스키너는 소네트의 한 행에서 똑같은 소리들이 반복되는 횟수를 셌다. 그리고 그 횟수가 의도적인 두운이 없을 경우에 우연히 등장하리라고 예상할 만한 동음 반복의 횟수와 일치함을 발견했다. 그는 셰익스피어가 의도적으로 두운을 삽입했을 수도 있지만, 두운이 우연히 발생한다는 설명이 데이터와 아주 잘 맞아떨어진다는 결론을 내렸다. 스키너에 따르면 "셰익스피어는 단어들을 무작위로 선택했을 수도 있다".[3]

베이즈주의

소설 속 탐정 셜록 홈즈는 《4개의 서명The Sign of the Four》에서 이렇게 말했다. "불가능한 것을 제거하고 남는 것은 아무리 개연성이 낮더라도 참일 수밖에 없다."[4] 탐정의 의욕이 물씬 배어나는 말이다. 그러나 현실 세계에서 무언가가 불가능하다고 판단하기는 상당히 어렵다(나는 '불가능하다'라고 쓰려다가 참았다). 논리적으로 불가능하지만 않다면(논리적 불가능성은 앞서 논한 순수 수학의 영역에 속한다) 무엇이든지 약간의 가능성을 가지기 마련이다. 어쩌면 데이터 수집 과정에서 실수로 왜곡이 발생해 실은 가능한 일이 불가능하게 보이는 것일 수도 있다. 이론과 증거가 모순될 때, 증거에 오류가 있을 수도 있다는 말이다. 실제로 과학에서 데이터가 이론과 명백히 모순되는 경우는 비교적 드물다. 생각해보라. 과학 연구는 그 본성상 줄곧 한계에 부딪히기 마련이고, 그 한계 근처에서는 측정이 어렵고 불확실성이 많을 수밖에 없다. 과학자가 할 수 있는 최선의 말은 가능성에 관한 것일 때가 허다하다.

따라서 위에 인용한 셜록 홈즈의 말을 (덜 솔깃하더라도) 더 현실적인 버전으로 바꾸면 이런 식이다. "개연성이 더 낮은 것을 제거했을 때 남는 것은 무엇이든지 참일 가능성이 높다." 지금 중요한 것은 설명들의 확률을 비교하는 것이다. (그럴 법함의 원리를 논할 때처럼) 각 설명이 옳다는 전제 아래에서 관찰된 결과가 나올 확률들을 비교하는 것이 아니라, 설명들 자체의 확률을 비교하는 것이다.

2장에서 이런 식으로 설명들의 확률을 비교한다는 발상을 접한 바 있다. 데이비드 흄은 이렇게 썼다. "어떤 증언이 기적을 확증하기에 충분하려면, 그 증언이 거짓이라는 사실이 그 증언이 확증하려 애쓰는 사실보다 더 기적적이어야 한다."[5] 흄은 기적이 일어날 확률과 어떤 다른 설명의 확률을 명시적으로 비교한다. 또한 만일 선택 가능한 설명이 2개 있다면, 확률이 더 높은 설명을 선호해야 한다고 주장한다.

충분히 납득할 만한 이야기다. 하지만 다음과 같은 질문을 던지고 싶다. 어떻게 '설명'이 확률을 가질 수 있다는 말인가? 설명은 참이든 거짓이든, 둘 중 하나 아닌가. 기적을 증언하는 사람은 실제로 기적을 목격했든지 아니면 목격하지 않았든지, 둘 중 하나다. 그리고 만일 그가 기적을 목격하지 않았다면 무언가 다른 설명이 있어야 한다(어쩌면 그가 거짓말을 하고 있을지도 모른다).

3장에서 확률을 '믿음의 정도'로 보는 해석을 접한 바 있다. 이 해석은 확률을 믿음의 정도를 나타내는 수치로 간주한다. 이 해석을 채택하면 '설명의 확률'을 거론하는 것은 아무런 문제가 없다. 어떤 설명에 높은 확률을 부여한다는 것은 단지 그 설명이 옳다고 강하게 믿는다는 뜻이다. 이렇게 확률을 실제 세계의 객관적 속성으로 간주하지 않고 당신의 주관적인 믿음의 정도로 간주하는 해석에 기초해 여러 설명 중 하나를 선택하는 태도를 일컬어 '베이즈의 방법Bayesian approach'이라고 한다.[6]

통계적 추론의 기초

그럴 법함의 원리를 논하면서 경쟁하는 두 설명 중 하나가 참이라는 전제 아래에서 관찰된 결과가 나올 확률과, 다른 하나가 참이라는 전제 아래에서 그 결과가 나올 확률을 비교했다. 그리고 관찰된 결과를 산출할 확률이 더 높은(우연성이 더 낮은) 설명을 선택했다. 또 다른 전략도 있다. 바로 틀린 선택을 할 확률을 통제하는 것이다.

첫 번째 예를 살펴보자. 주사위가 정상인지 판정하려 하는데, 정상적인 주사위를 사기꾼용 주사위로 잘못 판정하는 실수를 피하기 위해 노력한다고 해 보자(누군가를 사기꾼으로 잘못 지목하면 온갖 사달이 날 수 있지 않은가). 그래서 그런 실수를 범할 확률이 1,000분의 1 이하일 때만 사기꾼용 주사위라는 판정을 내리기로 한다. 즉 판정을 여러 번 반복한다면, 1,000번에 1번꼴로만 정상적인 주사위를 사기꾼용 주사위로 잘못 판정할 것이다.

정상적인 주사위를 100번 던져서 6이 30번 이상 나올 확률은 1,000분의 1보다 작다(정확히 1,478분의 1, 곧 0.00068이다). 따라서 우리는 주사위를 100번 던져서 6이 30번 이상 나왔을 때만 그 주사위를 사기꾼용 주사위로 판정하기로 한다. 이렇게 하면 실수를 범할 확률은 1,000분의 1보다 작다. 이는 정상적인 주사위를 사기꾼용 주사위로 잘못 판정할 확률을 제한한 것이다.

정상적인 주사위를 사기꾼용으로 잘못 판정하는 실수를 보다 확실히 막고 싶다면, 더 작은 확률을 선택하자. 이를테면 1,000만 분의 1의 확률을 선택할 수 있다. 또한 이 정도로 확률이 낮은 사건은 보렐의 법칙을 적용하기에 충분하다고 판단해 그것의 발생을 예상하지 않을 수도 있다. 정상적인 주사위를 100번 던져서 6이 39번 이상 나올 확률은 약 1,000만 분의 1이다(정확히 1,169만 9,824분의 1). 따라서 우리가 어떤 주사위를 100번 던져서 6이 39번 이상 나왔다면, 주사위가 정상적이라는 전제가 틀렸다고 판정하는 것이 합당하다. 그 주사위가 정상적이라면, 이 결과는 확률이 너무 낮아서 일어나지 말아야 한다. 따라서 그 주사위는 정상적인 것일 수 없다.

지금까지 주사위가 정상적이라는 전제 아래에서 특정한 결과(주사위를 100번 던져서 6이 30번 이상 나옴)를 얻을 확률을 따졌다. 하지만 주사위가 사기꾼용이라는 전제 아래에서 똑같은 결과를 얻을 확률을 따질 수도 있다. 알다시피 주사위가 정상일 경우에 6이 나올 확률은 6분의 1인 반면, 주사위가 사기꾼용일 경우에 그 확률은 3분의 1이다. 따라서 주사위가 정상일 때보다 사기꾼용일 때 6이 더 자주 나오리라. 앞에서 보았듯 정상적인 주사위를 100번 던져서 6이 30번 이상 나올 확률은 0.00068이다. 반면에 사기꾼용 주사위를 던질 경우에는 그 확률이 0.79073이다. 이 계산 결과에서 주사위가 정상적인지 아니면 사기꾼용인지 판정하는 규칙을 얻을 수 있다. 그 규칙은 실수를 범할 확률도 알려준다. 즉 주사위를 100번 던져서 6이 30번 이상 나오면 그 주사위가 사기꾼용이라고 판정하고, 그렇지 않으면 정상적이라고 판정한다. 만일 그 주사위가 정상적이라면 그것을 사기꾼용으로 잘못 판정할 확률은 겨우 0.00068이다. 만일 그 주사위가 사기꾼용이라면 그것을 정상적인 주사위로 잘못 판정할 확률은 1−0.79073, 약 0.2이다. 주사위가 정상적이든 아니면 사기꾼용이든 실수를 범할 확률은 낮다. 특히 주사위가 정상일 때 우리가 실수를 범할 확률은 극히 낮다. 바로 이것이 우리가 원한 바다.

이론(주사위가 정상적이다)을 반증하는 실험의 결과(주사위를 100번 던져서 6이 30번 이상 나옴)가 '통계적으로 유의미하다' 함은 이론이 참인데 우연히 그 결과가 나올 확률이 낮다는 뜻이다. 이 확률이 낮으면 낮을수록, 이론은 더 의심스러워진다. 이 확률이 아주 낮다면 보렐의 법칙에 따라서 이론을 배척할 수 있다. '확률이 낮다'는 말이 정확히 무슨 의미인지는 맥락에 따라 다르다. 의

학과 심리학을 비롯한 많은 분야에서 '낮은 확률'은 0.05(20분의 1)나 0.01(100분의 1)을 의미한다. 이 정도면 우연의 법칙에 비춰볼 때 그리 낮은 확률은 아니다. 반면에 '낮은 확률'을 훨씬 더 낮게 설정하는 분야도 있다. 새로운 입자를 (특정한 에너지와 질량의 아원자입자들이 쏟아져 나오는 것과 같은 관찰된 사건에 기초해) 찾으려 애쓰는 고에너지물리학에서 '낮은 확률'은 겨우 0.0000003이다. 6장에서 보았듯이 금융계에서는 확률이 이렇게 낮은 사건을 흔히 'n-시그마 사건'이라고 부르는데, 똑같은 용어가 입자물리학에서도 쓰인다. 예컨대 힉스 보존을 찾는 물리학자들은 자신들의 실험 결과를 '5-시그마 사건'으로 칭한 바 있다.

요약하면 통계적 유의미성(유의성)statistical significance 판정의 기준은 확률, 정확히 말해서 이론이 참일 경우 실제로 관찰된 데이터만큼 극단적이거나 그보다 더 극단적인 데이터를 얻을 확률이다. 이 확률을 보면, 우리가 얻은 데이터가 이론이 참일 경우에 나오리라 예상할 만한 데이터인지 아니면 우연의 법칙을 적용하고 다른 설명을 모색해야 한다는 신호인지 알 수 있다.

통계적 유의미성은 실질적 유의미성과 다르다. 통계적으로 매우 유의미해서 이론에 대한 의심을 강하게 부추기는 실험 결과도 경우에 따라서 중요하지 않을 수 있다. 신약의 효과를 검증하는 실험에서 기존 약과 신약의 효과에 미세한 차이가 있다는 결과가 통계적으로 매우 유의미하게 나올 수도 있을 것이다. 즉 신약이 진정한 효과가 있음을 강하게 확신할 수 있다. 그러나 기존 약과 신약의 효과 차이가 임상에서는 하찮을 정도로 미세하다면 아무도 그 차이에 관심을 두지 않을 것이다.

지금까지의 논의는 말끔하지만 우연의 법칙과 관련된 다른 요인들 때문에 까다로운 문제가 발생할 수 있다. 아주 큰 수의 법칙을 돌이켜보라. 어떤 일이 발생할 기회가 충분히 많으면 그 일은 거의 확실히 발생한다. 앞서 사기 꾼용 주사위의 예에서 우리는 주사위가 정상적인지 아니면 사기꾼용인지 판정하기 위해 실험을 딱 한 번 했다. 그러나 실험을 여러 번 하면 어떻게 될까? 이 질문에 답하기 위해 우선 두 가지 실험을 생각해보자.

단순한 논의를 위해 두 실험이 독립적이라고 전제한다. 즉 한 실험의 결과는 다른 실험의 결과에 대해서 아무것도 말해주지 않는다. 첫째 실험은 새로운 천식 치료제가 기존의 표준 치료제보다 더 나은지 검증한다. 둘째 실험은 새로운 우울증 치료제가 다른 치료제들보다 더 나은지 검증한다. 새로운 천식 치료제가 표준 치료제보다 더 낫다는 결론을 잘못 내릴 확률은 20분의 1로 제한하자. 즉 이 실험에서 새 치료제가 실은 효과가 더 좋지 않은데 더 좋다는 결론이 나올 확률은 0.05다. 마찬가지로 우울증 실험에서도 새 치료제가 실은 더 낫지 않은데 더 낫다는 결론이 나올 확률은 0.05로 제한되었다. 따라서 어느 실험에서나 우리는 새 치료제가 더 낫지 않을 경우 더 낫지 않다는 옳은 결론을 (1−0.05=0.95이므로) 95퍼센트의 확률로 내리게 된다.

그런데 우리는 지금 별개의 실험 두 가지를 하고 있다. 하나는 천식에 관한 실험이고, 또 하나는 우울증에 관한 실험이다. 3장에서 독립사건들을 다룰 때 이야기한 대로, 두 실험 모두에서 새 치료제가 더 낫지 않다는 결론이 옳게 나올 확률은 한 실험에서 그런 결론이 나올 확률보다 더 작다. 전자는 개별 확률들의 곱, 즉 0.95×0.95=0.9025다. 이것은 새로운 치료제 2개 중 어느 것도 기존 치료제보다 더 낫지 않다는 옳은 결론이 나올 확률이다.

이 확률은 새 치료제 모두 기존 치료제보다 더 낫지 않을 경우에 양쪽 실험 모두에서 옳은 결론이 나올 확률이므로, 적어도 한 실험에서 틀린 결론이 나올 확률은 1에서 이 확률을 뺀 값, 즉 $1-0.9025=0.0975$다. 거의 0.1인 셈이다. 요컨대 새 치료제가 우월하다는 틀린 결론이 적어도 한 실험에서 나올 확률은 두 실험 중 하나만 했을 때 틀린 결론이 나올 확률보다 두 배 가까이 크다.

여기까지는 실험이 2개 있을 때 벌어지는 일이다. 그러나 제약회사들은 효과적인 신약을 개발하기 위해 수많은 약물을 실험한다. 그러므로 1,000개의 치료제를 실험하면 어떤 일이 벌어지는지 살펴보자. 이번에도 모든 실험은 독립적이다. 즉 어떤 실험의 결과도 다른 실험의 결과에 영향을 미치지 않는다. 또한 앞에서와 마찬가지로 각 치료제가 실은 기존 치료제보다 더 우수하지 않은데 더 우수하다는 결론이 잘못 나올 확률은 0.05로 제한하자. 그러면 실험 2개를 다룰 때와 똑같은 논리에 따라서, 새 치료제 1,000개 중에 어느 것도 기존 치료제보다 더 우수하지 않을 경우에 이 실상과 일치하는 결론이 나올 확률은 0.95를 1,000번 곱한 값과 같다. 즉 $0.95^{1,000}=5.29\times10^{-23}$, 분수로 표현하면 약 2×10^{22}분의 1이다. 보다시피 엄청나게 낮은 확률이다. 새 치료제 1,000개가 모두 기존 치료제보다 더 우수하지 않을 경우에 이 실상과 일치하는 결론이 나올 확률이 이렇게 낮다는 것은 하나 이상의 치료제가 더 우수하다는 틀린 결론이 나올 확률이 압도적으로 높다는 것을 의미한다.

이 문제는 5장에서 다룬 스캔 통계, 다른 데 보기 효과 등이 일으키는 문제와 같은 유형이다. 이런 문제는 아주 많은(어쩌면 1,000개보다 더 많은) 가능성(예컨대 질병 집중지역 후보지들)을 조사하기 때문에 발생한다. 아주 많은 후보지를 조사하면 실제로는 질병 집중 지역이 없더라도, 적어도 하나에서 통계적으로 유의미한 결과가 나올 확률이 매우 높아진다. 다시 말해 《허핑턴포스트》의 기사에 언급된 곳들과 같은 질병 집중 지역들이 아무 원인 없이 순전히 우연으로 튀어나올 확률이 아주 큰 수의 법칙에 의해 1에 가까워진다.

이 문제는 피할 수 없다. 왜냐하면 이는 우연의 법칙의 귀결이기 때문이다. 그러나 이를 완화할 수는 있다. 한 가지 방법은 개별 검사 각각에서 틀린 결론이 나올 확률을 훨씬 더 낮추는 것이다. 약효 실험의 예에서는, 새 치료제가 실은 우월하지 않은데 우월하다고 잘못 판정할 확률을 0.05가 아니라 1만 분의 1로 낮춘다. 그러면 실은 우월하지 않은 두 가지 신약 각각을 가지고 2개의 실험을 할 때 적어도 한 실험에서 신약이 우월하다는 틀린 결론이 나올 확률은 약 0.0002가 된다. 이것은 한 실험만 했을 때 틀린 결론이 나올 확률 0.0001의 두 배이기는 하지만 여전히 매우 낮은 확률이다. 그러나 1,000가지 신약 각각을 가지고 1,000개의 실험을 한다면, 적어도 한 실험에서 신약이 우월하다는 틀린 결론이 나올 확률은 0.095다. 0.095면 거의 10분의 1이므로 아주 낮은 확률이라고는 할 수 없다. 하지만 앞선 예에서 적어도 한 실험의 결론이 틀리게 나올 확률이 거의 1이었음을 감안하면 대단한 진보라고 하겠다.

문제를 완화하는 또 하나의 방법은 질문을 바꾸는 것이다. 지금까지는 어느 신약도 기존 약보다 우월하지 않을 경우에 적어도 한 신약이 우월하다는 틀린 결론이 나올 확률을 물었다. 하지만 이렇게 물을 수도 있다. 기존 약보다 우월하다고 결론 내린 신약들 중에 몇 퍼센트가 실제로 우월할까? 이 비율을 충분히 좁은 범위 안으로 한정할 수 있다면, 그것은 아주 유용한 성취다.

통계학자들은 이런 문제에 익숙하다. 이것들은 '다중 검정multiple testing' 문제 또는 '다중성multiplicity' 문제로 불린다. 다중 검정 문제는 인기 있는 연구 주제이며 (다양한 조건에서 어떤 유전자가 영향을 받는지 알아내기 위해 유전자 수만 개를 동시에 검사하기도 하는) 생물정보학과 (5장에서 언급했듯이 스펙트럼을 이룬 무수한 값들 중 어느 것에서든지 흥미로운 현상을 발견하려 애쓰기도 하는) 입자물리학을 비롯한 다양한 분야에서 매우 중요하다. 이 문제와 얽힌 큰 확률들은 아주 큰 수의 법칙에 따른 귀결로 발생한다. 개별 사건 각각이 일어날 확률은 아주 작다 하더라도, 충분히 많은 사건을 고려한다면 적어도 한 사건이 일어날 확률은 압도적으로 높아진다.

지금까지 확률들을 비교함으로써 여러 설명을 평가하고 한 설명을 선택하는 법을 살펴보았다. 실제로 일어난 일의 확률이 한 설명에서는 충분히 낮다면, 그 설명을 의심하고 대안적인 설명을 모색할 만하다. 이것이 통계적 추론의 기초다.

나오며
기적은 전혀 놀라운 일이 아니다

우연도 나름의 이유가 있다.

— 페트로니우스Petronius

우연의 법칙은 아인슈타인의 유명한 방정식 $E=mc^2$처럼 단일한 방정식이 아니라 함께 엮여서 서로를 강화하는 가닥들의 집합이다. 그 가닥들은 사건들, 사고들, 결과들을 연결하는 밧줄을 이룬다. 주요 가닥은 필연성의 법칙, 아주 큰 수의 법칙, 선택의 법칙, 확률 지렛대의 법칙, 충분함의 법칙이다. 이 가닥 중에 하나만 작동해도 겉보기에 개연성이 극히 낮은 사건, 예컨대 한 사람이 여러 번 로또에 당첨되는 일, 금융위기, 예지몽 등이 발생할 수 있다. 그러나 이 가닥들은 함께 엮여서 작동할 때 진정한 힘을 발휘한다.

필연성의 법칙은 무슨 일인가는 반드시 일어난다는 것이다. 즉 당신이 모든 가능한 결과의 목록을 가지고 있다면, 거기에 등재된 결과 중 하나는 반드시 일어난다. 이 법칙은 너무나 자명해서 보통은 주목받지 못한다. 우리가 호흡하는 공기가 평소에 주목받지 못하는 것과 마찬가지다. 이 법칙에 따르면 가능한 결과 각각이 발생할 확률은 아주 작더라도, 그 결과 중 하나는 확실히 발생한다. 필연성의 법칙은 개연성이 극히 낮은 사건을 확실한 사건으로 만든다.

아주 큰 수의 법칙은 기회들의 개수가 아주 많으면 아무리 이례적인 일도 일어날 가능성이 높다는 것이다. 당신이 주사위들을 한 움큼 쥐고 던지기를 충분히 오래 반복하면, 언젠가는 모든 주사위에서 6이 나올 것이다. 한 움큼의 주사위들을 한 번 던졌을 때 모든 주사위에서 6이 나올 확률은 아주 낮더라도, 충분히 많은 기회가 주어지면 그 사건의 발생은 거의 불가피해진다.

선택의 법칙은 만일 당신이 사후에 선택한다면 확률을 마음대로 높일 수 있다는 것이다. 내가 가장 좋아하는 예는 화살을 쏜 다음에 표적을 그리는 것이다. 이 예에서 선택의 효과는 명확히 드러난다. 사후 선택은 모든 화살을 표적에 명중한 화살로 만든다. 그러나 선택 과정은 대개 드러나지 않고 진행된다. 내가 이번 시험에서 가장 좋은 점수를 받은 학생들을 선택한다는 것은 다음번 시험에서 점수가 떨어질 가능성이 가장 높은 학생들을 선택하는 것이기도 한데, 나는 이 사실을 깨닫지 못할 수도 있다.

확률 지렛대의 법칙에 따르면 조건의 미세한 변화가 확률에 거대한 영향을 미칠 수 있다. 일상에서 우리는 지구가 평평하다고 생각하지만, 한 방향으로 충분히 오래 나아가면 출발점으로 되돌아온다. 지구의 아주 미세한 굴곡, 감지할 수조차 없는 굴곡이 중대한 결과를 가져오는 것이다. 확률 지렛대의 법칙은 이와 유사한 방식으로 확률을 변화시키며 때로는 엄청나게 증가시킨다.

충분함의 법칙은 충분히 유사한 사건들은 동일하다고 간주해도 된다고 말해준다. 소수점 아래 무한대 자리까지 동일한 두 측정값은 없지만, 현실 세계에서는 매우 유사한 두 측정값을 보통 동일하다고 간주한다. 자동차 경주에서 여러 명이 똑같은 기록으로 결승선을 통과할 확률은 우리가 사용하는 스톱워치의 정밀도에 따라 달라진다.

우연의 법칙을 구성하는 이 법칙들이 함께 작동한다면, 아래 열거한 것처럼 '이례적인' 사건도 충분히 발생할 수 있다.

2007년 7월, 영국 햄프셔주 헤일링 아일랜드에 사는 밥 굴드Bob Gould는 사다리에서 떨어져 다리가 부러졌다. 당연히 심한 통증을 느꼈겠지만, 그리 놀라운 일은 아니었다. 그러나 굴드 씨가 다친 때로부터 한 시간 이내의 간격으로 그의 아들 올리버 굴드Oliver Gould도 담을 뛰어넘다가 다리가 부러졌다. 두 사람 다 왼쪽 다리에 골절상을 입었다. 굴드 씨는 이렇게 말했다. "우리가 몸놀림이 좀 어설퍼요."[1]

일리노이주 프리포트에 사는 매리 울퍼드Mary Wohlford는 네 딸의 생일을 기억하는 데 아무 문제가 없을 것이다. 그녀의 네 딸 모두 8월 3일에 태어났다. 코니는 1949년, 산드라는 1951년, 앤은 1952년, 수잔은 1954년에 태어났다.[2]

당신이 여행을 계획 중이라면, 영국 더들리에 사는 제이슨 케언스-로렌스Jason Cairns-Lawrence와 제니 케언스-로렌스Jenny Cairns-Lawrence가 어디로 여행할지 알아보고 그곳을 피하라. 두 사람은 2001년 9월 11일 테러범들이 납치한 비행기가 세계무역센터와 충돌할 때 뉴욕에 있었다. 2005년 7월 7일 런던 지하철에서 폭탄 테러가 일어났을 때는 런던에 있었고, 2008년 11월 뭄바이에서 여러 목표물이 테러 공격을 당했을 때도 그곳에 있었다.[3]

변호사 존 우즈^{John Woods}의 사연도 만만치 않다. 1988년 12월 21일, 그는 팬암 항공 103편기 예약을 취소했다. 파티에 참석하기 위해서였다. 그 비행기는 스코틀랜드 로커비 상공에서 폭파되었다. 1993년 2월 26일, 그가 세계무역센터 39층의 사무실에 있을 때 건물 1층에서 자동차에 실린 폭탄이 터졌다. 2001년 9월 11일, 그는 테러범들의 비행기가 건물과 충돌하기 직전에 사무실을 떠났다.[4]

남아프리카공화국의 화가 레인 카로신^{Raine Carosin}은 2010년에 컴퓨터로 스크래블 게임(철자들을 배열해 단어를 만드는 놀이 - 옮긴이)을 하다가 우연히 자신의 성 'Carosin'을 만들었다.[5]

스웨덴 모라에 사는 레나 팔손^{Lena Påhlsson}은 1996년에 결혼반지를 잃어버렸다. 16년 후 그녀는 텃밭에서 당근 하나를 뽑았는데, 다이아몬드가 박힌 백금 반지가 당근 끄트머리에 끼워져 있었다. 바로 그녀의 결혼반지였다.[6]

우연의 법칙을 이해하고 나면, 이 사건들은 전혀 놀랍지 않다.

부록
A

정신이 명할 정도로 큰 수와
아찔할 정도로 작은 수

이 책의 핵심 개념은 아주 낮은 확률, 미세한 가능성이다. 확률을 이해하는 한 방식은 사건이 얼마나 자주 일어나리라고 예상되는지 따져보는 것이다. 예를 들어 내가 표준적인 정육면체 주사위 하나를 던진다면, 5가 나올 확률은 6분의 1이다. 즉 여섯 번에 한 번꼴로 5가 나오리라고 예상된다. 공정한 동전을 던질 때 앞면이 나올 확률은 2분의 1이다. 즉 두 번에 한 번꼴로 앞면이 나오리라고 예상된다. 마찬가지로 어떤 사건의 확률이 100만 분의 1이라는 것은 100만 번에 한 번꼴로 그 사건이 일어날 가능성이 있다는 뜻이다. 즉 그 사건은 100만 개의 가능성 중에 하나일 뿐이다. 이처럼 아주 낮은 확률을 표기하려면 정말 큰 수를 나타내는 방법이 필요하다. 때로는 정신이 명할 정도로 큰 수를 적을 필요도 있다.

다행히 거대한 수를 나타내는 표준적인 방법이 있다. 어쩌면 당신도 이미 잘 알고 있을 그 방법은 다음과 같다.

x를 n번 곱한 결과, 곧 x의 n제곱을 x^n으로 표기한다.

예컨대 2를 세 번 곱한 결과, 곧 2×2×2는 2^3으로 표기한다(이 값은 당연히 8과 같다). 마찬가지로 2를 20번 곱한 결과는 2^{20}으로 표기한다. 계산기를 두드리면 2^{20}=1,048,576임을 알 수 있다. 2^{20}은 100만보다 조금 더 크다.

이런 거듭제곱 표기법은 다른 수들에도 똑같이 적용된다. 따라서 아래와 같다.

$$100 = 10 \times 10 = 10^2$$

$$1,000,000 = 10 \times 10 \times 10 \times 10 \times 10 \times 10 = 10^6$$

1 다음에 0이 100개 붙은 수는 10^{100}

마지막 예는 거듭제곱 표기법이 아주 큰 수를 간단히 적을 수 있게 해줌을 보여준다. 그 예를 십진법으로 적은 아래 표기와 비교해보라.

10000000000000000000000000000000000000000000000000000000 00000000000000000000000000000000000000000000

1 다음에 0이 100개 붙은 이 수를 일컬어 '구골googol'이라고 한다. 이 명칭은 수학자 에드워드 캐스너Edward Kasner의 9살짜리 조카 밀턴 시로타Milton Sirotta가 고안했다. 20세기 전반기에 컬럼비아대학교에서 교수로 일한 캐스너는 유한하지만 아주 큰 수의 명칭이 필요해서 조카에게 조언을 구했다.[1]

부록
B

확률을 계산하는 규칙들

두 사건의 논리곱^{conjunction}이란 두 사건이 모두 일어나는 것을 의미한다. "이번에 내가 주사위를 던지면 6이 나올 것이다"와 "그 다음번에 내가 주사위를 던지면 6이 나올 것이다"의 논리곱은 "내가 지금부터 두 번 주사위를 던지면 모두 6이 나올 것이다"이다.

두 사건의 논리합^{disjunction}이란 한 사건 또는 다른 사건이 일어나거나 두 사건이 모두 일어나는 것을 의미한다. "이번에 내가 주사위를 던지면 6이 나올 것이다"와 "그 다음번에 내가 주사위를 던지면 6이 나올 것이다"의 논리합은 "내가 지금부터 두 번 주사위를 던지면 적어도 한 번은 6이 나올 것이다"이다. 또는 이렇게 표현할 수도 있다. "내가 지금부터 두 번 주사위를 던지면, 첫 번째에 6이 나오거나 두 번째에 6이 나오거나 두 번 모두 6이 나올 것이다."

두 사건 각각에 확률이 부여되어 있다면, 두 사건의 논리곱과 논리합도 각각 사건이므로, 그 논리합과 논리곱에도 확률이 부여된다. 위의 예에서는 '내가 지금부터 두 번 주사위를 던지면 모두 6이 나올' 확률과 '내가 지금부터 두 번 주사위를 던지면 적어도 한 번은 6이 나올' 확률이 각각 특정한 값으로 부여될 것이다.

한 사건의 부정을 여사건complement이라고 한다. 만일 나의 주사위 던지기에서 6이 나오지 않았다면, '6이 아님' 사건이 일어났다. 한 사건이 일어났다면 그것의 여사건이 일어나지 않은 것이다. 반대 경우도 마찬가지다. '사건 A가 일어났다'가 참이라면, '사건 A의 여사건이 일어났다'는 거짓이다.

이제 완벽한 주사위를 상상해보자. 그 주사위에서 각 숫자가 나올 확률은 정확히 6분의 1이다. 그 주사위에서 짝수가 나올 확률은 2나 4나 6이 나올 확률과 같다. 2나 4나 6이 나오는 사건은 사건 2(2가 나옴), 사건 4, 사건 6의 논리합이다.

이 논리합의 확률은 개별 확률들의 합이다. 즉 2가 나올 확률과 4가 나올 확률과 6이 나올 확률을 합한 값과 같다. 이를 확률에 관한 '덧셈 규칙'이라고 한다. 이 규칙에 따르면 완벽한 주사위에서 4 이하의 숫자가 나올 확률은 1이 나올 확률, 2가 나올 확률, 3이 나올 확률, 4가 나올 확률의 합이다. 따라서 6분의 4, 간단히 3분의 2이다.

하지만 약간 까다로운 보충 사항이 하나 있다. '주사위에서 짝수가 나옴'이라는 사건과 '주사위에서 4 이하의 숫자가 나옴'이라는 사건의 논리합은 확률이 얼마일까? 다시 말해 주사위에서 짝수가 나오거나 4 이하의 숫자가 나오거나 짝수이며 4 이하인 숫자가 나올 확률은 어떻게 될까?

어쩌면 '주사위에서 짝수가 나올' 확률과 '주사위에서 4 이하의 숫자가 나올' 확률을 그냥 더하면 된다고 생각할지도 모르겠다. 그러나 그렇게 하면 문제가 생긴다. 주사위에서 짝수가 나올 확률은 2분의 1이고, 4 이하의 숫자가 나올 확률은 3분의 2다. 이 확률들을 더하면 6분의 7이 나온다. 이는 1보다 크다. 알다시피 확률은 1보다 클 수 없다.

이 문제의 근원은 일부 결과를 두 번 센 것에 있다. 즉 주사위에서 2가 나오는 경우나 4가 나오는 경우는 '주사위에서 짝수가 나옴'이라는 사건에도 포함되고 '주사위에서 4 이하의 숫자가 나옴'이라는 사건에도 포함된다. 따라서 두 사건의 확률을 그냥 더하면 그 경우들을 두 번 세는 셈이다.

이 문제를 해결하려면 두 번 센 경우들을 한 번 빼야 한다. 주사위에서 2나 4가 나올 확률은 3분의 1이므로, 위의 덧셈 결과에서 이를 빼야 한다. 계산하면 $\frac{1}{2} + \frac{2}{3} - \frac{1}{3} = \frac{5}{6}$가 나온다. 이 정답을 다른 방법으로도 구할 수 있다. 주사위에서 짝수나 4 이하의 숫자가 (또는 짝수이면서 4 이하인 숫자) 나올 확률은 1이나 2, 3, 4 또는 6이 나올 확률과 같다. 즉 $\frac{1}{6} + \frac{1}{6} + \frac{1}{6} + \frac{1}{6} + \frac{1}{6} = \frac{5}{6}$다.

일반적으로 두 사건의 논리합을 계산할 때는 두 사건의 교집합이 있는지 점검해야 한다. 만일 교집합이 있으면 그 교집합의 확률을 두 번 더하는 실수를 피하기 위해 그 확률을 한 번 빼야 한다.

많은 경우에 두 사건은 교집합이 없다. 그러면 교집합의 확률이 0이어서 뺄셈이 필요 없게 되므로 논리합 계산이 쉬워진다. 예컨대 '주사위에서 2 이하의 숫자가 나오는' 사건과 '주사위에서 5 이상의 숫자가 나오는' 사건의 논리합의 확률은 얼마일까? 바꿔 말해 주사위에서 '2 이하'가 나오거나 '5 이상'이 나오거나 '2 이하이며 5 이상인 숫자'가 나올 확률은 얼마일까? '2 이하이며 5 이상인 숫자'는 없으므로, 두 사건의 교집합의 확률은 당연히 0이다. 따라서 위 질문의 답은 간단히 '2 이하가 나올' 확률과 '5 이상이 나올' 확률을 더하면 나온다.

두 사건의 교집합이 없을 때, 두 사건을 '배반 exclusive 관계' 또는 '양립불가능 incompatible 관계'라고 한다(두 사건 각각을 배반사건으로 부르기도 한다). 두 사건이 배반관계라면, 두 사건의 논리곱의 확률은 0이다. 즉 두 사건은 함께 일어날 수 없다.

이제 완전한 형태의 덧셈 규칙을 제시하겠다. '두 사건의 논리합의 확률은 두 사건 각각의 확률의 합에서 두 사건이 모두 일어날 확률을 뺀 결과와 같다.' 이때 두 사건이 모두 일어날 확률은 다름 아니라 두 사건의 논리곱의 확률이다.

사건들이 함께 일어남은 우연의 일치의 핵심이므로, 논리곱을 자세히 살펴보자. 아래 예는 앞선 예와 약간 다르다. '주사위에서 짝수가 나오는' 사건과 '주사위에서 3 이하의 숫자가 나오는' 사건의 논리곱의 확률은 얼마일까? 주사위에서 짝수가 나올 확률은 2분의 1이다. 왜냐하면 총 6개의 숫자 중에서 3개(2, 4, 6)가 짝수이기 때문이다. 그다음에 이 짝수들 중에서 3 이하인 숫자는 딱 하나(2)다. 3개 중에 하나이니, 비율로 따지면 3분의 1이다. 따라서 '주사위에서 짝수가 나오고' 또한 '3 이하의 숫자가 나올' 확률은 $\frac{1}{2} \times \frac{1}{3}$, 곧 $\frac{1}{6}$이다. 이 결과가 옳음을 간단히 확인할 수 있다. 주사위의 숫자들 중에 '짝수'라는 조건과 '3 이하의 숫자'라는 조건을 둘 다 만족시키는 것은 2가 유일하다. 총 6개의 숫자들 중에 딱 하나가 그 두 조건을 만족시킨다. 따라서 그 두 조건을 만족시키는 숫자가 나올 확률은 6분의 1이다.

방금 계산에서는 조건부 확률을 이용했다. 조건부 확률이란 어떤 다른 사건이 일어났음이 알려졌을 때 한 사건이 일어날 확률이다. 위 예에서 '그다음에 이 짝수들 중에서'(바꿔 말하면 짝수가 나왔다는 조건 아래에서) 3분의 1이 '3 이하의 숫자'라고 지적했는데, 그때 조건부 확률을 이용한 셈이다. 짝수가 나왔다는 '조건 아래에서' 3 이하의 숫자가 나올 확률을 따진 것이다. 일반적으로 두 사건의 논리곱의 확률을 구하려면 한 사건의 확률에다 그 사건이 일어났을 때('그 사건이 일어났다는 조건 아래에서') 다른 사건이 일어날 확률을 곱해야 한다.

어떤 사건이 일어났음이 알려졌을 때, 우리가 주목하는 사건의 확률이 항상 변하는 것은 아니다. 때때로 그 확률은 다른 사건이 일어났는지 여부와 상관없이 동일하게 유지된다. 주사위에서 4 이하의 숫자가 나올 확률은 3분의 2다. 그리고 주사위에서 짝수가 나왔음이 알려졌을 때, 4 이하의 숫자가 나올 (정확히 말하면 나왔을) 확률도 3분의 2다.

한 사건의 확률이 다른 사건의 발생 여부와 상관없이 동일하다면, 두 사건을 '독립independent 관계'라고 한다(두 사건 각각을 독립사건으로 부르기도 한다). 두 사건이 독립관계라면 두 사건이 모두 일어날 확률, 곧 두 사건의 논리곱의 확률을 간단히 각 사건의 확률들을 곱해서 구할 수 있다. '주사위에서 짝수가 나올' 확률은 2분의 1이다. '주사위에서 4 이하의 숫자가 나올' 확률은 주사위에서 짝수가 나오는지 여부와 상관없이 3분의 2다. 다시 말해 첫째 사건과 둘째 사건은 독립관계다. 따라서 두 사건이 모두 일어날 확률은 $\frac{1}{2} \times \frac{2}{3}$ 곧 $\frac{1}{3}$ 이다.

한 사건의 확률이 다른 사건의 발생 여부에 따라 달라진다면 두 사건은 독립관계가 아니다. 이런 두 사건을 종속dependent 관계라고 한다(두 사건 각각을 '종속사건dependent event'으로 부르기도 한다). '주사위에서 짝수가 나오는' 사건과 '주사위에서 3 이하의 숫자가 나오는' 사건을 생각해보자. 두 사건의 논리곱의 확률은 얼마일까? 그냥 각 사건의 확률들을 곱하면, $\frac{1}{2} \times \frac{1}{2} = \frac{1}{4}$ 이다. 그러나 이미 보았듯 이 사건들의 논리곱, 즉 두 사건이 모두 일어나는 경우는 2가 나오는 것뿐이다. 따라서 그 논리곱의 확률은 (주사위에서 2가 나올 확률인) $\frac{1}{6}$ 이지, $\frac{1}{4}$ 이 아니다.

문제는 두 사건이 독립관계가 아니기 때문에 발생한다. 주사위에서 짝수가 나왔다는 조건 아래에서 3 이하의 숫자가 나왔을 확률은 3분의 1이다. 반면에 주사위에서 짝수가 나오지 않았다는 조건 아래에서 3 이하의 숫자가 나왔을 확률은 3분의 2다. 요컨대 3 이하의 숫자가 나올(정확히 말하면, 나왔을) 확률은 짝수가 나왔는지 여부와 무관하지 않다.

이 예에서 다음과 같은 확률에 관한 곱셈규칙을 알 수 있다. '두 사건이 모두 일어날(두 사건의 논리곱의) 확률은 한 사건의 확률에다 그 사건이 일어났음이 알려졌을 때 다른 사건의 확률을 곱한 값과 같다.' 두 사건이 독립관계라면 한 사건의 발생은 다른 사건의 확률에 영향을 미치지 않는다. 따라서 두 사건의 논리곱의 확률은 간단히 각 사건의 확률들을 곱한 값과 같다.

주^註

제명

1. Quoted by Lisa Belkin, "The Odds of That," *The New York Times*, August 11, 2002.

1. 놀라운 '우연의 일치'

1. fUSION Anomaly, "*The Girl from Petrovka*," last modifi ed August 1, 2001, http://fusionanomaly.net/girlfrompetrovka.html.
2. Carl G. Jung, *Synchronicity: An Acausal Connecting Principle*, trans. R.F.C. Hull, Bollingen Series XX (Prince ton, NJ: Prince ton University Press, 1960), 15.
3. N. Bunyan, "Double Hole- in- One," *The Telegraph*, September 28, 2005.
4. Emile Borel, *Probabilities and Life*, trans. Maurice Baudin (New York: Dover Publications, 1962), 2—3.
5. 타자기는 기계식 워드프로세서라고 할 수 있다. 타자기 자판의 키들은 작은 금속 망치들과 직접 연결되어 있다. 키를 누르면 망치가 잉크를 머금은 리본을 때려 종이에 철자가 인쇄된다.
6. Borel, *Probabilities and Life*, 3.
7. 같은 책, 2—3.
8. 같은 책, 26.
9. Antoine-Augustin Cournot, *Exposition de la theorie des chances et des probabilités* (Paris, Librairies de L. Hachette, 1843).
10. Karl Popper, *The Logic of Scientific Discovery*, Routledge Classics (London: Routledge, 2002), 195. First published 1935 by Springer, Vienna.
11. Borel, *Probabilities and Life*, 5—6.
12. Brian Greene, "5 Strange Things You Didn't Know About Kim Jong-Il," *U.S. News & World Report*, December 19, 2011, www.usnews.com/news/articles/2011/12/19/5-strange-things-you-didnt-know-about-kim-jong-il.

2. 미신, 종교, 예언

1. 1920년대와 30년대에 인기를 끈 영국 고전 코미디. www.youtube.com/watch?v=8U22h YXUIvw.
2. B. F. Skinner, "'Superstition' in the Pigeon," *Journal of Experimental Psychology* 38(19948): 168—72.
3. 흥미롭게도 행운보다 불운과 관련한 미신이 더 많은 듯하다. 이는 삶에 조심성이 필요함이 반영된 진화의 결과일지도 모른다. 잠재적 위험을 간파할 수 있다면, 생존 확률은 더 높아질 것이다.
4. Francis Bacon, *The New Organon: or True Directions Concerning the Interpretation of Nature*

(1620), Aphorisms, Book One, XLVI.

5. Robert K. Merton, *On Social Structure and Science* (Chicago: University of Chicago Press, 1996), 196.

6. Robert L. Snow, *Deadly Cults: The Crimes of True Believers* (Westport, CT: Praeger Publishers, 2003), 112.

7. David Hume, *An Enquiry Concerning Human Understanding*, 2nd ed. (Indianapolis, IN: Hackett Publishing 1993), 77. First published 1777.

8. Daniel Druckman and John A. Swets, eds., *Enhancing Human Per formance: Issues, Theories, and Techniques* (Washington, DC: The National Academies Press, 1988).

9. 헬무트 슈미트Helmut Schmidt는 인공 방사성 동위원소의 하나인 스트론튬 90의 붕괴를 이용해 '무작위 숫자 발생장치random number generator'를 만들었다. 이 장치는 색깔이 다른 4개의 램프가 달려 있는데, 스트론튬 90이 붕괴할 때 원자에서 방출되는 1개의 전자가 입자를 세는 계수관에 도달하면 동작이 멈추면서 램프 1개에 불이 켜진다. 하지만 물리학적으로 방사성 원소의 붕괴는 우주에서 가장 무작위로 발생하는 현상 중 하나다. 방사성 물질에서 특정 원사들이 붕괴되는 시기를 예측할 수 있는 방법은 없다. 다시 말해 이 세상의 어느 누구도 어떤 램프에 불이 켜질지를 알 수 없다.

10. John Scarne, *Scarne on Dice* (Harrisburg, PA: Stackpole Books, 1974), 65.

11. Holger Bosch, Fiona Steinkamp, and Emil Boller, "Examining Psychokinesis: The Interaction of Human Intention with Random Number Generators. —A Meta- Analysis," *Psychological Bulletin* 132 (2006): 497—523.

12. Scarne, *Scarne on Dice*, 63.

13. J. B. Rhine, "A New Case of Experimenter Unreliability," *Journal of Parapsychology* 38 (1974): 215—25; Louisa E. Rhine, *Something Hidden* (Jefferson, NC: McFarland and Co., 2011).

14. Peter Brugger and Kirsten I. Taylor, "ESP: Extrasensory Perception or Effect of Subjective Probability?" *Journal of Consciousness Studies* 10, no. 6 —7 (2003): 221—46.

15. James Randi Educational Foundation, "One Million Dollar Paranormal Challenge," accessed March 1, 2012, www.randi.org/site/index.php/1m-challenge.html.

16. Carl G. Jung, *Synchronicity*: An Acausal Connecting Principle, trans. R.F.C. Hull, Bollingen Series XX (Prince ton, NJ: Prince ton University Press, 1960), 19.

17. Jung, *Synchronicity*, 25; 융이 '공시성'이라는 용어를 고안한 것에 대해서 아서 쾨슬러는 1972년에 출판된 《우연의 일치의 뿌리》 95쪽에서 이렇게 언급했다. "왜 융이 '때가 같음' 을 뜻하는 용어를 고안한 다음에 그 용어가 다른 뜻이라고 설명함으로써 불필요한 문제들 을 일으켰는지 의문이다. 그러나 이런 유형의 수다와 불명확성은 융이 쓴 글의 많은 부분 에 나타나는 일관된 특징이다."

18. Jung, *Synchronicity*, 22—23.

19. Paul Kammerer, *Das Gesetz der Serie: Eine Lehre von den Wiederholungen im Lebens- und im Weltgeschehen* (Stuttgart and Berlin: Deutsche Verlags-Anstalt, 1919).

20. Rupert Sheldrake, *The Presence of the Past: Morphic Resonance and the Habits of Nature*

(New York: Crown Publishing, 1988).

21.   Pierre-Simon Laplace, *Essai philosophique sur les probabilites* (Paris: Courcier, 1814).

3. 우연이란 무엇인가

1.   Persi Diaconis and Frederick Mosteller, "Methods for studying coincidences," *Journal of the American Statistical Association* 84, no. 408 (1989): 853—61.

2.   John J. Lumpkin, "Agency Planned Exercise on Sept. 11 Built around a Plane Crashing Into a Building," Associated Press, August 21, 2001, www.prisonplanet.com/agency planned exercise on sept 11 built_around_a_plane _crashing_into_a_building.htm.

3.   Leonard J. Savage, *The Foundations of Statistics* (New York: John Wiley & Sons, 1954), 2.

4.   Edward Gibbon, *The History of the Decline and Fall of the Roman Empire*, Volume 2 (London: Strahan and Cadell, 1781), chapter XXIV, part V, footnote.

5.   《논리학 또는 사유의 방법》은 1662년에 앙투안 아르노와 피에르 니콜에 의해 저자를 밝히지 않은 채 출판되었다. 아마 블레즈 파스칼도 집필에 참여했을 것이다.

6.   로렌즈는 메릴랜드대학교의 유지니아 칼네이Eugenia Kalnay 교수와 만난 자리에서 이 문장을 종이에 적었다고 한다.

7.   하지만 철학자 이언 해킹은 저서《확률의 발생The Emergence of Probability》에서 카이로 이집트 박물관에서 주사위들을 굴리며 오후 한나절을 보내면서 그 주사위들이 '균형이 대단히 잘 맞는' 것 같음을 발견했다고 한다. 그는 다음과 같이 말했다. "겉보기에 상당히 불규칙적인 주사위 2개도 균형이 아주 잘 맞았다. 모든 면이 같은 확률로 나오게 하기 위해 곳곳을 줄로 다듬은 듯했다."

8.   Øystein Ore, "Pascal and the Invention of Probability Theory," *The American Mathematical Monthly* 67, no. 5 (1960): 409—19.

9.   Luca Pacioli, *Summa de Arithmetica, Geometria, Proportioni et Proportionalita* (Venice, 1494).

10.   Giovanni Francesco Peverone, *Due Brevi e Facili Trattati, il Primo d'Arithmetica, l'Altro di Geometria* (Lyon, 1558).

11.   David Napley, "Lawyers and Statisticians," *Journal of the Royal Statistical Society, Series A* 145, no. 4 (1982): 422—38.

12.   Adolphe Quetelet, *A Treatise on Man, and the Development of his Faculties* (Edinburgh: William and Robert Chambers, 1842; New York: Burt Franklin, 1968), 80.

13.   Bruno de Finetti, *Theory of Probability: A Critical Introductory Treatment* (New York: John Wiley&Sons, 1974-75).

14.   Girolamo Cardano, *Liber de ludo aleae (The Book on Games of Chance)*(1663).

15.   Francis Galton, *Natural Inheritance* (London: Macmillan, 1889).

16.   Theodore Micceri, "The Unicorn, the Normal Curve, and Other Improbable Creat-ures," *Psychological Bulletin* 105, no. 1 (1989): 156—66.

17.   Henri Poincaré, *Science and Method*, trans. Francis Maitland (London: Thomas Nelson,

1914), chapter 4.

18.   Lewis Campbell and William Garnett, *The Life of James Clerk Maxwell: With a Selection from His Correspondence and Occasional Writings and a Sketch of His Contributions to Science* (London: Macmillan, 1882; Cambridge: Cambridge University Press, 2010), 442.

19.   http://archive.org/details/TheBornEinsteinLetters.

4. 필연성의 법칙: 결국 일어나게 되어 있다

1.   로또 광고 문구들은 하나의 장르를 이루기에 손색이 없다. 매사추세츠주 로또 회사는 '누군가는 당첨될 거예요'라고 선전해 진실을 약간 왜곡했다(당첨번호를 선택한 사람이 아무도 없을 가능성을 무시했다). 오리건주 로또 회사는 '좋은 일에 쓰입니다'라는 의심스러운 도덕적 근거를 광고 문구로 내세웠다. 콜로라도주 로또 회사는 '잊지 말고 복권 사세요'라는 단순한 선전 문구를 고수했다. 노스캐롤라이나주 로또 회사는 '당첨되려면 복권을 사야 해요'라는 틀림없는 진실을 내세웠다.

5. 아주 큰 수의 법칙: 참 많기도 하다

1.   Augustus De Morgan, "Supplement to the Bud get of Paradoxes," *The Athenaeum* no. 2017 (1866): 836.

2.   J. E. Littlewood, *A Mathematician's Miscellany* (London: Methuen and Co., 1953), 105.

3.   Ellen Goodstein, "Unlucky in Riches," November 17, 2004, http://lottoreport. com/AOLSadbuttrue.htm.

4.   그 4개월 사이에 뉴저지주 로또는 6/39 로또에서 6/42로또로 바뀌었다. 1조 분의 1이라는 확률은 애덤스 부인이 그 4개월 동안 복권을 매주 한 장 샀다고 전제할 때 나오는 계산 값이다.

5.   Christina Ng, "Virginia Woman Wins $1 Million Lottery Twice on Same Day," Good Morning America, April 23, 2012, http://gma.yahoo.com/virginia-woman-wins -1-million-lottery-twice-same-160709882--abc-news-topstories.html.

6.   "Identical Lottery Draw Was Coincidence," Reuters, September 18, 2009, www. reuters.com/article/2009/09/18/us-lottery-idUSTRE58H4AM 20090918.

7.   R. D. Clarke, "An Application of the Poisson Distribution," *Journal of the Institute of Actuaries* 72 (1946): 481.

8.   Nicholas Miriello and Catherine Pearson, "42 Disease Clusters in 13 U.S. States Identified," *The Huffington Post*, last updated May 31, 2011, www. huffingtonpost.com/2011/03/31/disease-clusters-u-states_n_842529.html#s259789title =Arkansas.

9.   Uri Geller, "11.11," September 17, 2010, http://site.uri–geller.com/11_11.

10.   같은 곳.

11.   여기에서 '무작위'는 상당히 특수한 의미로 쓰였다. 즉 임의의 숫자는 10분의 1 확률로 등장하며, 임의의 숫자 쌍은 100분의 1 확률로, 임의의 3중 숫자 집합(예컨대 123)은

1,000분의 1 확률로 등장한다는 것 등과 더불어 숫자들이 주기적으로 반복되지 않으면서 영원히 이어진다는 것을 의미한다.

12. 당신의 생일이 어느 위치에서 나오는지 알고 싶으면 www.angio.net/pi/piquery.를 참조하라.

13. Mark Ronan, *Symmetry and the Monster: One of the Greatest Quests of Mathematics* (Oxford: Oxford University Press, 2006).

14. R. L. Holle, "Annual Rates of Lightning Fatalities by Country,"Preprints, 20th International Lightning Detection Conference, April 21. 23, 2008, Tucson, Arizona.

15. www.pga.com/pga-america/hole-one.

16. www.holeinonesociety.org/pages/home.aspx.

17. *The Times*, May 24, 2007.

18. Tim Reid, "Two Holes in One—And It's the Same Hole," *The Times*, August 2, 2006.

19. "Hunstanton, En gland," Top 100 Golf Courses of the World, accessed June 9, 2013, www.top100golfcourses.co.uk/htmlsite/productdetails.asp?id=75.

20. Mick Power, *Adieu to God: Why Psychology Leads to Atheism* (Chichester, UK: Wiley-Blackwell, 2012).

21. Thomas H. Jordan et al., "Operational Earthquake Forecasting: State of Knowledge and Guidelines for Utilization," Report by the International Commission on Earthquake Forecasting for Civil Protection, *Annals of Geophysics* 54, no. 4 (2011): 315—91, doi:10.4401/ag-5350. www.earth-prints.org/bitstream/2122/7442/1/AG_jordan_etal_11.pdf.

22. Richard Wiseman, *Paranormality: Why We Believe the Impossible* (London: Macmillan, 2011), www.richardwiseman.com/ParaWeb/Inside_intro.shtml.

23. Martin Plimmer and Brian King, *Beyond Coincidence* (Cambridge, UK: Icon Books, 2004).

6. 선택의 법칙: 과녁을 나중에 그린다면

1. Charles Forelle and James Bandler, "The Perfect Payday," *The Wall Street Journal*, March 18, 2006, http://online.wsj.com/article/SB114265075068802118.html.

2. Erik Lie, "On the Timing of CEO Stock Option Awards," *Management Science* 51, no. 5 (2005): 802—12. www.biz.uiowa.edu/faculty/elie/Grants-MS.pdf.

3. Ward Hill Lamon, *Recollections of Abraham Lincoln* 1847—1865, ed. Dorothy Lamon Teillard (Cambridge, MA: The University Press, 1895 / rev. and exp. 1911; Lincoln, NE: University of Nebraska Press, 1994).

4. Francis Bacon, *The New Organon: or True Directions Concerning the Interpretation of Nature* (1620), paragraph XLVI.

5. '평균으로의 회귀'라는 표현은 통계학에서 '회귀'라는 단어가 쓰인 최초 사례다.

6. Linda Mountain, "Safety Cameras: Stealth Tax or Life- Savers?" *Significance* 3, no. 3

(2006): 111—13.

7.   Arthur Koestler, *The Roots of Coincidence* (London: Pan Books Ltd., 1974).

8.   Daniel Kahneman, *Thinking, Fast and Slow* (New York: Farrar, Straus and Giroux, 2011).

9.   William Withering, *An Account of the Foxglove, and Some of Its Medical Uses: With Practical Remarks on Dropsy, and Other Diseases* (Birmingham, En gland: G.G.J. and J. Robinson, 1785).

10.   David J. Hand, *Information Generation: How Data Rule Our World* (Oxford: Oneworld Publications, 2007).

11.   Horace Freeland Judson, *The Great Betrayal: Fraud in Science* (Orlando, FL: Houghton Miffl in Harcourt, 2004).

12.   John P. A. Ioannidis, "Why Most Published Research Findings Are False," *PloS Medicine* 2, no. 8 (2005): e124.

7. 확률 지렛대의 법칙: 나비의 날갯짓

1.   Sebastian Mallaby, *More Money Than God: Hedge Funds and the Making of a New Elite* (New York: The Penguin Press, 2010), chapter 4.

2.   S. Machin and T. Pekkarinen "Global Sex Differences in Test Score Variability," *Science* 322 (2008): 1331—32.

3.   Roger Lowenstein, *When Genius Failed: The Rise and Fall of Long-Term Capital Management* (New York: Random House, 2000).

4.   Bill Bonner, "25 Standard Deviations in a Blue Moon," *MoneyWeek*, November 13, 2007, www.moneyweek.com/news-and-charts/economics/25-standard-deviations -in-a-blue-moon.

5.   Izabella Kaminska, "'A 12th "Sigma" Event If There Is Such a Thing,'"*FTAlphaville*, May 7, 2010, http://ftalphaville.ft.com/blog/2010/05/07/223821/a-12th -sigma-event-if-there-is-such-a-thing.

6.   Carmen M. Reinhart and Kenneth S. Rogoff, *This Time Is Different: Eight Centuries of Financial Folly* (Prince ton, NJ: Prince ton University Press, 2009).

7.   [그림7.2]에서 정규분포는 평균이 0, 표준편차가 1이며, 코시분포는 평균이 0, 척도모수scale parameter가 1이다.

8.   M. V. Berry, "Regular and Irregular Motion," in *Topics in Nonlinear Dynamics: A Tribute to Sir Edward Bullard*, American Institute of Physics Conference Proceedings 46 (La Jolla, CA: American Institute of Physics, 1978), 16—120.

9.   Alister Hardy, Robert Harvie, and Arthur Koestler, *The Challenge of Chance: Experiments and Speculations* (London: Hutchinson, 1973).

10.   같은 책, 25.

11.   Persi Diaconis and Frederick Mosteller, "Methods for studying Coincidences," *Journal of the American Statistical Association* 84, no. 408 (1989): 853—61.

12. Ray Hill, "Multiple Sudden Infant Deaths—Coincidence or Beyond Coincidence?" *Paediatric and Perinatal Epidemiology* 18 (2004): 320—26.

8. 충분함의 법칙: 그냥 맞는다고 치자

1. Carl G. Jung, *Synchronicity: An Acausal Connecting Principle*, trans. R.F.C. Hull (Prince ton, NJ: Prince ton University Press, 1973), 22.
2. 같은 책, 21.
3. Alister Hardy, Robert Harvie, and Arthur Koestler, *The Challenge of Chance: Experiments and Speculations* (London: Hutchinson, 1973), 34.
4. 제너 카드는 1930년대 초반에 J. B. 라인의 동료 칼 제너Karl Zener가 초감각지각 실험을 위해 고안했다. 제너 카드 한 벌은 25장이다. 다섯 가지 유형의 카드가 다섯 장씩 모여 한 벌을 이룬다. 유형마다 다른 그림이 그려져 있는데, 그 그림들은 원, 그리스 십자가, 세로 물결선 3개, 정사각형, 뿔이 5개인 별이다.
5. Arthur Koestler, *The Roots of Coincidence* (London: Pan Books Ltd., 1974), 39—40.
6. '통계적으로 유의미하다'는 말의 의미는 11장에서 자세히 다룰 것이다.
7. Koestler, *Roots of Coincidence*, 39.
8. 피타고라스 3중수는 직각삼각형의 변들의 길이로 간주할 수 있다. 피타고라스 정리에 따르면 직각삼각형의 직각에 접한 두 변 각각의 길이의 제곱을 합한 값은 직각의 건너편에 놓인 변의 길이의 제곱과 같다. 따라서 변의 길이가 3, 4, 5인 삼각형은, $3^2+4^2=5^2$이 성립하므로 직각삼각형이다.
9. 이 예는 마이크 크로우Mike Crowe에게서 빌려왔다.
10. 예를 하나 더 제시하겠다. $e^{\pi}-\pi=19.9991\cdots$이어서 20과 충분히 가깝다.
11. Charles Piazzi Smyth, *The Great Pyramid: Its Secrets and Mysteries Revealed* (also titled Our Inheritance in the Great Pyramid) (London: Isbister and Co., 1874).
12. Charles Dickens, *The Old Curiosity Shop* (London: Chapman and Hall, 1841), chapter 39.

9. 오해의 동물, 인간

1. P. P. Wakker, *Prospect Theory for Risk and Ambiguity* (Cambridge: Cambridge University Press, 2010).
2. Thomas Gilovich, Robert Vallone, and Amos Tversky, "The Hot Hand in Basketball: On the Misperception of Random Sequences," *Cognitive Psychology* 17 (1985): 295—314.
3. S. Christian Albright, "A Statistical Analysis of Hitting Streaks in Baseball," *Journal of the American Statistical Association* 88, no. 424 (1993): 1175—83.
4. Jim Albert, "A Statistical Analysis of Hitting Streaks in Baseball: Comment," *Journal of the American Statistical Association* 88, no. 424 (1993), 1184—88.
5. C. G. Jung, *Memories, Dreams, Refl ections*, rec. and ed. Aniela Jaffe, trans. Richard and Clara Winston (London: Collins and Routledge & Kegan Paul, 1963).

6. 같은 책, 136.
7. 같은 책, 188—89.
8. "Is this Britain's luckiest woman?" Mail Online, updated June 28, 2011, www.dailymail. co.uk/news/article-2008648/Is-Britains-luckiest-woman-Former-bank -worker-earns-living-winning-competitions.html.
9. Richard K. Guy, "The Strong Law of Small Numbers," *The American Mathematical Monthly* 95, no. 8 (1988): 697—712.
10. 첫 번째 추측은 잘못된 것이었지만 두 번째는 옳았다.
11. Nevil Maskelyne, "The Art in Magic," *The Magic Circular*, June 1908, 25.
12. Leonard Mlodinow, *The Drunkard's Walk: How Randomness Rules Our Lives* (New York: Pantheon, 2008).
13. E. H. Carr, *What Is History? The George Macaulay Trevelyan Lectures Delivered in the University of Cambridge*, Penguin History (Cambridge: Cambridge University Press, 1961; London: Penguin Books, 1990).

10. 생명과 우주에도 우연은 있다

1. Richard Dawkins, *Climbing Mount Improbable* (London: Penguin Books, 1996), 66.
2. William Paley, *Natural Theology; or, Evidence of the Existence and Attributes of the Deity, Collected from the Appearances of Nature* (London: R. Faulder, 1802).
3. Tim H. Sparks et al., "Increased Migration of Lepidoptera Linked to Climate Change," *Europe an Journal of Entomology* 104 (2007): 139—43.
4. Mark Ridley, *The Problems of Evolution* (Oxford: Oxford University Press, 1985), 5.
5. Charles Darwin, *On the Origin of Species by Means of Natural Selection, or the Preservation of Favoured Races in the Struggle for Life* (London: John Murray, 1859), 127.
6. Victor J. Stenger, "Where Do the Laws of Physics Come From?" preprint, PhilSci Archive, 2007, http://philsci-archive.pitt.edu/3662.
7. http://physics.nist.gov/cgi-bin/cuu/Value ?mnsmp|search for=neutron -proton+mass+ratio.
8. Fred C. Adams, "Stars in Other Universes: Stellar Structure with Different Fundamental Constants," *Journal of Cosmology and Astroparticle Physics* 2008, no. 8 (2008): 010.
9. John D. Barrow and Frank J. Tipler, *The Anthropic Cosmological Principle* (Oxford: Oxford University Press, 1988), 16.
10. 같은 책, 28.
11. Martin Gardner, "WAP, SAP, PAP, and FAP," *The New York Review of Books* 23, no. 8 (May 8, 1986): 22—25.
12. Barrow and Tipler, *The Anthropic Cosmological Principle*.

11. 우연의 법칙을 어떻게 사용해야 할까?

1. Paul J. Nahin, *Duelling Idiots and Other Probability Puzzlers* (Prince ton, NJ: Prince ton

University Press, 2000; reissue ed., 2012).

2.　B. F. Skinner, "The Alliteration in Shakespeare's Sonnets: A Study in Literary Behavior," *The Psychological Record* 3 (1939): 186. 92.

3.　셰익스피어의 작품에 대한 연구는 워낙 풍부하게 이루어졌으므로, 스키너의 결론을 반박하는 연구도 당연히 있으리라고 예상하는 것이 합리적이다. 셰익스피어의 두운법을 깊이 탐구한 울리치 골드스미스Ulrich Goldsmith는 이렇게 말했다. "스키너는 소네트에 삽입된 두운의 역사적 측면을 무시할 뿐 아니라 시인의 두운 사용에 예술적 목적이 내재함을 부정한다." Ulrich K. Goldsmith "Words Out of a Hat? Alliteration and Assonance in Shakespeare's Sonnets," *The Journal of English and Germanic Philology* 49, no. 1 (1950): 33—48.

4.　Arthur Conan Doyle, *The Sign of the Four*, chapter 6, in *Lippincott's Monthly Magazine*, February 1890.

5.　David Hume, *An Enquiry Concerning Human Understanding*, 2nd ed. (Indianapolis, IN. Hackett Publishing, 1993), 77.

6.　이 명칭은 약간 부적절한 면이 있다. 왜냐하면 유사한 용어인 '베이즈의 정리Bayes' theorem'는 단순히 어떤 확률 계산법을 가리키고, 확률을 믿음의 정도로 해석하는지와 상관없이 통계학자라면 누구나 그 계산법을 사용하기 때문이다.

나오며

1.　*The Times*, July 12, 2007.

2.　James A. Hanley, "Jumping to Coincidences: Defying Odds in the Realm of the Preposterous," *The American Statistician* 46, no. 3 (1992): 197—202.

3.　*The Telegraph*, December 21, 2008.

4.　*Fortean Times* 153 (December 2001): 6.

5.　Mike Perry, "Scrabble Coincidence from a South African Artist," 67 *Not Out: Coincidence, Synchronicity and Other Mysteries of Life*, www.67notout.com/2010/10/scrabble-coincidence-from-south-african.html.

6.　*The Times*, January 2, 2012; http://news.yahoo.com/wedding-ring-lost-16-years -found-growing–garden-230706338.html.

부록 A

1.　인터넷 검색 회사 구글google의 이름은 '구골googol'을 잘못 표기한 것에서 유래했다는 이야기가 있다.

신은 주사위 놀이를 하지 않는다

초판 발행 · 2016년 4월 8일
개정판 1쇄 · 2023년 10월 11일
개정판 2쇄 · 2024년 2월 15일

지은이 · 데이비드 핸드
옮긴이 · 전대호
발행인 · 이종원
발행처 · (주)도서출판 길벗
브랜드 · 더퀘스트
출판사 등록일 · 1990년 12월 24일
주소 · 서울시 마포구 월드컵로 10길 56(서교동)
대표전화 · 02)332-0931 | **팩스** · 02)323-0586
홈페이지 · www.gilbut.co.kr | **이메일** · gilbut@gilbut.co.kr
대량구매 및 납품 문의 · 02) 330-9708

책임편집 · 안아람(an_an3165@gilbut.co.kr) | **편집** · 박윤조, 이민주 | **제작** · 이준호, 손일순, 이진혁, 김우식
마케팅 · 정경원, 김진영, 김선영, 최명주, 이지현, 류효정 | **유통혁신팀** · 한준희 | **영업관리** · 김명자, 심선숙
독자지원 · 윤정아

디자인 · 디자인규 | **전산편집** · 상상벌레 | **인쇄 및 제본** · 영림인쇄

ISBN 979-11-407-0632-7 03400
(길벗 도서번호 040147)

정가 22,000원

※ 이 책은 2016년에 출간한 《신은 주사위 놀이를 하지 않는다》를 재출간한 것입니다.

독자의 1초까지 아껴주는 정성 길벗출판사
(주)도서출판 길벗 | IT교육서, IT단행본, 경제경영서, 어학&실용서, 인문교양서, 자녀교육서 **www.gilbut.co.kr**
길벗스쿨 | 국어학습, 수학학습, 어린이교양, 주니어 어학학습, 학습단행본 **www.gilbutschool.co.kr**

페이스북 **www.facebook.com/thequestzigy**
네이버 포스트 **post.naver.com/thequestbook**